中国高等教育“十三五”规划教材

中文版 CorelDRAW X8 平面绘图艺术设计精粹

欧阳可文　全惠民　薛红娜 / 著

中国青年出版社
CHINA YOUTH PRESS

图书在版编目（CIP）数据

中文版 CorelDRAW X8 平面绘图艺术设计精粹 / 欧阳可文，全惠民，薛红娜著 .
— 北京：中国青年出版社，2018.10
ISBN 978-7-5153-5229-9
I. ①中… II. ①欧… ②全… ③薛… III. ①平面设计 - 图形软件 IV. ① TP391.412
中国版本图书馆 CIP 数据核字（2018）第 169593 号

中文版CorelDRAW X8平面绘图艺术设计精粹

欧阳可文　全惠民　薛红娜 / 著

出版发行：中国青年出版社
地　　址：北京市东四十二条 21 号
邮政编码：100708
电　　话：（010）50856188 / 50856199
传　　真：（010）50856111
企　　划：北京中青雄狮数码传媒科技有限公司

策划编辑：张　鹏
责任编辑：张　军

印　　刷：湖南天闻新华印务有限公司
开　　本：787×1092　　1/16
印　　张：14.5
版　　次：2018 年 10 月北京第 1 版
印　　次：2018 年 10 月第 1 次印刷
书　　号：ISBN 978-7-5153-5229-9
定　　价：59.90 元（附赠海量实用资源，含语音视频教学与案例素材文件等）

本书如有印装质量等问题，请与本社联系　　电话：（010）50856188 / 50856199
读者来信：reader@cypmedia.com　　投稿邮箱：author@cypmedia.com
如有其他问题请访问我们的网站：http://www.cypmedia.com

首先，感谢您选择并阅读本书。

随着图形图像处理软件技术的飞速发展，与之相关的图书也层出不穷，但由于受传统出版思维和教学方法的影响，市面上相当一部分图书都存在理论讲解与实际应用无法完全融合的尴尬，使得读者在学习过程中会感到知识的不连贯性，表现为学习完理论知识后，实际操作软件时会遇到不知如何下手的困惑。基于此，我们考虑以知识改革为核心，在图书的内容和结构上做一些突破，运用比较成熟的案例教学方法，策划出版一批真正能让读者所学即所用的实战案例型图书，从而使每位读者都能达到一定的职业技能水平。

本书以平面设计软件CorelDRAW X8为平台，向读者全面阐述了平面设计中常见的操作方法与设计要领。书中从软件的基础知识讲起，从易到难循序渐进地对软件功能进行了全面论述，以让读者充分熟悉软件的各大功能。同时，还结合在各领域的实际应用进行了案例展示和制作，并对行业相关知识进行了深度剖析，以辅助读者完成各项平面设计工作。正所谓要“授人以渔”，通过阅读本书，读者不仅可以掌握这款平面设计软件，还能利用它独立完成平面作品的创作。

本书内容概述

章　节	内　容
Chapter 01	主要讲解了CorelDRAW X8的操作界面、页面属性的设置以及文件的导入/导出操作
Chapter 02	主要讲解了基本图形的绘制方法及技巧，包括直线、曲线、几何图形等
Chapter 03	主要讲解了图形对象的基本操作、变换对象，以及文本与对象的查找、替换操作等
Chapter 04	主要讲解了颜色的填充与调整操作，包括交互式填充、网状填充等
Chapter 05	主要讲解了文本段落的编辑操作，如输入文本、编辑文本、链接文本等
Chapter 06	主要讲解了图形特效的应用，包括交互式调和效果、交互式轮廓图效果、交互式变形效果、交互式封套效果等
Chapter 07	主要讲解了位图的导入和转换、位图的编辑、位图的色彩调整等
Chapter 08	主要讲解了滤镜特效的知识，其中包括三维旋转滤镜、浮雕滤镜、透视滤镜、模糊滤镜等
Chapter 09	主要讲解了图像的打印输出操作，其中包括常规打印选项设置、布局设置、颜色设置以及发布至PDF等
Chapter 10	主要介绍了插画的设计，其中对插画设计的来源、插画设计三要素，以及插画的应用范畴进行了介绍
Chapter 11	主要讲解了户外广告的设计，其中对户外广告的特征、户外广告的媒介类型等知识进行了系统的阐述
Chapter 12	主要讲解了报纸版面的设计，其中对版面设计的定义、版面设计的原则、版面设计的构成等内容进行了介绍
Chapter 13	主要讲解了企业VI系统的设计，其中对VI系统的设计流程、设计原则等知识进行了介绍
Chapter 14	主要讲解了产品包装的设计，其中对产品包装的概念、分类、选材以及包装工艺进行了介绍

赠送超值资料

为了帮助读者更加直观地学习本书，随书附赠的资料中包括如下学习资源：

- 书中全部实例的素材文件，方便读者高效学习；
- 语音教学视频，手把手教你学，扫除初学者对新软件的陌生感；
- 海量设计素材，即插即用，可极大地提高工作效率，真正做到物超所值；
- 赠送大量设计模板，以供读者练习使用。

适用读者群体

本书是引导读者轻松快速掌握CorelDRAW X8的最佳途径。它非常适合以下群体阅读：

- 各高等院校刚刚接触CorelDRAW的莘莘学子；
- 各大中专院校相关专业及CorelDRAW培训班学员；
- 平面设计和广告设计初学者；
- 从事艺术设计工作的初级设计师；
- 对CorelDRAW 平面设计感兴趣的读者。

本书由艺术设计专业一线教师所编写，全书在介绍理论知识的过程中，不但穿插了大量的图片进行佐证，还实时以课堂实训作为练习，从而加深读者的学习印象。由于编者能力有限，书中不足之处在所难免，敬请广大读者批评指正。

编　者

Part 01 基础知识篇

Chapter 01 CorelDRAW X8 轻松入门

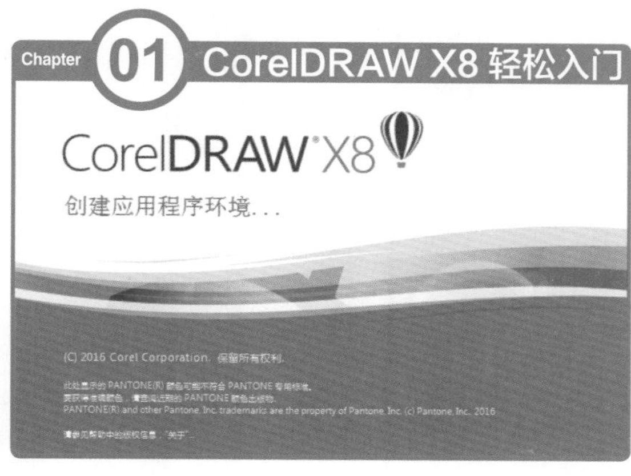

1.1 CorelDRAW X8概述 ······014

1.1.1 CorelDRAW X8的应用领域 ······014

1.1.2 CorelDRAW X8 新功能介绍 ······016

1.1.3 CorelDRAW X8的图像概念 ······018

1.2 CorelDRAW X8的操作界面 ······019

1.2.1 CorelDRAW X8的启动和退出 ······019

1.2.2 工具箱和工具组 ······020

1.2.3 CorelDRAW X8的工作界面 ······020

1.3 调整合适的视图 ······021

1.3.1 图像显示模式 ······021

1.3.2 文档窗口显示模式 ······021

1.3.3 预览显示 ······022

1.3.4 辅助工具的设置 ······022

1.4 设置页面属性 ······023

1.4.1 设置页面尺寸和方向 ······023

1.4.2 设置页面背景 ······024

1.4.3 设置页面布局 ······024

1.5 文件的导入和导出 ······024

1.5.1 导入指定格式图像 ······024

1.5.2 导出指定格式图像 ······025

知识延伸 CorelDRAW使用中的小技巧 ······025

上机实训 设计多彩背景 ······026

课后练习 ······027

Chapter 02 图形的绘制

2.1 绘制直线和曲线 ……028

2.1.1 选择工具……028

2.1.2 手绘工具……028

2.1.3 2点线工具……029

2.1.4 贝塞尔工具……030

2.1.5 钢笔工具……034

2.1.6 B样条工具……035

2.1.7 折线工具……035

2.1.8 3点曲线工具……036

2.1.9 艺术笔工具……036

2.2 绘制几何图形 ……037

2.2.1 绘制矩形和3点矩形……038

2.2.2 绘制椭圆形和饼图……038

2.2.3 智能绘图工具……039

2.2.4 多边形工具……039

2.2.5 星形工具和复杂星形工具……039

2.2.6 图纸工具……045

2.2.7 螺纹工具……046

2.2.8 基本形状工具……046

2.2.9 箭头形状工具……047

2.2.10 流程图形状工具……047

2.2.11 标题形状工具……047

2.2.12 标注形状工具……047

知识延伸 巧妙擦除线条……048

上机实训 绘制城市剪影……048

课后练习……054

Chapter 03 对象的编辑与管理

3.1 图形对象的基本操作 ……055

3.1.1 复制对象……055

3.1.2 剪切与粘贴对象……055

3.1.3 再制对象……056

3.1.4 认识“步长和重复”泊坞窗……056

3.1.5 撤销与重做……057

3.2 变换对象 ……057

3.2.1 镜像对象……057

3.2.2 对象的自由变换……058

3.2.3 精确变换对象……059

3.2.4 对象的坐标……060

3.2.5 对象的造型……060

3.3 查找和替换 ……064

3.3.1 查找文本……064

3.3.2 替换文本……064

3.3.3 查找对象……065

3.3.4 替换对象……065

3.4 组织编辑对象 ……066

3.4.1 形状工具……066

3.4.2 涂抹工具……067

3.4.3 粗糙笔刷工具……067

3.4.4 裁剪工具……068

3.4.5 刻刀工具……068

3.4.6 橡皮擦工具……069

知识延伸 图形的缩放、旋转及对齐……069

上机实训 制作相册封面……070

课后练习……072

Chapter 04 颜色的填充与调整

4.1 填充对象颜色 ······073

4.1.1 CorelDRAW X8中的色彩模式 ······073

4.1.2 颜色泊坞窗 ······074

4.1.3 智能填充工具 ······074

4.1.4 交互式填充 ······075

4.1.5 网状填充 ······075

4.1.6 颜色滴管工具 ······076

4.1.7 属性滴管工具 ······077

4.2 精确设置填充颜色 ······077

4.2.1 填充工具和均匀填充 ······077

4.2.2 渐变填充 ······078

4.2.3 图样填充 ······079

4.2.4 底纹填充 ······080

4.2.5 PostScript填充 ······081

4.3 填充对象轮廓颜色 ······081

4.3.1 轮廓笔 ······081

4.3.2 设置轮廓线颜色和样式 ······082

知识延伸 缩放操作时如何保证轮廓与图形的比例不变 ······083

上机实训 绘制标志 ······083

课后练习 ······089

Chapter 05 编辑文本段落

5.1 输入文本文字 ······090

5.1.1 输入文本 ······090

5.1.2 输入段落文本 ······091

5.2 编辑文本文字 ······091

5.2.1 调整文字间距 ······091

5.2.2 使文本适合路径 ······092

5.2.3 首字下沉 ······092

5.2.4 将文本转换为曲线 ······093

5.3 链接文本 ······094

5.3.1 段落文本之间的链接 ······094

5.3.2 文本与图形之间的链接 ······094

知识延伸 文本段落的巧妙调整 ······095

上机实训 利用表格排版页面 ······095

课后练习 ······100

Chapter 06 应用图形特效

6.1 认识交互式特效工具 101

6.2 交互式阴影效果 101

6.3 交互式轮廓图效果 103

6.4 交互式调和效果 104

6.5 交互式变形效果 110

6.6 交互式封套效果 114

6.7 交互式立体化效果 116

6.8 透明度工具 118

6.9 其他效果 125

- 6.9.1 透视点效果 125
- 6.9.2 透镜效果 125
- 6.9.3 斜角效果 126

知识延伸 复制和克隆效果 127

上机实训 房地产宣传广告 128

课后练习 136

Chapter 07 处理位图图像

7.1 位图的导入和转换 137

- 7.1.1 导入位图 137
- 7.1.2 调整位图大小 137

7.2 位图的编辑 137

- 7.2.1 裁剪位图 137
- 7.2.2 矢量图与位图的转换 138

7.3 快速调整位图 138

- 7.3.1 应用“自动调整”命令 138
- 7.3.2 “图像调整实验室”命令 139
- 7.3.3 “矫正图像”命令 139

7.4 位图的色彩调整 141

- 7.4.1 命令的应用范围 141
- 7.4.2 调和曲线 141
- 7.4.3 亮度/对比度/强度 141
- 7.4.4 颜色平衡 141
- 7.4.5 替换颜色 142

知识延伸 通道混合器的应用 142

上机实训 卡通形象设计 143

课后练习 146

Chapter 08 应用滤镜特效

8.1 认识滤镜 ···147
8.1.1 内置滤镜 ···147
8.1.2 滤镜插件 ···148
8.2 精彩的三维滤镜 ···148
8.2.1 三维旋转 ···148
8.2.2 浮雕 ···148
8.2.3 卷页 ···149
8.2.4 透视 ···149
8.2.5 挤远/挤近 ···150
8.2.6 球面 ···150
8.3 其他滤镜组 ···150
8.3.1 艺术笔触 ···150
8.3.2 模糊 ···151
8.3.3 颜色转换 ···152
8.3.4 轮廓图 ···153
8.3.5 创造性 ···153
8.3.6 扭曲 ···157
8.3.7 杂点 ···158
知识延伸 将图像导出为HTML格式 ···159
上机实训 光盘与盘套的设计 ···160
课后练习 ···165

Chapter 09 打印输出图像

9.1 打印选项的设置 ···166
9.1.1 常规打印选项设置 ···166
9.1.2 布局设置 ···167
9.1.3 颜色设置 ···167
9.1.4 预印设置 ···168
9.2 网络输出 ···168
9.2.1 图像优化 ···168
9.2.2 发布至PDF ···169
知识延伸 使用个性图标 ···169
上机实训 打印我的图像 ···170
课后练习 ···172

Part 02 综合案例篇

Chapter 10 插画设计

10.1 行业知识导航 ……174
10.1.1 插画设计简述与来源 ……174
10.1.2 插画设计三要素 ……175
10.1.3 插画的应用范畴 ……175
10.1.4 商业插画设计欣赏 ……176
10.2 手机壁纸插画设计 ……176
10.2.1 创意风格解析 ……176
10.2.2 制作背景图案 ……177
10.2.3 制作主题图案 ……179
10.3 拓展练习 ……183

Chapter 11 户外广告设计

11.1 行业知识导航 ……184
11.1.1 户外广告的特征 ……184
11.1.2 户外广告的媒介类型 ……185
11.1.3 户外广告设计欣赏 ……186
11.2 户外广告设计——一城天地产广告设计 ……186
11.2.1 创意风格解析 ……186
11.2.2 Logo图形处理 ……187
11.2.3 主体版面制作 ……188
11.2.4 射灯和立柱的绘制 ……192
11.3 拓展练习 ……195

Chapter 12 报纸版面设计

12.1 行业知识导航 ……196
12.1.1 报纸版面设计的定义 ……196
12.1.2 报纸版面设计的原则 ……196
12.1.3 版面设计的构成 ……197
12.1.4 报纸版面的设计类型 ……199
12.1.5 国外报纸版面设计欣赏 ……201
12.2 报纸版面设计——Food World版面设计 ……202
12.2.1 创意风格解析 ……202
12.2.2 报纸版面框架构成 ……202
12.2.3 版头设计 ……203
12.2.4 版心内容设计 ……204
12.2.5 素材的再处理 ……206
12.2.6 文本绕排 ……207
12.2.7 边栏的处理 ……207
12.3 拓展练习 ……209

Chapter 13 企业 VI 系统设计

13.1 行业知识导航 ······210

13.1.1 认识VI系统 ······210

13.1.2 VI系统的设计流程 ······211

13.1.3 VI系统的设计原则 ······211

13.1.4 VI系统设计欣赏 ······212

13.2 企业VI系统设计——飞鸟书苑VI设计 ···213

13.2.1 创意风格解析 ······213

13.2.2 标志设计 ······213

13.2.3 名片设计 ······215

13.2.4 手提袋设计 ······216

13.2.5 广告牌设计 ······218

13.3 拓展练习 ······221

Chapter 14 产品包装设计

14.1 行业知识导航 ······222

14.1.1 包装的概念 ······222

14.1.2 包装的分类 ······223

14.1.3 包装的选材 ······223

14.1.4 包装中的工艺 ······224

14.1.5 产品包装设计欣赏 ······224

14.2 牛奶包装设计 ······225

14.2.1 创意风格解析 ······225

14.2.2 框架及刀版图的制作 ······225

14.2.3 包装版面设计 ······226

14.3 拓展练习 ······232

PART

01 基础知识篇

前9章是基础知识篇，主要对CorelDRAW X8各知识点的概念及应用进行详细介绍，熟练掌握这些理论知识，将为后期综合应用中大型案例的学习奠定良好的基础。

01 CorelDRAW X8轻松入门
02 图形的绘制
03 对象的编辑与管理
04 颜色的填充与调整
05 编辑文本段落
06 应用图形特效
07 处理位图图像
08 应用滤镜特效
09 打印输出图像

Chapter 01 CorelDRAW X8轻松入门

本章概述

本章将从最基础的知识讲起，首先了解CorelDRAW X8的应用领域及新增功能，接下来让大家熟悉CorelDRAW X8的工作界面以及文件的基本操作，这样从最基本的操作入手，从而为后期的深入学习奠定良好的基础。

核心知识点

❶ CorelDRAW X8的应用领域
❷ CorelDRAW X8的基本操作
❸ CorelDRAW X8的新增功能
❹ CorelDRAW X8的界面布局

1.1 CorelDRAW X8概述

CorelDRAW Graphics Suite是加拿大Corel公司出品的矢量图形制作工具软件，该软件给设计师提供了矢量动画、页面设计、网站制作、位图编辑和网页动画等多种功能。

该软件是一套屡获殊荣的图形图像编辑软件，它包含两个绘图应用程序：一个用于矢量图及页面设计，一个用于图像编辑。这套绘图软件组合带给用户强大的交互式工具，使用户可创作出多种富于动感的特殊效果及点阵图像即时效果，并且在简单的操作中就可得到实现，而不会丢失当前的工作。通过CorelDRAW的全方位的设计及网页功能可以融合到用户现有的设计方案中，灵活性十足。

该软件提供的智慧型绘图工具以及新的动态向导可以充分降低用户的操控难度，允许用户更加容易精确地创建物体的尺寸和位置，减少点击步骤，节省设计时间。

经过多年的发展，其版本已更新至CorelDRAW X8，该版本更是以简洁的界面、稳定的功能获得了千万用户的青睐。

1.1.1 CorelDRAW X8的应用领域

CorelDRAW X8是Corel公司出品的矢量图形制作软件，该软件给设计师提供了广告设计、矢量动画、标志设计、插画设计等多种功能。下面将对其常见的应用进行介绍。

1. 标志设计

标志设计是VI视觉识别系统设计中的一个关键点。标志是抽象的视觉符号，企业标志则是一个企业文化特质的图像表现，具有其象征性，下面两幅标志图像分别展示了严谨、唯美的企业文化，通过简洁的标志即可传递出不同的信息。

2. 插画设计

插画和绘画是在设计中经常使用到的一种表现形式。这种结合电脑的绘图方式很好地将创意和图像进行结合，为我们带来了更为震撼的视觉效果。下面两幅插画设计作品展示了时下流行的新型插画风格，以鲜明的颜色、复杂的图像进行堆积，形成饱和的画面视觉效果。

3. 广告设计

广告的作用是通过各种媒介使更多的广告目标受众知晓产品、品牌，企业等相关信息，虽然表现手法多样，但其最终目的相同。从下面两幅商业广告中不难看出，它们在制作时都使用了CorelDRAW进行部分图像的绘制和相应的处理，呈现出和谐的矢量图像效果，同时具有艺术感。

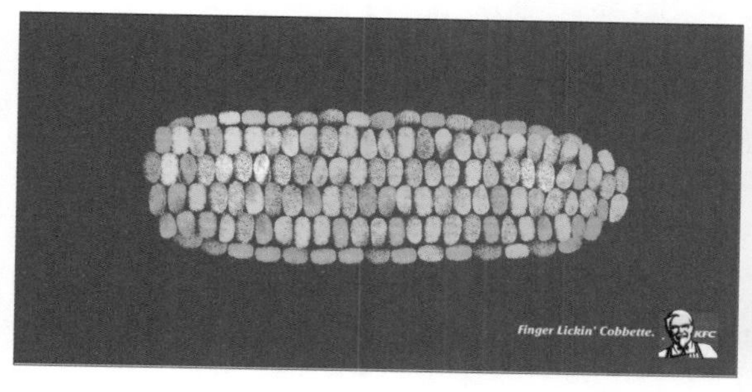

4. 包装设计

包装设计是针对产品进行市场推广的重要组成部分。包装是建立产品与消费者联系的关键点，是消费者接触产品的第一印象，成功的包装设计在很大程度上会促进产品的销售。下面两幅图像分别为纸盒材质以及玻璃材质的包装，其效果图也是运用了CorelDRAW强大的绘图功能进行绘制的。

5. 书籍装帧设计

书籍装帧设计与包装设计有相似之处，书籍的封面越是精美，越能抓住读者的目光，起到引人注意的效果，如下图所示。书籍的封面设计只是装帧设计的一部分，书籍中的版式设计则可以帮助读者轻松地进行文字阅读，组织出合理的视觉逻辑。

1.1.2 CorelDRAW X8新功能介绍

CorelDRAW X8在以前的版本上新增了许多功能，包括工具、颜色管理和Web图形等。下面将介绍CorelDRAW X8版本中一些重要的新功能和新特性。

1. 工具方面

选择工具中增强了刻刀工具，如下图所示。

通过增强的刻刀工具，您可以沿直线、手绘线或贝塞尔线拆分矢量对象、文本和位图。还可以在拆分对象之间创建间隙，或使它们重叠。您也可以选择是将轮廓转换为可处理的曲线对象，还是将它们保留为轮廓。如果不确定，CorelDRAW会自动选择最好保留轮廓外观的选项，从而消除任何不确定性。

2. 菜单方面

视图菜单将以前的“图框精确剪裁”命令更改为“PowerClip”命令，如下图所示。

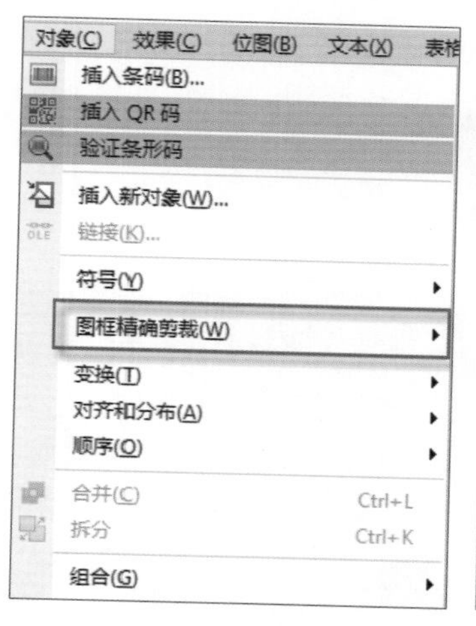

3. 隐藏和显示对象

CorelDRAW X8使您可以隐藏对象和对象群组，以便仅显示项目中所需的或要查看的部分，如下图所示。在处理复杂设计时，在绘图中隐藏特定元素的功能可以大大节省时间。它可确保用户不会意外选择和编辑自己并不打算处理的对象，并且使用户可以更轻松地尝试各种设计。

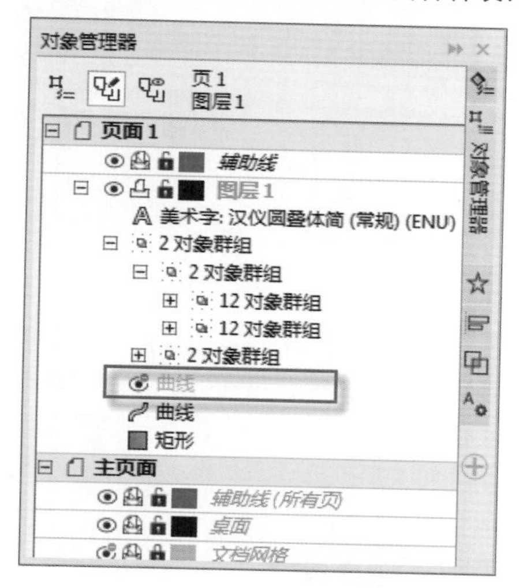

4. 复制曲线段

CorelDRAW X8中另一个新的省时增强功能是复制或剪切曲线段的特定部分。然后，您可以将其粘贴为对象，以便通过相似的轮廓图轻松创建相邻的形状，如下图所示。

1.1.3 CorelDRAW X8的图像概念

在设计过程中，首先需要了解的就是图像的基本知识，其中包括矢量图图像、位图图像、像素、分辨率、颜色模式等概念。

1. 矢量图

矢量图是一种在放大后不会出现失真现象的图片，又被称作向量图。矢量图是使用一系列电脑指令来描述和记录的图像，由点、线、面等元素组成，所被记录的包括对象的几何形状、线条粗细和色彩等信息。正是由于矢量图不记录像素的数量，所以在任何分辨率下，对矢量图进行缩放都不会影响它的清晰度和光滑度，均能保持图像边缘和细节的清晰感和真实感，不会出现图像虚糊或是锯齿状况。

下图所示分别为原矢量图和局部放大后的对比效果，可以看到，连续放大矢量图不会影响图像效果。

2. 位图

位图又被称为点阵图，与像素有着密切的关系，其图像的大小和图像的清晰度是由图像中像素的多少决定的。像素具有各自的颜色信息，所以在编辑位图时，会针对图像的每个像素进行调整，从而达到更为精细和优化的调整效果。通过调整图像色相、饱和度和亮度调整图像像素，可使其颜色更加丰富细腻。位图虽然表现力强、层次丰富，可以模拟出逼真的图片效果，但放大后会变得模糊，会出现马赛克现象，导致图像失真，如下图所示。

矢量图与位图相比，前者更能轻易地对图像轮廓形状进行编辑管理，但是在颜色的优化调整上却不及位图，颜色效果也不如位图丰富细致。CorelDRAW X8通过版本升级，强化了矢量图与位图的转换和兼容。

3. 像素

像素是用于计算数码影像的一种单位，如同拍摄的照片一样，数码影像也具有连续性的浓淡色调。若把影像放大数倍就会发现，这些连续色调其实是由许多色彩相近的小方点组成的。这些小方点即构成影像的最小单位——像素。图像所包含的像素数越高，图像越清晰，色彩层次越丰富。

4. 分辨率

分辨率是用于度量位图图像内像素多少的一个参数。包含的数据越多，图像文件也就越大，此时图像表现出的细节就越丰富。同时，图像文件过大也会耗用更多的计算机资源，占用更多的内存和硬盘空间。常见的分辨率包括显示器分辨率和图像分辨率两种，在图像处理过程中所说的分辨率为图像分辨率，它是指图像中每单位长度所包含的像素数目，常以“像素/英寸”（ppi）为单位来表示，如300ppi表示图像中每英寸包含300个像素或点。同等尺寸的图像文件，分辨率越高，其所占的磁盘空间就越大，编辑和处理所需的时间也越长。

5. 颜色模式

颜色模式是图像色调显示效果的一个重要概念，它是色值的表达方式。CorelDRAW X8提供的颜色模式包括RGB模式、CMYK模式、位图模式、灰度模式、Lab模式、索引模式、HSB模式和双色调模式等。其中常用的颜色模式为RGB模式和CMYK模式。

RGB颜色模式是一种能够表达“真色彩”的模式，R代表红色，G代表绿色、B代表蓝色。三者混合后，色值越大，颜色越亮；反之则越暗。若三者均设置为0，颜色为黑色；若三者均设置为255，则颜色为白色。因此，RGB颜色模式也被称为加色模式。CMYK颜色模式是基于图像输出处理的模式，根据印刷油墨混合比例而定，是一种印刷颜色模式。C代表青色、M代表洋红、Y代表黄色、K代表黑色。与RGB加色模式相反，CMYK模式是一种减色模式，如青色与黄色混合成绿色、洋红和黄色混合为红色。

提示 图像颜色模式的重要性

图像的颜色模式设置与作品在屏幕显示和输出时的效果有着较为密切的联系。RGB颜色模式是用于屏幕显示的颜色模式，其真实而艳丽的色彩并不一定适用于输出显示；CMYK颜色模式是用于输出显示的颜色模式，其输出原理与实际的油墨比例有着根本的联系，而油墨并不能真正地反映色彩中千变万化的颜色。因此，在设计制作和输出作品时，始终需要注意图像的颜色模式。

1.2 CorelDRAW X8的操作界面

CorelDRAW X8作为一款较为常用的矢量图绘制软件，被广泛地应用于平面设计的制作和矢量插图的绘制等领域。要熟练运用CorelDRAW X8绘制图形或进行图形处理，首先应对其启动和退出的方法、工作界面、工具箱等知识有所了解。

1.2.1 CorelDRAW X8的启动和退出

启动CorelDRAW X8，可通过多种方法实现。可双击CorelDRAW X6图标运行该软件，还可通过单击任务栏中“开始”按钮，弹出级联菜单，若该菜单中显示有CorelDRAW X8图标，则选择该图标，即可启动该程序。

退出程序可直接单击界面右上角的“关闭”按钮，也可通过执行“文件>关闭”命令退出程序。

1.2.2 工具箱和工具组

默认状态下，工具箱以竖直的形式放置在工作界面的左侧，其中包含了所有用于绘制或编辑对象的工具。工具右下角显示有黑色快捷键头的，则表示该工具下包含了相关系列的隐藏工具。将鼠标光标移动至工具箱顶端，当光标变为拖动光标时即可将其脱离至浮动状态，如下图所示。

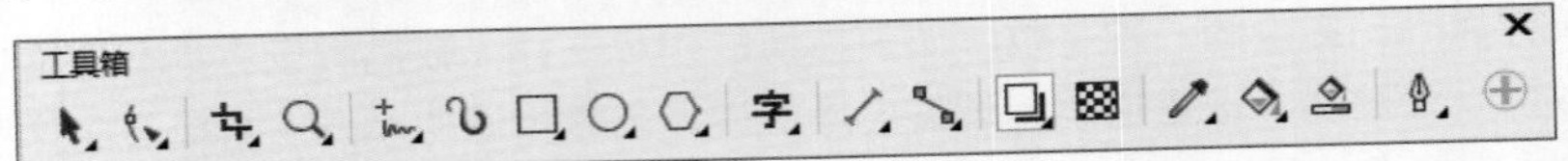

关于各工具的使用及功能介绍如下表所示。

序　号	图　标	名　称	功能描述
01		选择工具	用于选择一个或多个对象并进行任意的移动或大小调整，可在文件空白处拖动鼠标以框选指定对象
02		形状工具	用于调整对象轮廓的形态。当对象为扭曲后的图形时，可利用该工具对图形轮廓进行任意调整
03		裁剪工具	用于裁剪对象不需要的部分图像。选择某一对象后，拖动鼠标以调整裁剪尺寸，完成后在选区内双击即可裁剪该对象选区外的图像
04		缩放工具	用于放大或缩小页面图像，选择该工具后，在页面中单击以放大图像，右击以缩小图像
05		手绘工具	使用该工具在页面中单击，移动光标至任意点再次单击可绘制线段；按住鼠标左键不放，可绘制随意线条
06		艺术笔工具	具有固定或可变宽度及形状的画笔，在实际操作中可使用艺术笔工具绘制出具有不同线条或图案效果的图形
07		矩形工具	可绘制矩形和正方形，按住Ctrl键可绘制正方形，按住Shift键可以起始点为中心绘制矩形
08		椭圆形工具	可用于绘制椭圆形和正圆，通过设置其属性栏可绘制饼图和弧
09		多边形工具	可绘制多边形对象，设置其属性栏中的边数可调整多边形的形状
10		文本工具	使用该工具在页面中单击，可输入美术字；拖动鼠标设置文本框，可输入段落文字
11		平行度量工具	用于度量对象的尺寸或角度
12		直线连接器工具	用于连接对象的锚点
13		阴影工具	使用该工具可为页面中的图形添加阴影
14		透明度工具	使用此工具可调整图片及形状的明暗程度，并具备4种透明度的设置
15		颜色滴管工具	主要用于取样对象中的颜色，取样后的颜色可利用填充工具填充指定对象
16		交互式填充工具	利用交互式填充工具可对对象进行任意角度的渐变填充，可进行调整
17		智能填充工具	可对任何封闭的对象包括位图图像进行填充，也可对重叠对象的可视性区域进行填充，填充后的对象将根据原对象轮廓形成新的对象
18		轮廓笔工具	用于调整对象的轮廓状态，包括轮廓宽度和颜色等

1.2.3 CorelDRAW X8的工作界面

CorelDRAW X8与其他图形图像处理软件相似，同样拥有菜单栏、工具箱、工作区、状态栏等构成元素，但也有其特殊的构成元素。其工作界面如下图所示。

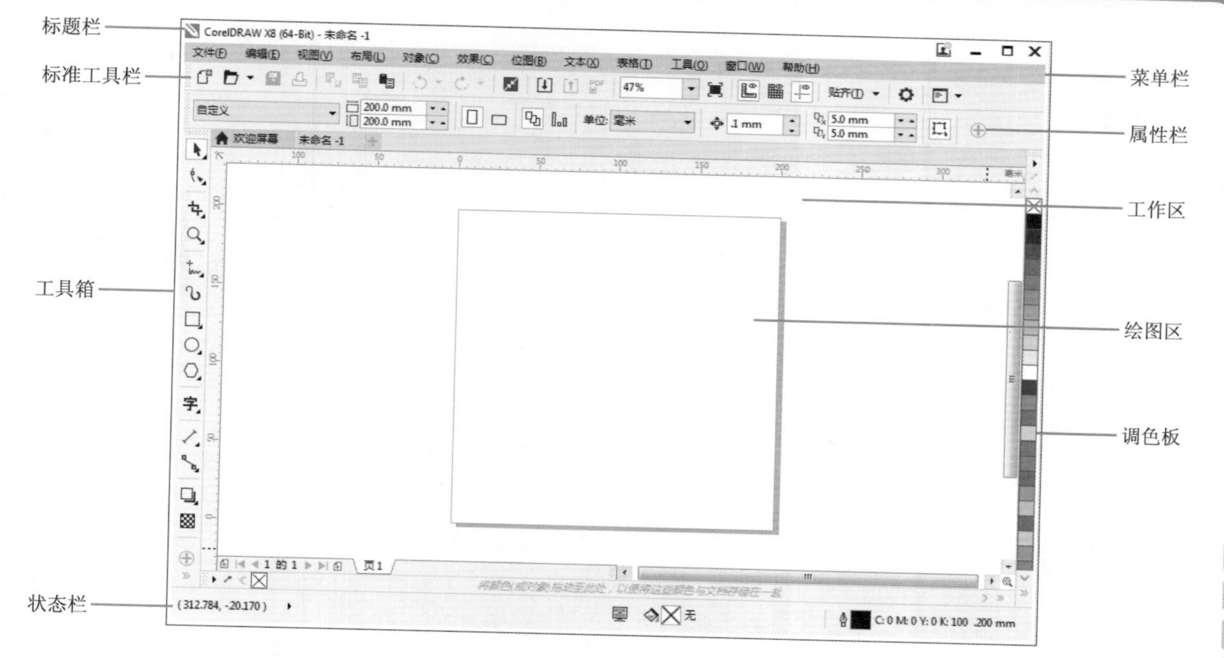

1.3 调整合适的视图

在CorelDRAW X8中，有多种视图模式，可根据个人习惯或是需要进行调整。在页面视图预览上，也可根据具体情况进行调整，缩放视图页面以帮助查看图像整体或局部效果。设置和调整工作窗口的预览模式，也能让图像编辑处理更加便捷。

1.3.1 图像显示模式

图像的显示模式包括多种形式，分类显示在“视图”菜单中。下图所示分别是“增强”显示模式和“线框”显示模式效果。

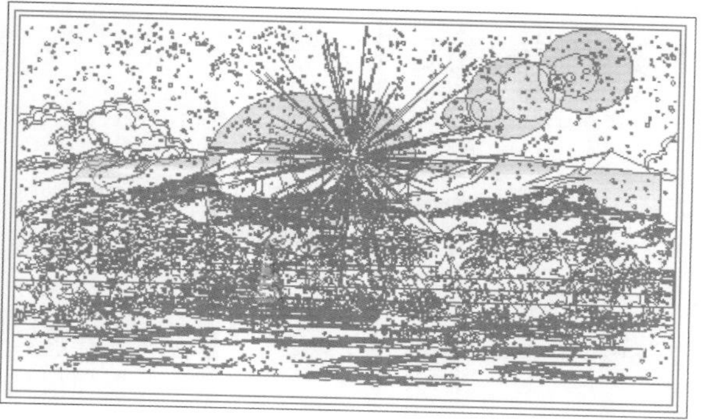

1.3.2 文档窗口显示模式

在CorelDRAW X8中，若同时打开多个图形文件，可调整其窗口显示模式将其同时显示在工作界面中，以方便图形的显示。

CorelDRAW X8为用户提供了层叠、水平平铺和垂直平铺3种窗口显示模式，在“窗口”菜单中选择相应的模式即可。下面两幅图分别为水平平铺和层叠模式下的图像效果。对单幅图像而言，图形窗口的显示即为窗口的最大化和最小化，单击窗口右上角的最小化按钮或最大化按钮可调整文档窗口的显示状态。

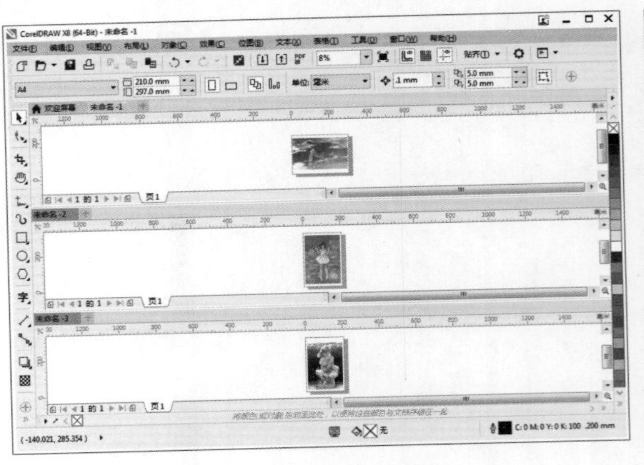

1.3.3 预览显示

预览显示是将页面中的对象以不同的区域或状态显示，包括全屏预览、分页预览和指定对象预览。下面两幅图分别为全屏预览图像和预览指定对象的效果。

1.3.4 辅助工具的设置

下面将对辅助工具的相关知识进行介绍。

1. 标尺

标尺能辅助用户在页面绘图时进行精确的位置调整，同时也能重置标尺零点，以便用户对图形的大小进行观察。

通过执行“视图>标尺”命令可在工作区中显示或隐藏标尺，也可在选择工具属性栏的“单位”下拉列表框中选择相应的单位以设置标尺。在标尺上右击，在弹出的菜单中选择“标尺设置”命令，可打开“选项”对话框，从中可对标尺的具体情况进行设置，如下左图所示。

2. 网格

网格是分布在页面中的有一定规律性的参考线，使用网格可以将图像精确地定位。

执行“视图>网格”命令即可显示网格，也可以在标尺上右击，在弹出的菜单中选择“栅格设置”命令，打开“选项”对话框，从中对网格的样式、间隔、属性等进行设置，如下右图所示。

3. 辅助线

辅助线是绘制图形时非常实用的工具，可帮助用户对齐所需绘制的对象以达到更精确的绘制效果。

执行“视图>辅助线”命令，可显示或隐藏辅助线（显示的辅助线不会一并被导出或打印），如下左图所示。

设置辅助线的方法是，打开“选项”对话框，选择“辅助线”选项，即可对其显示情况和颜色等进行设置，如下右图所示。选择辅助线后按下Delete键可将其删除，也可执行“视图>辅助线”命令将其隐藏。

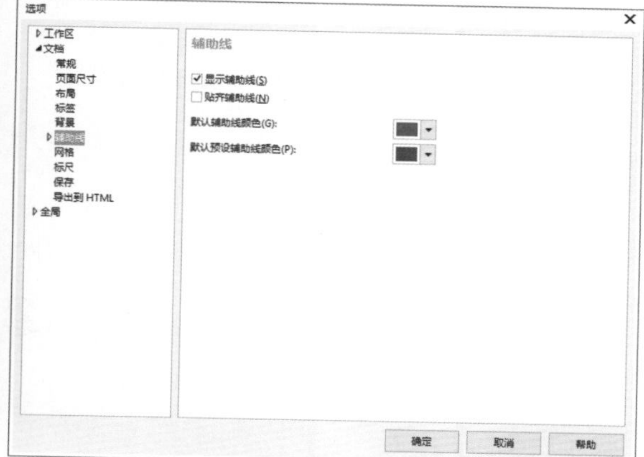

1.4 设置页面属性

设置页面属性是对图像文件的页面尺寸、版面和背景等属性进行设置，自定义页面的显示状态，用户可以创建一个比较习惯的工作环境。

1.4.1 设置页面尺寸和方向

新建空白图形文件后，若需要设置页面的尺寸，可执行“布局>页面设置”命令，打开“选项”对话框，此时自动选择“页面尺寸”选项，并显示相应的页面，如下左图所示。其中，可设置页面的纸张类型、页面尺寸、分辨率和出血状态等属性，也可以设置页面的方向。需要注意的是，还可单击属性栏中的“纵向”或“横向”按钮以快速切换页面方向。

1.4.2 设置页面背景

设置页面背景与设置页面尺寸一样，通过执行“布局>页面背景”命令打开相应对话框。一般情况下，页面的背景为“无背景”设置，用户可通过点选相应的单选按钮，自定义页面背景。单击“浏览”按钮，可导入位图图像以丰富页面背景状态，如下右图所示。

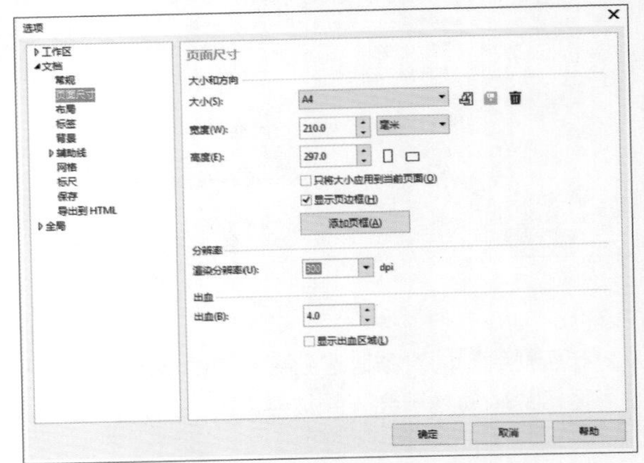

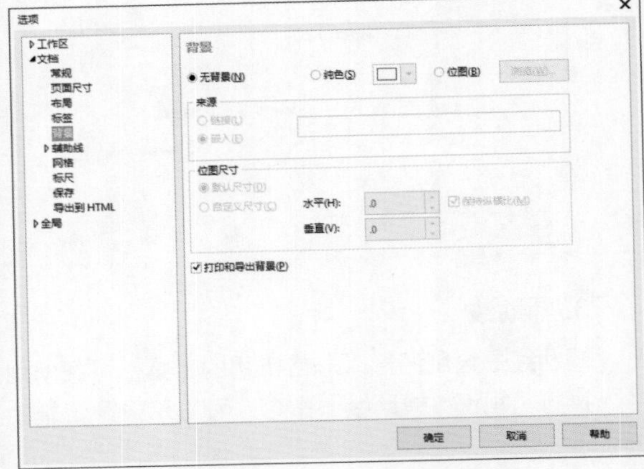

1.4.3 设置页面布局

设置页面布局是对图像文件的页面布局尺寸和对开页状态进行设置。通过执行“布局>页面设置”命令弹出对话框，在“选项”对话框中选择“布局”选项，显示出相应的页面。可通过选择不同的布局选项，对页面的布局进行设置，还可直接更改页面的尺寸和对开页状态，便于在操作中进行排版，如右图所示。

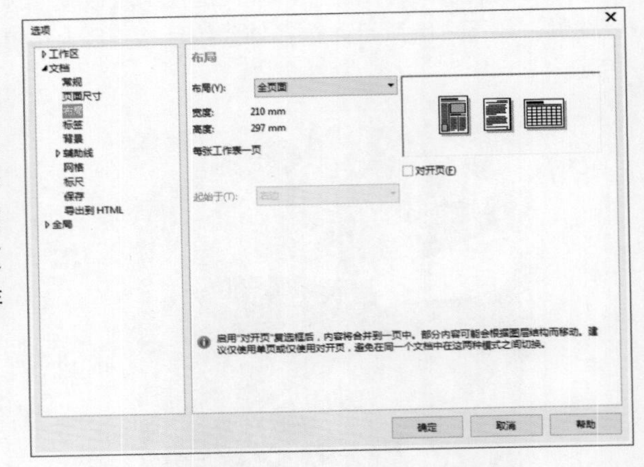

1.5 文件的导入和导出

文件的导入、导出满足了我们对不同格式图片操作的需求，更加便捷了作图。

1.5.1 导入指定格式图像

执行“文件>导入”命令，在弹出的对话框中选择需要导入的文件并单击“导入”按钮，此时光标转换为导入光标，单击左键可直接将位图以原大小状态放置在该区域，还可通过拖动鼠标设置图像大小，最后将图像放在指定位置，如右图所示。

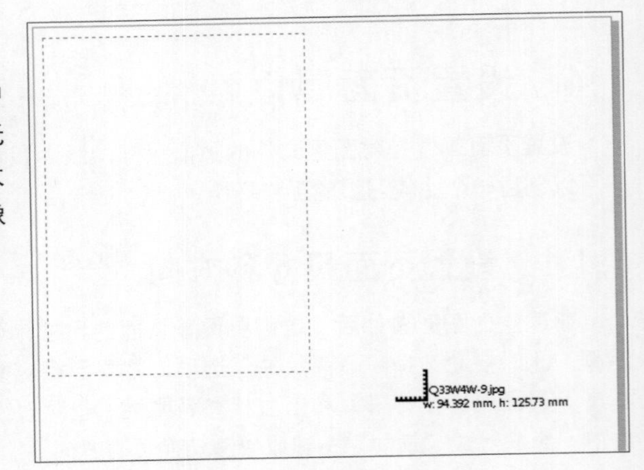

1.5.2 导出指定格式图像

导出经过编辑处理后的图像时，执行“文件>导出”命令，在弹出的对话框中选择图像存储的位置并设置文件的保存类型，如JPEG、PNG或AI等格式。完成设置后单击“导出”按钮即可。

知识延伸：CorelDRAW使用中的小技巧

1. 快速拷贝色彩和属性

在CorelDRAW X8软件中，给群组中的单个对象着色的最快捷的方法是把屏幕调色板上的颜色直接拖拉到对象上。

同样的道理，拷贝属性到群组中的单个对象的捷径是在拖拉对象时按住鼠标右键，而此对象的属性正是用户想要拷贝到目标对象中去的。当在目标对象上释放鼠标右键时，会弹出一个右键菜单，在菜单中用户可以选择自己想要拷贝的属性命令，如下图所示。

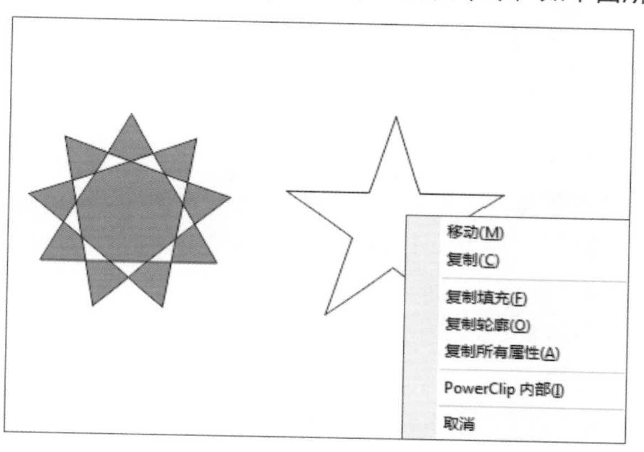

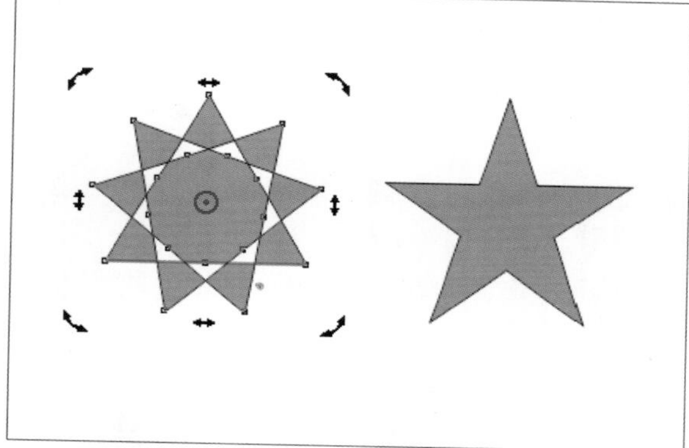

2. 让标尺回归自由

一般来说，在CorelDRAW X8中使用标尺时，都是在指定的位置，但有时在处理图像时，为了方便使用，我们可以让标尺变得更“自由”一些。

操作方法还是比较简单的，只要在标尺上按住Shift键拖移鼠标，即可以移动标尺。若想让标尺回到原位，则只需在标尺上按住Shift键的同时迅速双击即可。

3. 在同一窗口中快速选择对象

有时在使用CorelDRAW X8来制作图形时，要同时用到多个对象，若是这些对象相互重叠越来越多时，则用鼠标就越难点选到被覆盖在下面的对象，除非用户把覆盖在上面的对象一一移走。但这样操作有点太麻烦了，其实用户可以使用键盘上的Alt键加上鼠标点选，就可以很方便地选取被覆盖在底层的对象了。

上机实训：设计多彩背景

下面将利用本章所学习的知识，练习制作多彩背景。

步骤 01 打开CorelDRAW X8，创建新文档，如下图所示。

步骤 02 执行“布局>页面设置”命令，打开“选项”对话框，如下图所示。

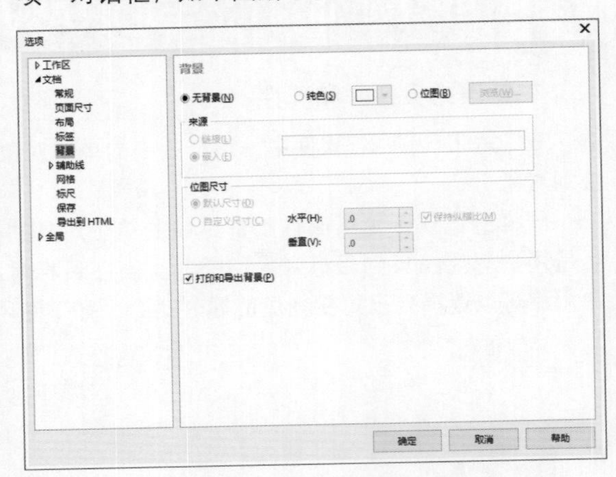

步骤 03 从中选择“位图”选项，单击“浏览”按钮，将弹出“导入”对话框，如下图所示。

步骤 04 选择要导入的图片，单击“导入”按钮，再单击“确定”按钮，即可完成背景图片的设置，如下图所示。若发现背景图片比较小，则可以返回对话框对位图尺寸进行调整。

课后练习

1. 选择题

(1) CorelDRAW可以生成的图像类型是________。

A. 位图　B. 矢量图　C. 位图和矢量图　D. 点阵图

(2) 双击选择工具等于按快捷键________。

A. Ctrl+A　B. Ctrl+F4　C. Ctrl+D　D. Alt+F2

(3) CorelDRAW中有________种查看模式?

A. 5　B. 3　C. 4　D. 6

(4) CorelDRAW默认的视图模式是________。

A. 框架模式　B. 正常模式　C. 增强模式　D. 草图模式

(5) 位图组成的基本单位是________。

A. 矢量　B. 对象　C. 像素　D. DPI

2. 填空题

(1) 在CorelDRAW中页面的排列方式有________和________两种。

(2) 在要对图形进行处理之前必须要________这个对象。

(3) 要以最好的效果来显示绘图，应选用________模式的视图。

(4) 当物体处于选中状态时，它的周围会出现________个控制手柄。

(5) 拖动对象时按住________键可以使对象只在水平或垂直方向移动。

3. 操作题

将右图所示的图片导入到CorelDRAW X8中。

提示

按下快捷键Ctrl+I（字母I），在弹出的对话框中选择文件后单击“导入”按钮，即可导入图片。

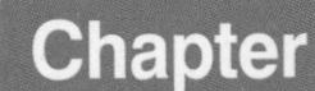

Chapter 02 图形的绘制

本章概述

本章以工具为基点，主要针对如何在CorelDRAW X8中绘制图形进行讲解。通过对绘制直线、曲线、几何图形、表格、连接线等图形相关工具的介绍，让读者掌握在CorelDRAW X8中绘制各种图形的方法，并针对曲线中节点的编辑调整进行知识拓展，以便有序地编辑处理图形。

核心知识点

❶ 使用工具绘制几何图形
❷ 使用工具绘制曲线
❸ 使用工具绘制表格

2.1 绘制直线和曲线

线条的绘制是绘制图形的基础。线条的绘制包括直线的绘制和曲线的绘制。CorelDRAW X8为用户提供了手绘工具、贝塞尔工具、钢笔工具、艺术笔工具、折线工具、3点曲线工具、2点线工具和B-Spline工具8种绘制线条的工具，下面在对这些绘图工具进行介绍前，先对选择工具进行介绍。

2.1.1 选择工具

不论是绘制图形还是对图形进行编辑操作，首先要学会选择图形对象。选择图形对象有两种形式，一是选择单独一个图形对象，二是选择多个图形对象。

（1）选择单一图形

在CorelDRAW X8中导入图形文件后单击选择工具，在页面中单击图形，此时图形四周出现了8个黑色控点，表示选择了该图形对象，如下左图所示。

（2）选择多个图形

选择多个图形的方法有如下两种方法。

方法1：按住Shift键的同时逐个单击需选择的对象，即可同时选择多个对象，如下右图所示。

方法2：单击选择工具后，在页面中单击并拖动出一个可以框选所需选择对象的蓝色矩形线框。此时，若释放鼠标，则框选区域内的对象均被选择。

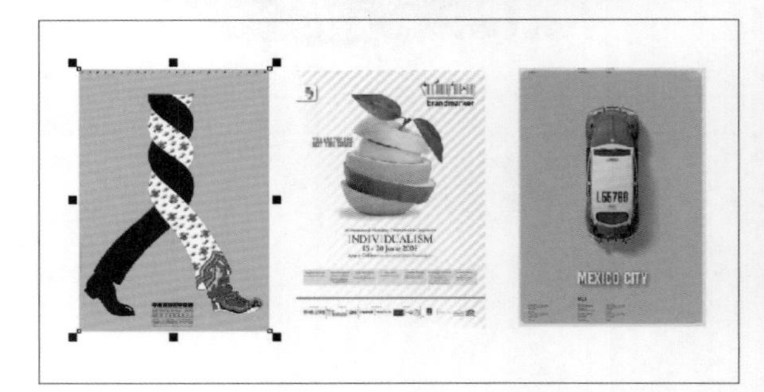

2.1.2 手绘工具

使用手绘工具不仅可以绘制直线，也可以绘制曲线，它是利用鼠标在页面中直接拖动绘制线条的。该工具的使用方法是，单击手绘工具或按下F5键，即可选择手绘工具，然后将鼠标光标移动到工作区中，此时光标变为形状，在页面中单击并拖动鼠标绘制出曲线，如下左图所示。

此时释放鼠标左键则会自动去掉绘制过程中的不光滑曲线，将其替换为光滑的曲线效果，如下右图所示。

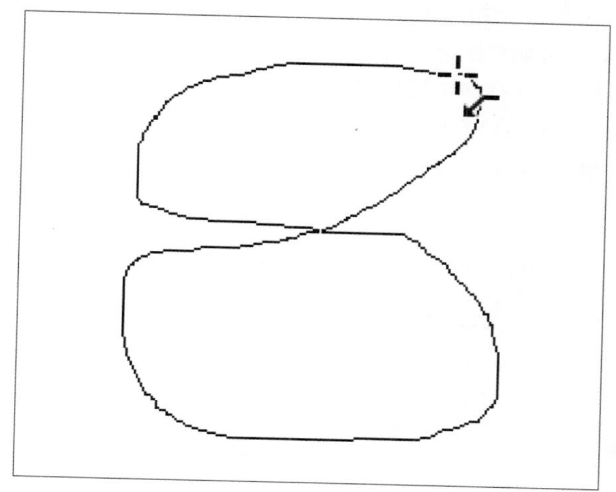

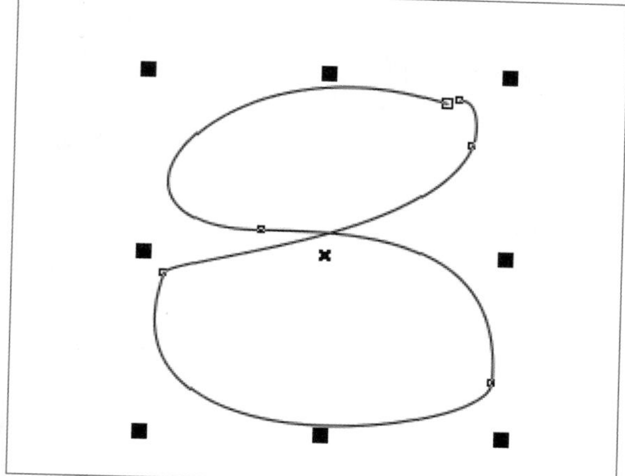

若要绘制直线则需在光标变为⁺↘形状后单击，并且在直线的另一个点再次单击，即可绘制出两点之间的直线，如下左图所示（按住Ctrl键可画水平、垂直及以15°为基数角度的直线）。

利用手绘工具绘制图形，可设置其起始箭头、结束箭头以及路径的轮廓样式，如下右图所示。

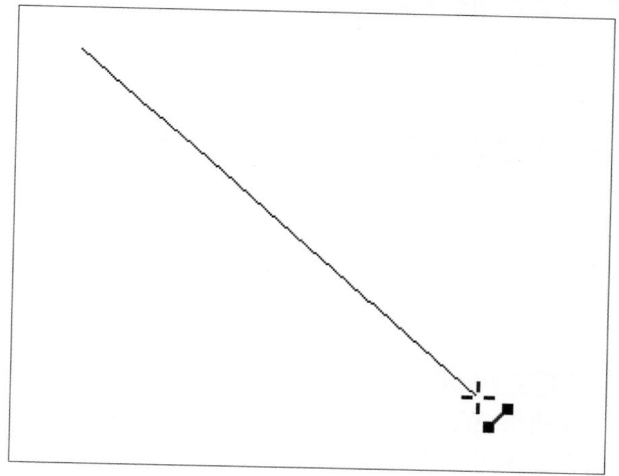

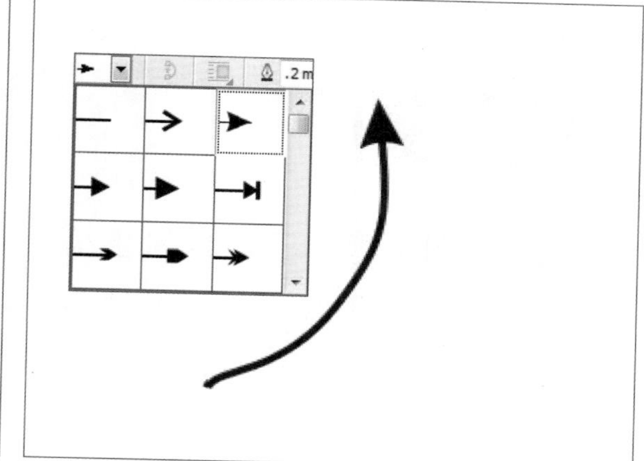

2.1.3　2点线工具

2点线工具在功能上与直线工具相似，使用2点线工具可以快速地绘制出相切的直线和相互垂直的直线，如下图所示。

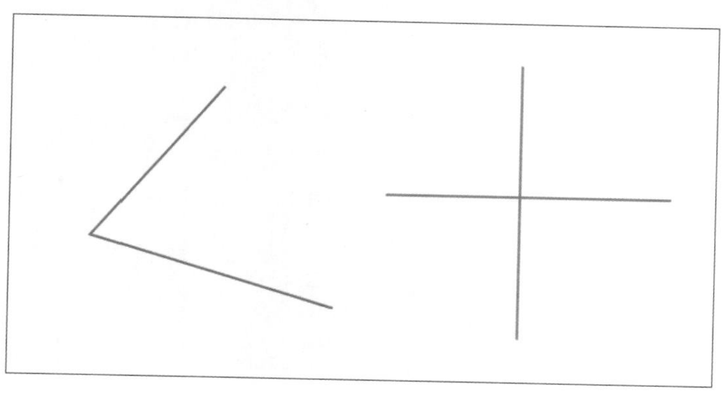

2.1.4 贝塞尔工具

CorelDRAW X8中的曲线是由一个个的节点进行连接的。使用贝塞尔工具可以相对精确地绘制曲线，同时还能对曲线上的节点进行拖动，实现一边绘制曲线一边调整曲线圆滑度的操作。

该工具的使用方法是：在手绘工具所在的工具组列表中，单击贝塞尔工具，将鼠标光标移动到工作区中，此时光标变为形状，在页面中单击确认曲线的起点位置，然后在另一处单击确定节点位置后拖动控制手柄以调整曲线的弧度，即可绘制出圆滑的曲线，如下图所示。

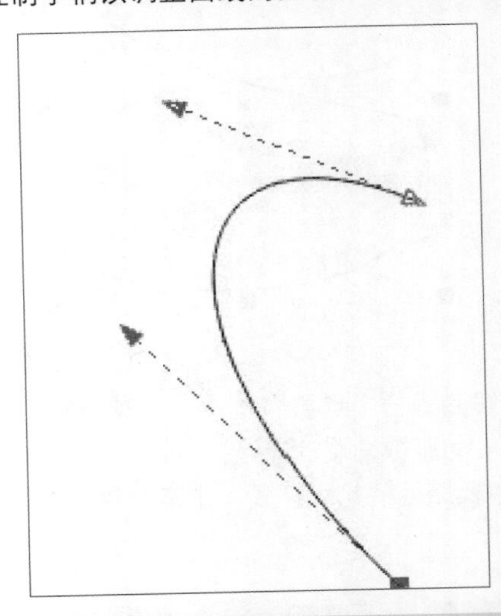

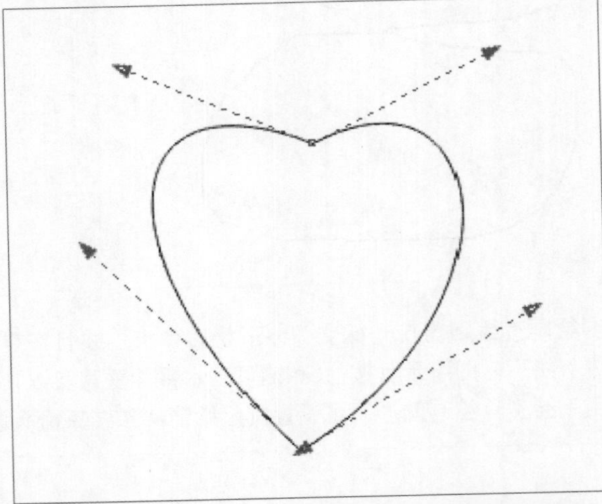

提示 绘制的曲线区域闭合才能填充

若绘制的曲线没有闭合，则不能填充颜色。若要在曲线形成的图形中填充颜色，则必须先将曲线的终点和起点重合，形成一个闭合的区域。

实例01 使用贝塞尔工具绘制图案

下面将练习使用贝塞尔工具进行图案的绘制。

步骤 01 按快捷键Ctrl+N新建一个文件。

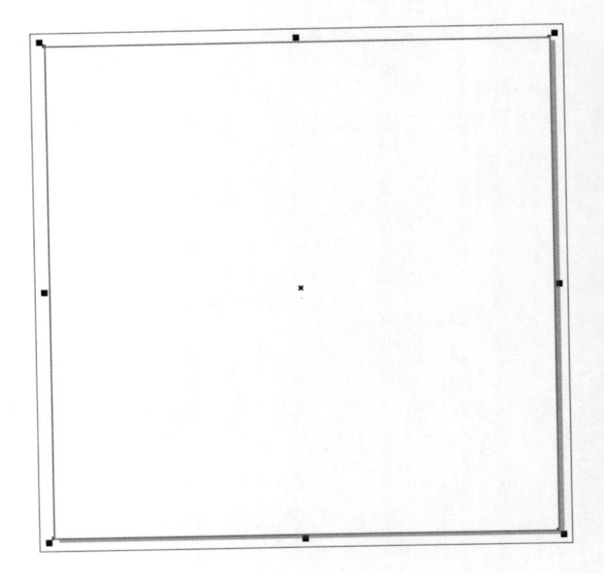

步骤 02 利用矩形工具，绘制一个矩形，再使用智能填充工具为矩形填充淡粉色（C0、M40、Y20、K0）并设置无轮廓。

步骤 03 然后选中图形执行“对象 > 锁定 > 锁定对象”命令，将背景锁定为不可编辑，如下图所示。

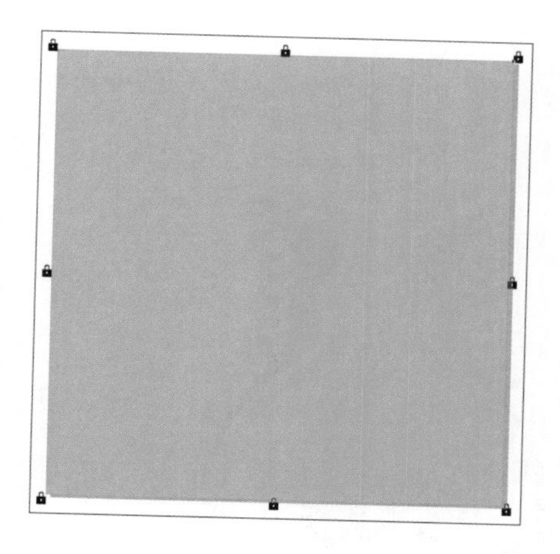

步骤 04 利用贝塞尔工具绘制出下图所示的图形并填充颜色（C20、M30、Y20、K50）和轮廓色（C20、M50、Y20、K90）。

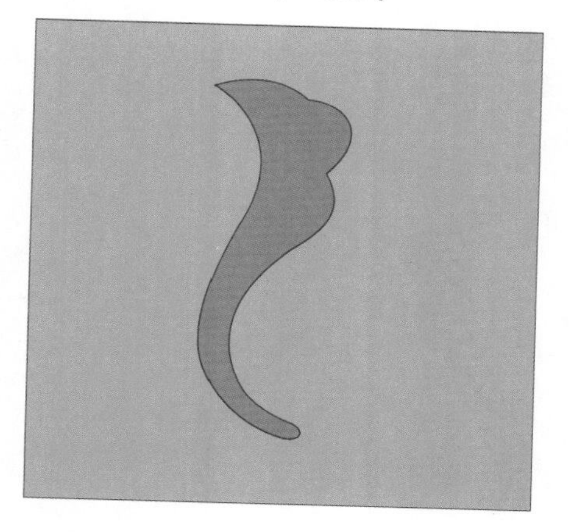

步骤 05 利用贝塞尔工具绘制内侧图形，同时填充颜色（C255、M210、Y133、K0），外轮廓设为黑色，如下图所示。

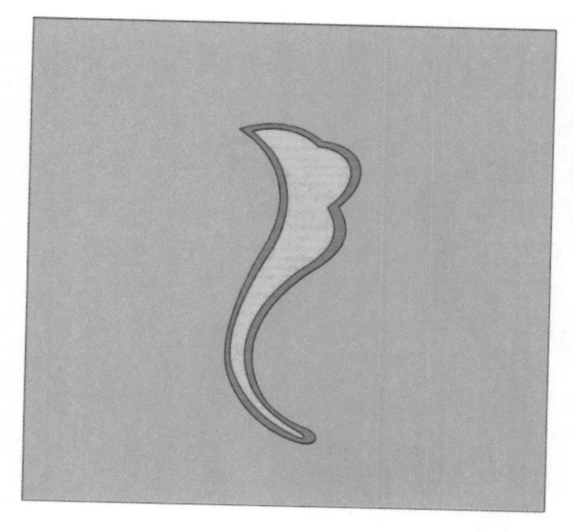

步骤 06 复制并粘贴，使用形状工具调整图形的形状并填充为黑色，然后调整至合适位置，如下图所示。

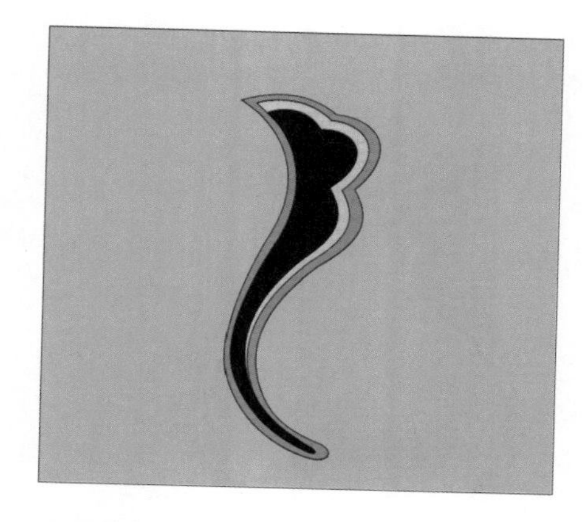

步骤 07 利用贝塞尔工具绘制出图形的一个单位，然后选中一个单位并填充颜色（C0 、M40、Y20、K0）和轮廓色（C0、M62、Y29、K0）。按住鼠标左键移动到要粘贴的位置，同时右击完成复制粘贴，最后群组单位。

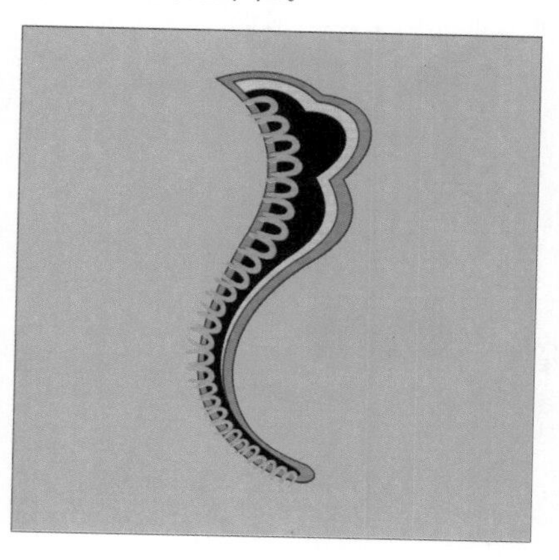

步骤 08 选中群组后的图形，然后执行“对象 > PowerClip > 置于图文框内部”命令，当光标变为黑色箭头时，单击下方黑色图形，完成置入，如下图所示。

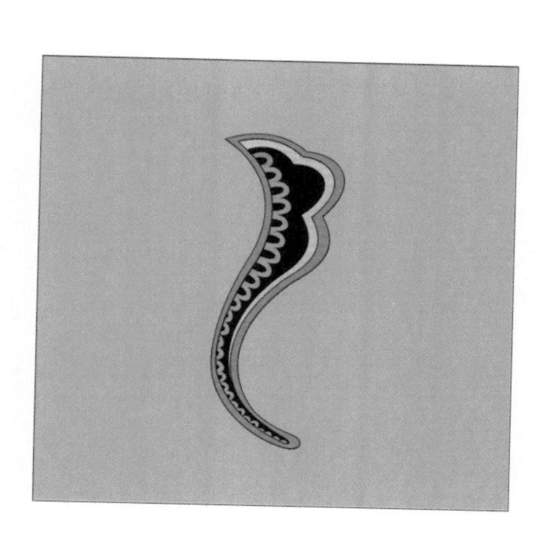

步骤 09 将绘制的图形全部选中，按快捷键Ctrl+G将其编组，再按快捷键Ctrl+C、Ctrl+V复制粘贴，在属性栏中设置水平镜像，并调整至合适位置，如下图所示。

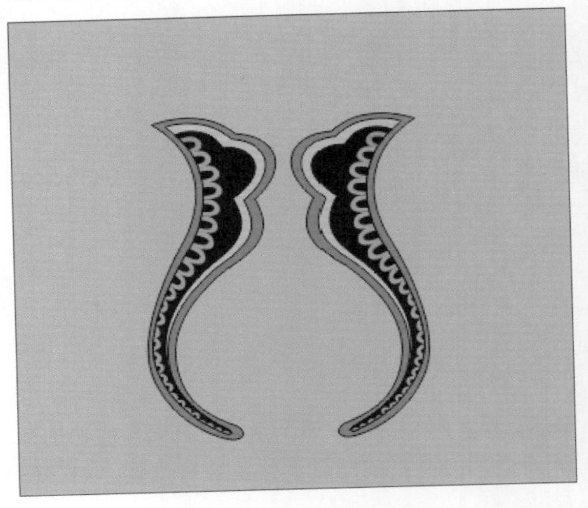

步骤 10 结合之前绘制图形的方法绘制中间部分，并将其编组，如下图所示。

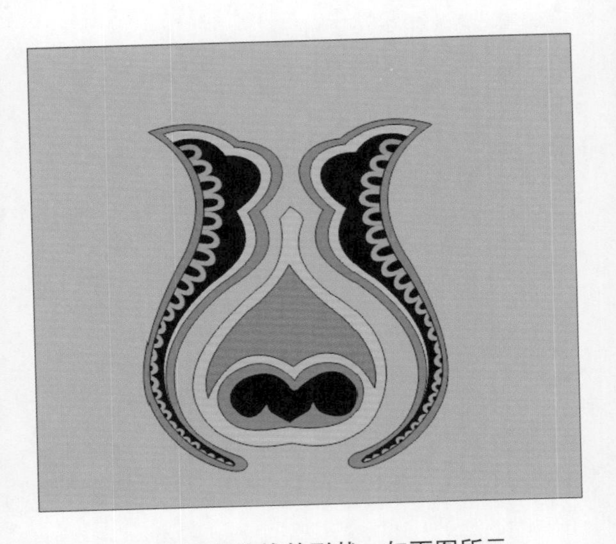

步骤 11 运用贝塞尔工具绘制出图形左侧的线稿，再使用形状工具改变曲线的形状，如下图所示。

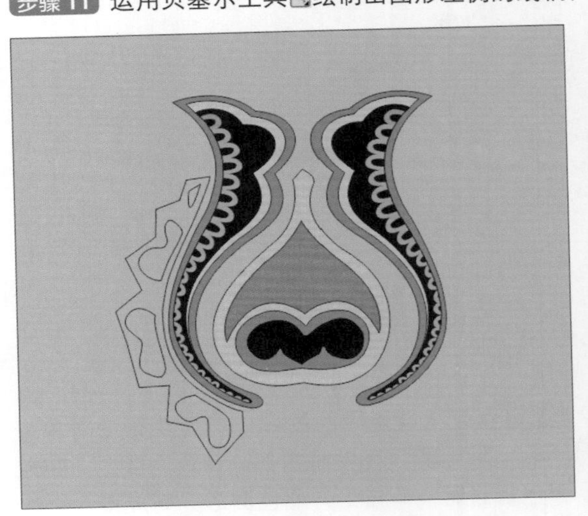

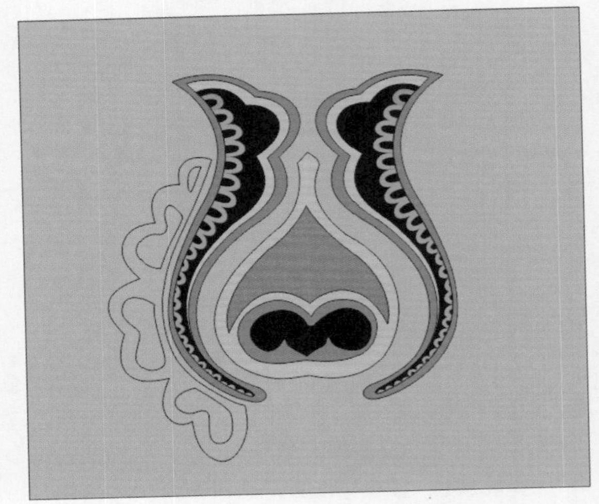

步骤 12 使用吸管工具，吸取其他图案的颜色，填充至线稿的形状中，效果如右图所示。

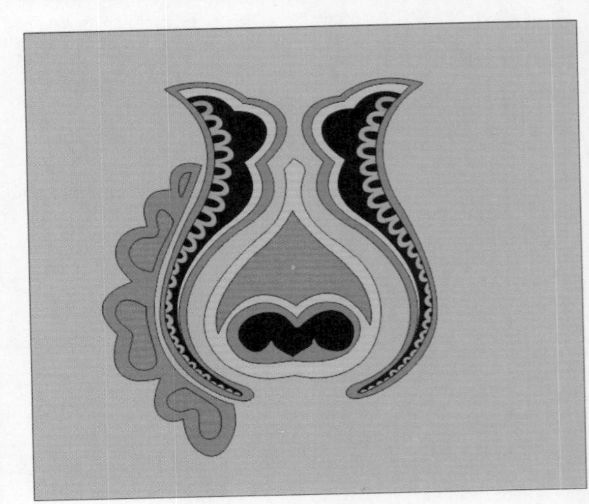

步骤13 使用选择工具，选中上一步绘制的所有图形，并将其编组，复制并设置水平镜像，再移动至图案的右侧位置，如下图所示。

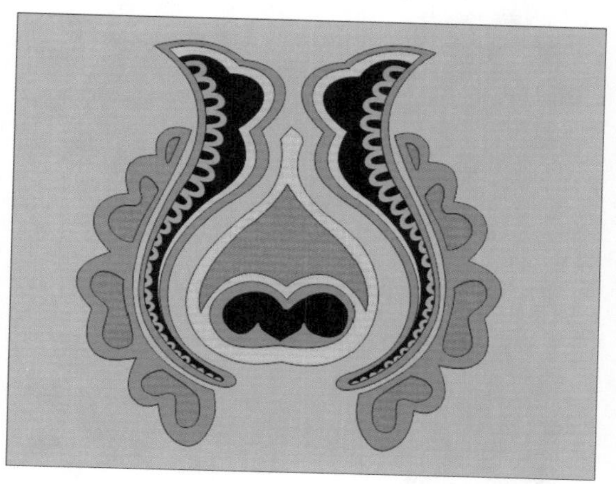

步骤14 运用贝塞尔工具绘制出图形右侧的线稿，并填充颜色，效果如下图所示。

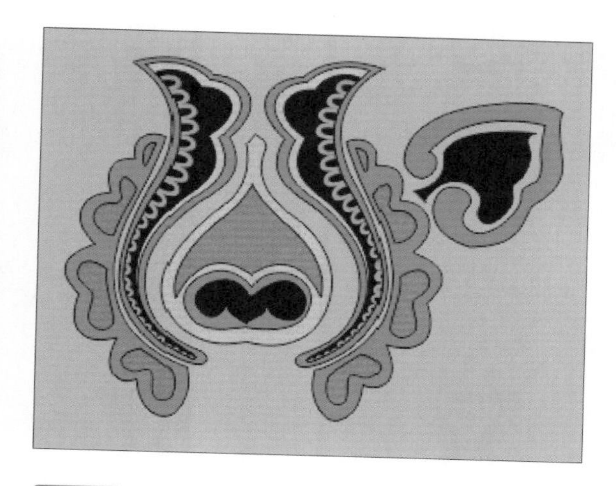

步骤15 按住鼠标左键将上一步中的图形拖动到要粘贴的各个位置并右击，然后运用自由变换（旋转）工具调整个体的大小，如下图所示。

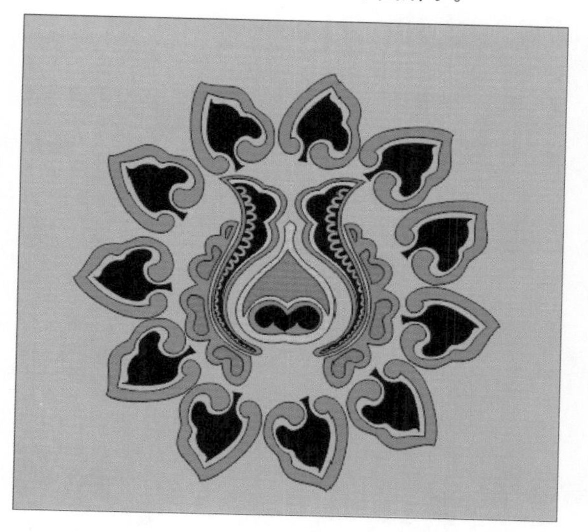

步骤16 使用贝塞尔工具继续绘制其他图形并填充颜色，效果如下图所示。

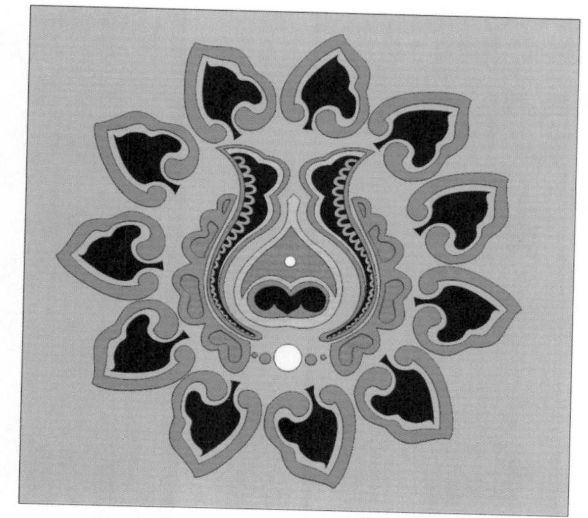

步骤17 使用选择工具将周边图形编组，并使用透明度工具，设置其透明度为85，如右图所示。

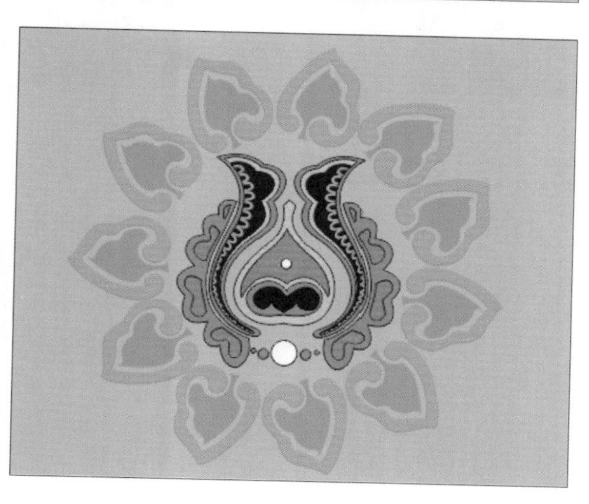

步骤18 复制所绘制的所有图形，放置在页面四角，设置下方两个图案为垂直镜像，如下图所示。

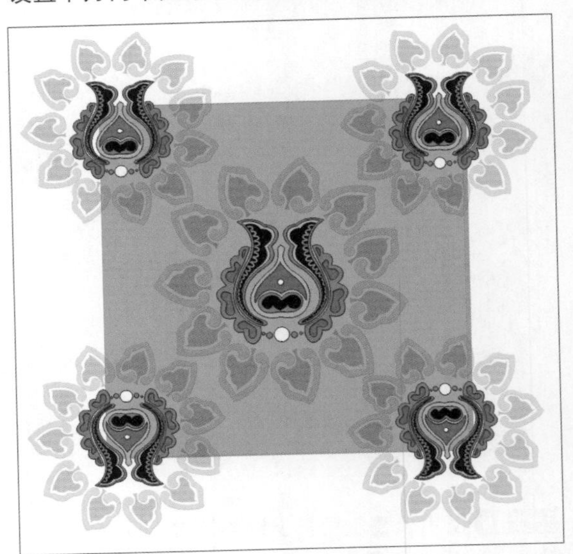

步骤19 使用透明度工具，将四角图案外侧图形的透明度设置为0，如下图所示。

步骤20 使用工具箱中的裁剪工具，绘制与页面相同大小的区域，按Enter键，确定裁剪，裁剪效果如下图所示。

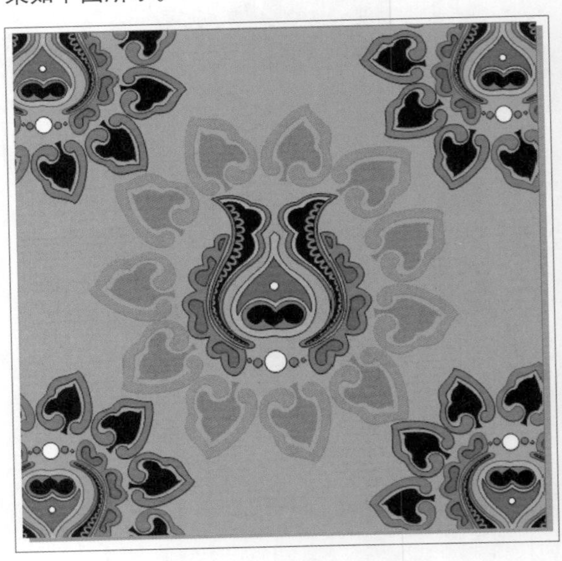

步骤21 使用同样的方法复制图形，改变其大小并移动至合适位置，效果如下图所示。

2.1.5 钢笔工具

钢笔工具是实际操作中经常使用的工具之一，在功能上它将直线的绘制和贝塞尔曲线的绘制进行了融合。

该工具的使用方法是，单击钢笔工具，当鼠标光标变为钢笔形状时在页面中单击确定起点，然后单击下一个节点即绘制直线段。若单击的同时拖动鼠标，绘制的则为弧线。下图所示为使用钢笔工具绘制的麦当劳标志。

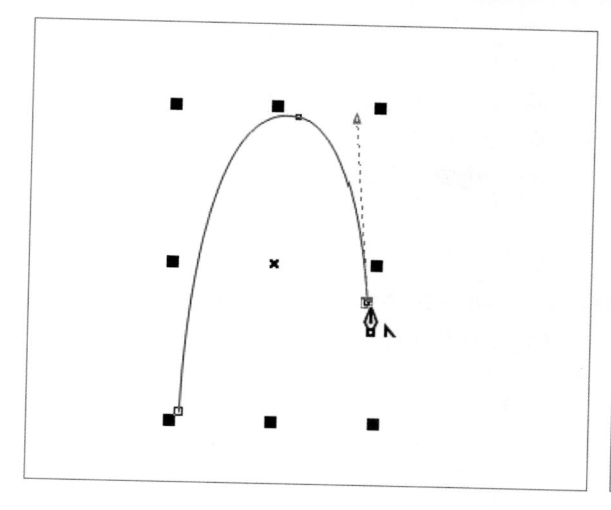

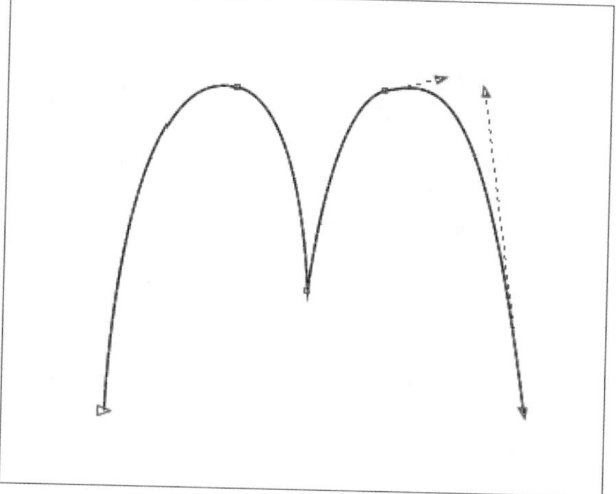

2.1.6 B样条工具

B样条工具与2点线工具相同，该工具在功能上与贝塞尔工具相似，不同的是，该工具有蓝色控制框。单击B样条工具，在页面上单击确定起点后继续单击并拖动图像，此时可看到线条外的蓝色控制框对曲线进行了相应的限制，如下图所示，继续绘制闭合的曲线图形，当图形闭合时，蓝色控制框自动消失。

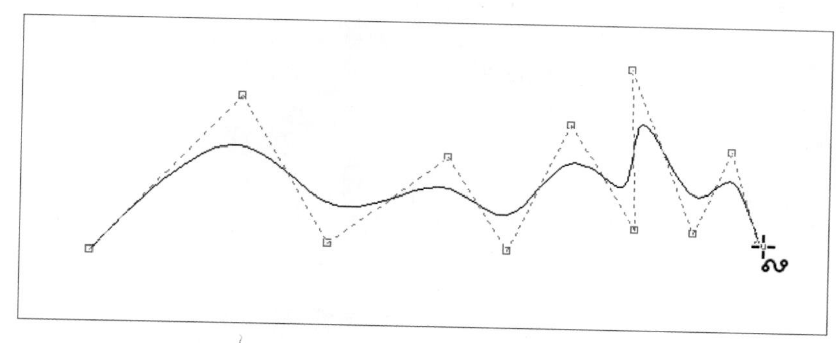

2.1.7 折线工具

折线工具也是用于绘制直线和曲线的，在绘制图形的过程中它可以将一条条的线段闭合。该工具的使用方法是单击折线工具，当鼠标光标变为折线形状时单击确定线段起点，继续单击确定图形的其他节点，双击结束绘制，如下图所示。

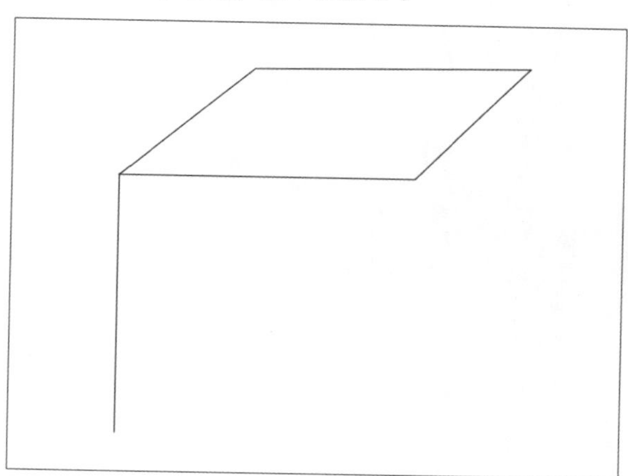

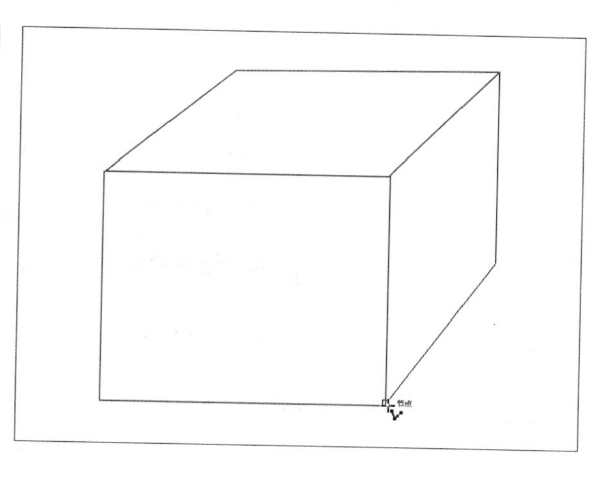

2.1.8 3点曲线工具

在绘制多种弧形或近似圆弧等曲线时，可以使用3点曲线工具，使用该工具可以任意调整曲线的位置和弧度，且绘制过程更加自由、快捷。该工具的使用方法是单击3点曲线工具，在页面中单击确定起点，按住鼠标左键拖动后释放左键以确定曲线的终点，接着拖动鼠标绘制出曲线的弧度。

2.1.9 艺术笔工具

艺术笔工具是一种具有固定或可变宽度及形状的画笔，在实际操作中可使用艺术笔工具绘制出具有不同线条或图案效果的图形。单击艺术笔工具，在其属性栏中分别有“预设”按钮、“笔刷”按钮、“喷涂”按钮、“书法”按钮和“压力”按钮。单击不同的按钮，即可看到属性栏中的相关设置选项也会随之发生变化。

1. 应用预设

单击艺术笔工具属性栏中的“预设”按钮，在“预设笔触”下拉列表框中选择一个画笔预设样式，如下左图所示。然后将鼠标光标移动到工作区中，当光标变为画笔形状时，单击并拖动鼠标，即可绘制出线条。此时绘制的线条自动应用了预设的画笔样式，效果如下右图所示。

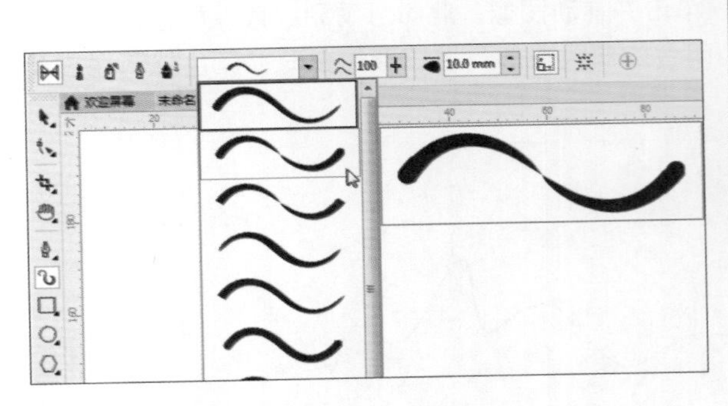

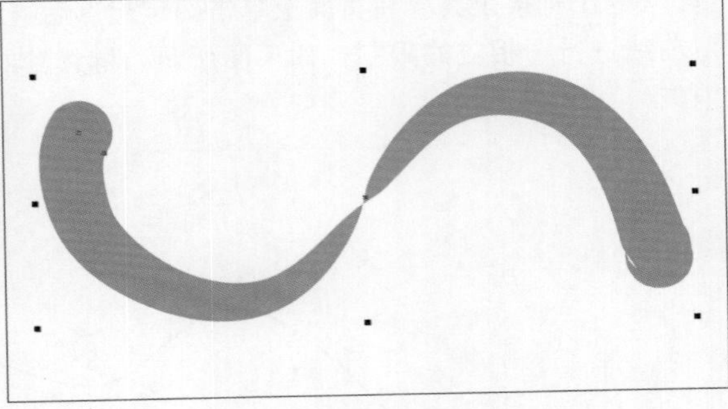

2. 应用笔刷

单击艺术笔工具属性栏中的“笔刷”按钮，在“类别”下拉列表框中选择笔刷的类别，如下左图所示。

同时还可以在其后面的“笔刷笔触”下拉列表框中选择笔刷样式，如下中图所示。然后将鼠标光标移动到工作区中，当光标变为画笔形状时，单击并拖动鼠标，即可绘制出线条。此时线条自动应用了预设笔刷的样式，形成相应的效果，如下右图所示。

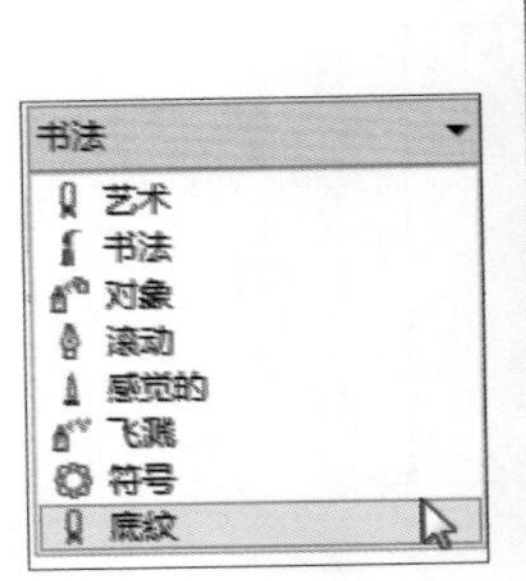

3. 应用书法

单击艺术笔工具属性栏中的“书法”按钮，即可对属性栏中的“手绘平滑”“笔触宽度”“书法角度”等选项进行设置，完成后在图像中单击并拖动鼠标，即可绘制图形。此时绘制出的形状自动添加了一定的书法比触感，如下左图所示。

4. 应用压力

单击艺术笔工具属性栏中的“压力”按钮，即可对属性栏中的“手绘平滑”和“笔触宽度”选项进行设置，完成后在图像中单击并拖动鼠标绘制图形，此时绘制的形状默认为黑色，如更改当前画笔的填充颜色，则图像会自动显示出相应的颜色，如下右图所示。

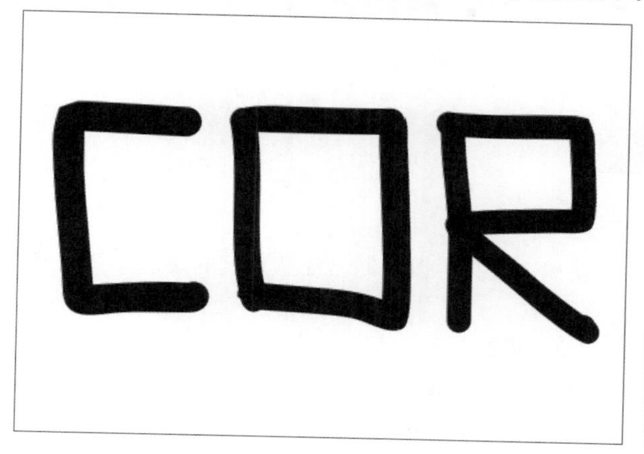

5. 应用喷涂

单击艺术笔工具属性栏中的“喷涂”按钮，在“类别”下拉列表框中选择喷涂图案的类别，同时还可以在其后的“喷射图样”下拉列表框中选择图案样式，如下左图所示。

随后在工作区中单击并拖动鼠标，开始绘制图案，选择不同的图案样式即可绘制出不同的图案效果，如下右图所示。

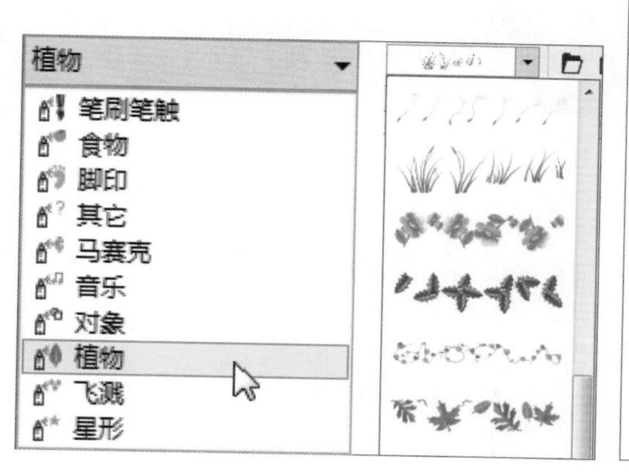

2.2 绘制几何图形

在CorelDRAW X8中，除了可以绘制直线和曲线之外，还可以通过软件提供的几何类绘制工具绘制图形，如矩形工具、椭圆形工具、多边形工具、星形工具、复杂星形工具、图纸工具、螺纹工具、基本形状工具等，从而简化了工作流程，提高了工作效率。

2.2.1 绘制矩形和3点矩形

单击矩形工具，在页面中单击并拖动鼠标即可绘制任意大小的矩形，如下左图所示。按住Ctrl键的同时单击并拖动鼠标，绘制出的则是正方形，如下右图所示。

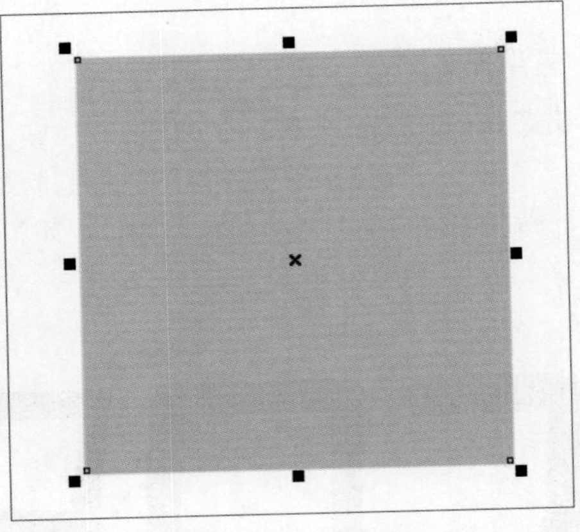

在矩形工具组中还包括了一个3点矩形工具，使用该工具可以绘制出任意角度的矩形。其使用方法介绍如下。

首先单击3点矩形工具，在页面任意位置单击定位矩形的第一个点，按住鼠标左键不放的同时拖动鼠标到相应的位置后释放鼠标，即定位了矩形的第二个点；再拖动鼠标并单击，即定位矩形的第三个点。然后在属性栏中分别单击“圆角”、“扇形角”、“倒棱角”按钮，即可绘制出带有不同角度的矩形，如下图所示。

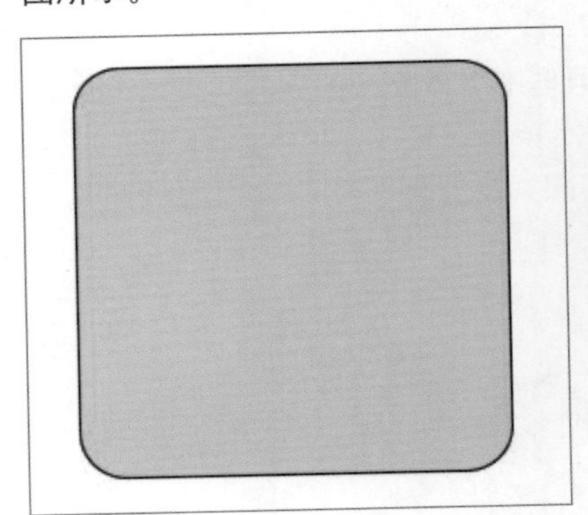

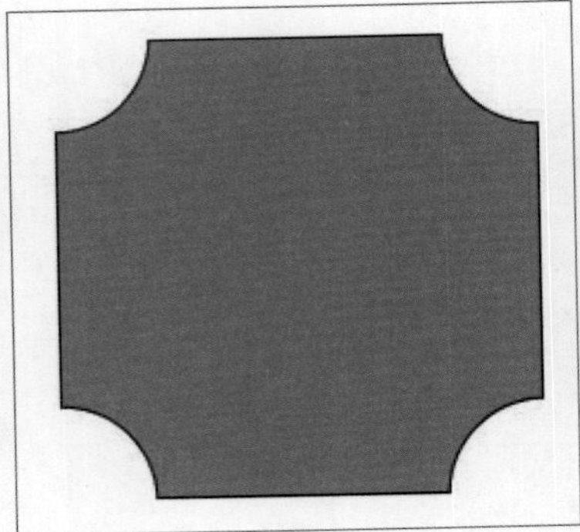

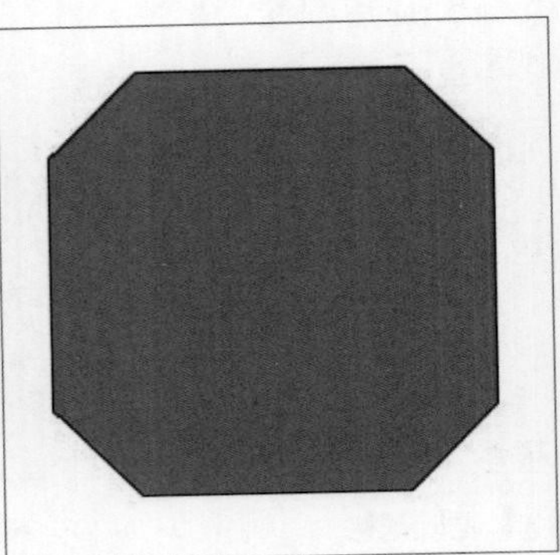

2.2.2 绘制椭圆形和饼图

使用椭圆形工具不仅可以绘制椭圆形、正圆以及具有旋转角度的几何图形，还可以绘制饼形以及圆弧形。这在很大程度上提升了图形绘制的可变性。

下图所示为分别使用该工具绘制的椭圆、扇形以及弧线。

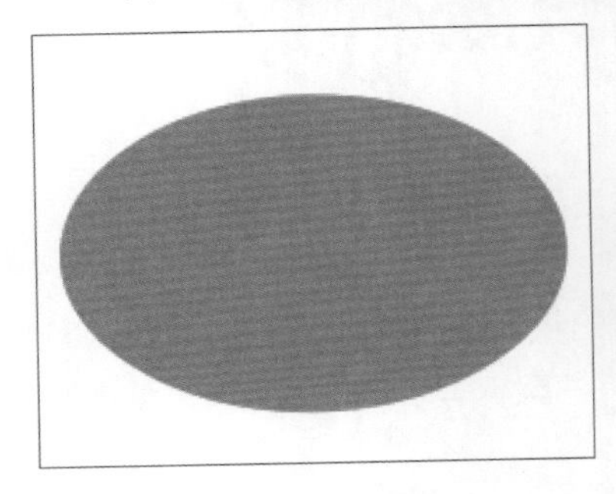

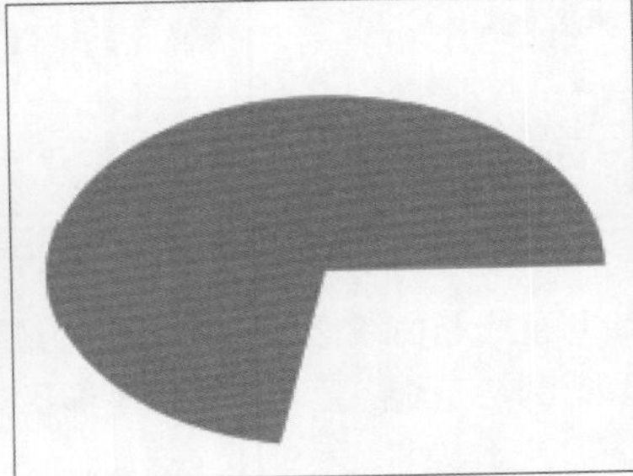

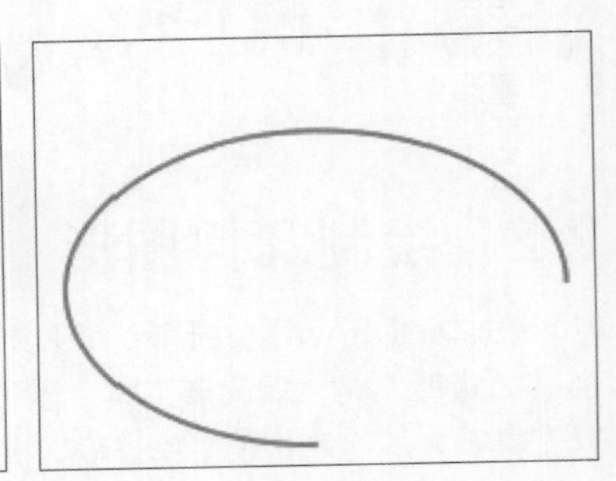

2.2.3 智能绘图工具

使用智能绘图工具可以快速将绘制的不规则形状进行图形的转换，尤其是当绘制的曲线与基本图形相似时，该工具可以自动将其变换为标准的图形。智能绘图工具的使用方法介绍如下。

首先单击智能绘图工具，在页面中随意单击并拖动鼠标绘制图形曲线，将形状识别等级设置为最高，智能平滑等级设置为无，这样绘制的曲线趋近于实际手绘路径效果，如下左图所示。绘制完成后系统立即将手绘图形转换成规则的三角形，如下右图所示。

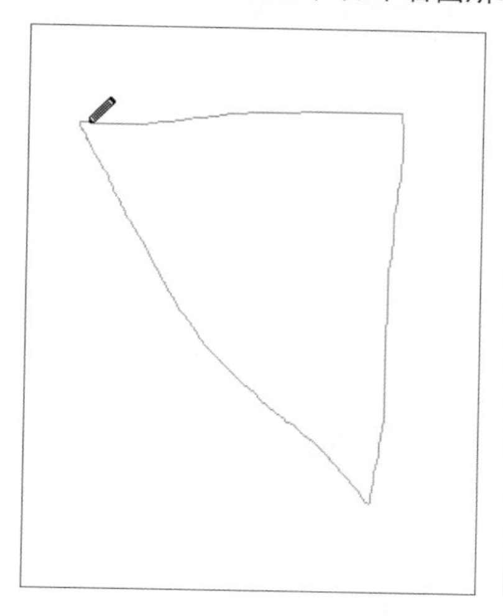

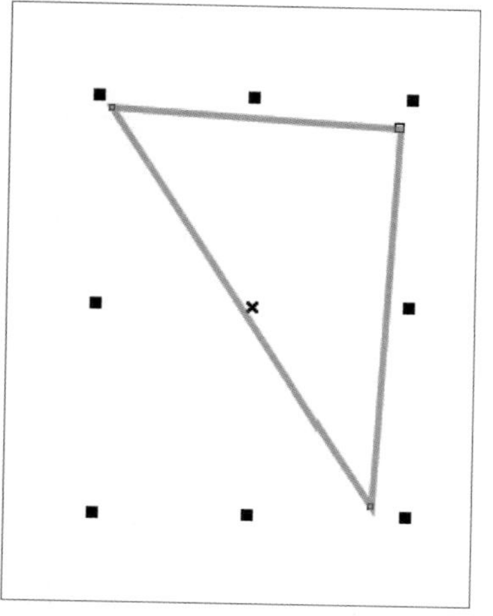

2.2.4 多边形工具

CorelDRAW X8中将多边形工具、星形工具、复杂星形工具、图纸工具和螺纹工具集中在多边形工具组中，这些工具的使用方法较为相似，但其设置却有所不同。单击多边形工具，在其属性栏的”点数或边数”数值框和“轮廓宽度”下拉列表框中输入相应的数值或选择相应的选项，即可在页面中单击绘制出相应的多边形。

2.2.5 星形工具和复杂星形工具

使用星形工县可以快速绘制出星形图案，单击星形工具后，在其属性栏的“点数或边数”和“锐度”数值框中可对星形的边数和角度进行设置，从而调整星形的形状，让图形的绘制更为快捷，如下图所示。

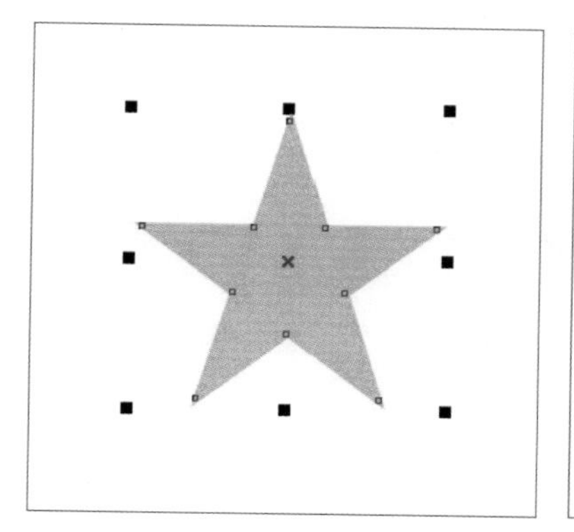

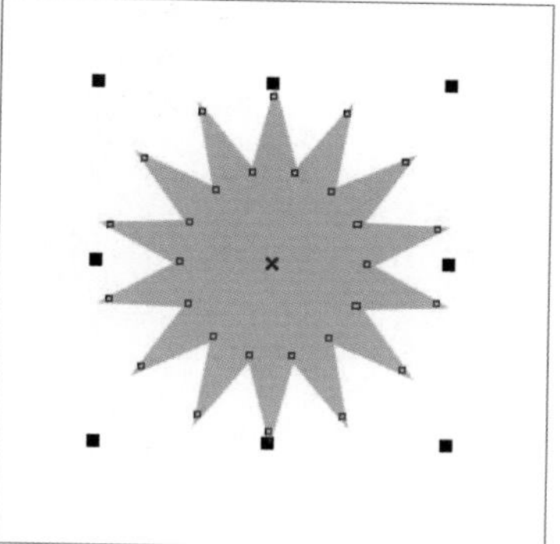

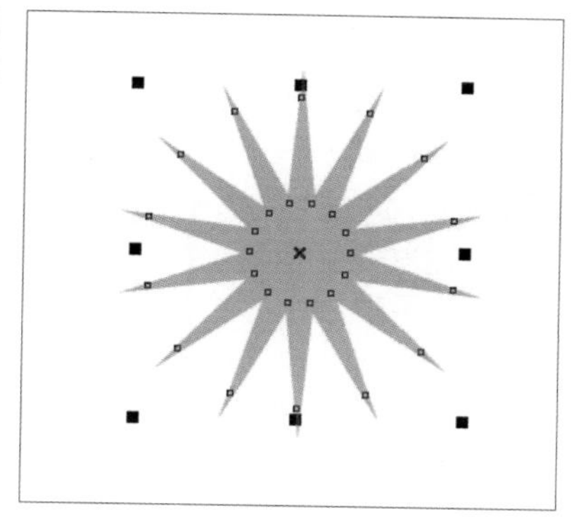

复杂星形工具是星形工具的升级应用，在使用前首先要单击复杂星形工具，然后在属性栏中设置相关参数，再在页面中单击并拖动鼠标，即可绘制出如下图所示的复杂星形图案。

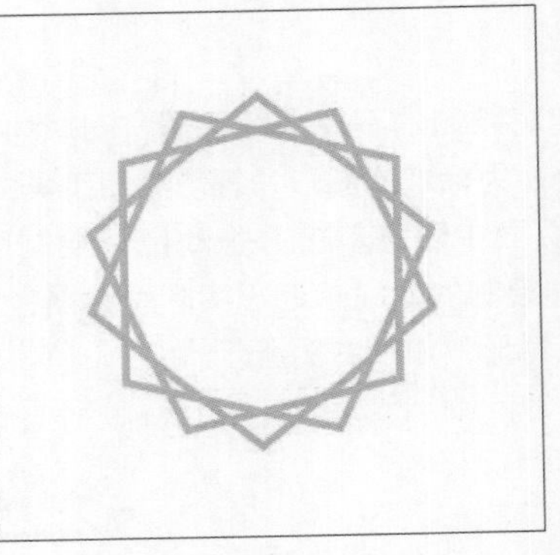

实例02 绘制中国风的扇子

本实例主要运用到的是制图工具和选择工具，可以巩固上面所讲到的知识，让用户更加了解如何使用这些工具进行制图，下面详细介绍扇子的制作过程。

步骤 01 启动CorelDRAW X8应用程序，按快捷键Ctrl+N新建一个文件。

步骤 02 在多边形工具所在的工具列表中选择星形工具，在属性栏中设置“点数或边数”为62、“锐度”为1，同时将边框设为“细线”，如下图所示。

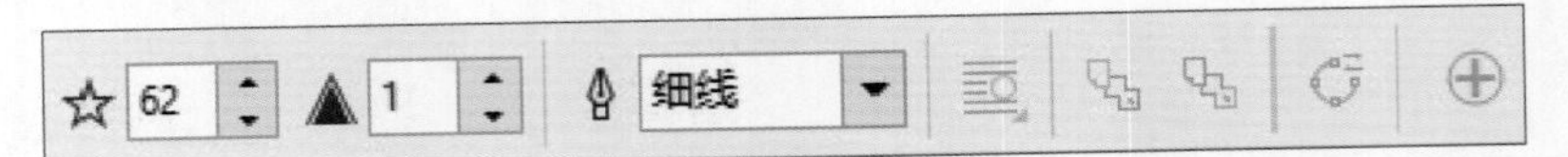

步骤 03 运用星形工具，同时按住键盘上的Ctrl键绘制一个多边形，如下图所示。

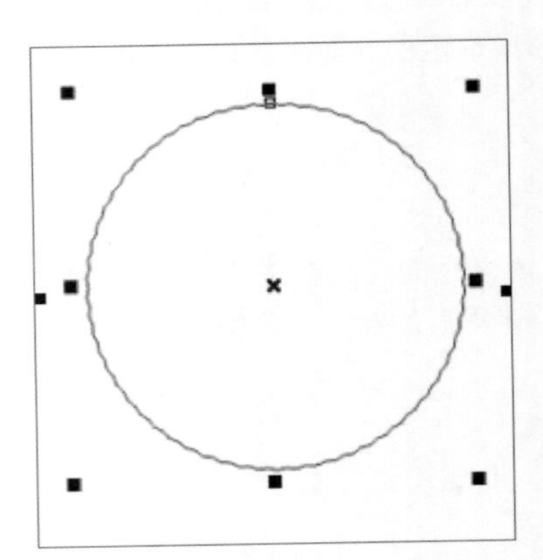

步骤 04 选中绘制的多边形并右击，在弹出菜单中选择“转换为曲线”命令，如下图所示，将多边形转换为曲线。

PowerClip 内部(P)...
框类型(F)
转换为曲线(V) Ctrl+Q
拆分 Ctrl+K
段落文本换行(W)
连线换行
撤消创建(U) Ctrl+Z
剪切(T) Ctrl+X
复制(C) Ctrl+C
删除(L) 删除
隐藏对象(H) Ctrl+3
锁定对象(L) Ctrl+2

步骤 05 选择工具箱中的形状工具，删除多边形上多余的节点，将多边形调整成一个有折边的扇形，如右图所示。

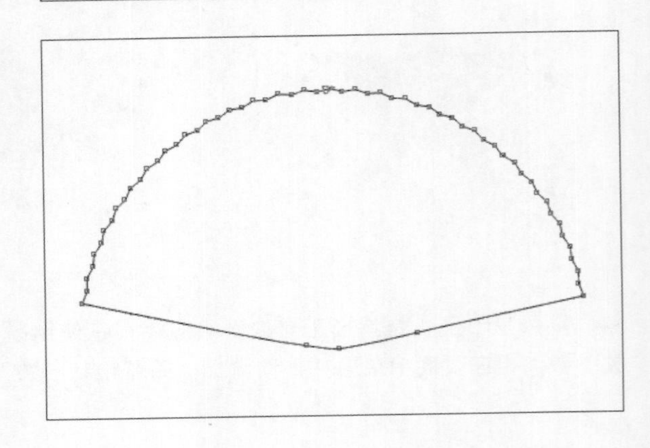

步骤06 选择工具箱中的椭圆形工具，同时按住键盘上的Ctrl键绘制一个圆形，位置如下图所示。

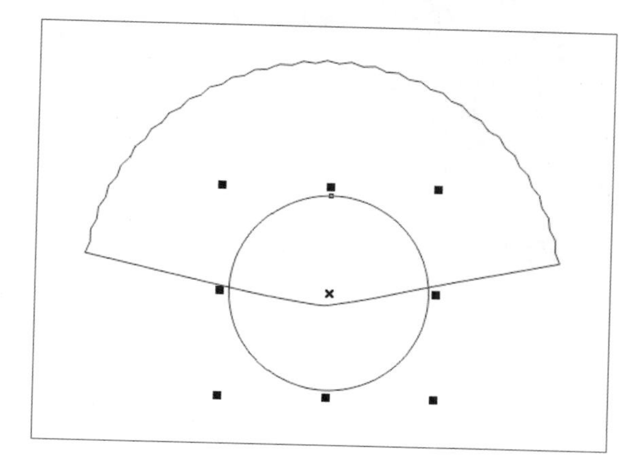

步骤07 选择工具箱中的智能填充工具，在属性栏中设置填充颜色为黑色，同时删除填充图形的轮廓，如下图所示。

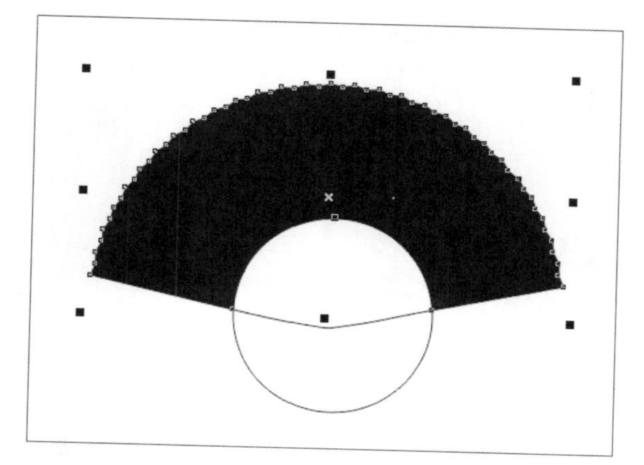

步骤08 将上一步中填充过颜色的图形置于新的位置，如右图所示。

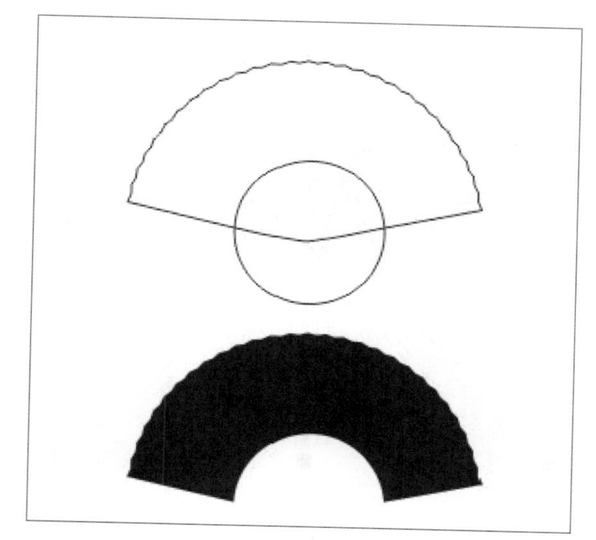

步骤09 导入竹子的图片，如下图所示。

步骤10 执行“对象>PowerClip>置于图文框内部”命令，将导入图片置于黑色扇形中，如下图所示。

步骤11 执行“对象>PowerClip>编辑PowerClip”命令，调整图片的位置，如下图所示。

步骤12 执行“对象>PowerClip>结束编辑”命令，编辑后的效果如下图所示。

步骤 13 运用星形工具，在属性栏中设置“点数或边数”为124、“锐度”为99，按住键盘上的Ctrl键绘制一个多边形（要比步骤03中的图略大一点），如下图所示。

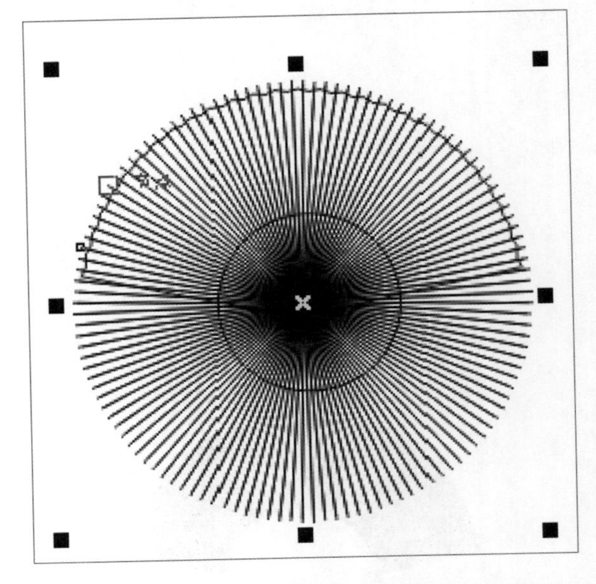

步骤 14 运用智能填充工具，为上一步绘制的图形填充扇面折面的效果，填色后的效果如下图所示。

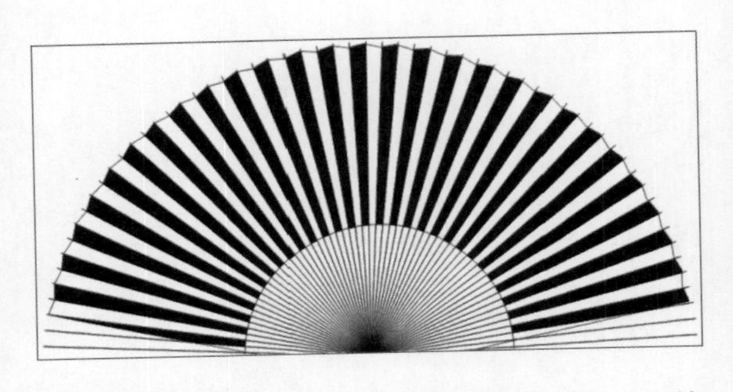

步骤 15 选中上一步中填色的部分，单击属性栏中的按钮，然后删除轮廓，填充灰色（C0、M0、Y0、K30）。接着把上一步中留下的多余图形删掉，完成效果如下图所示。

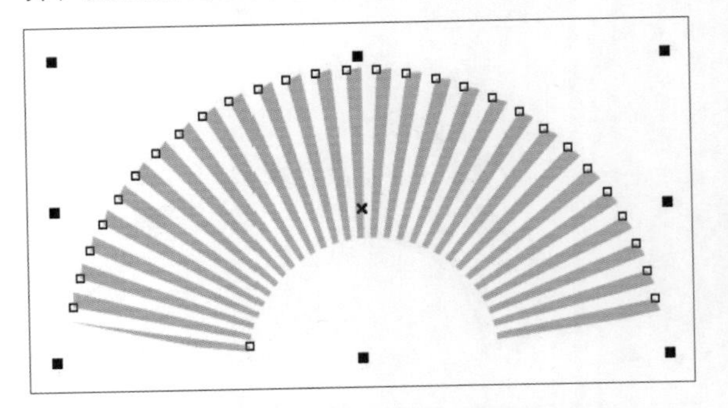

步骤 16 把步骤12的图调整到步骤15的图上，效果如下图所示。

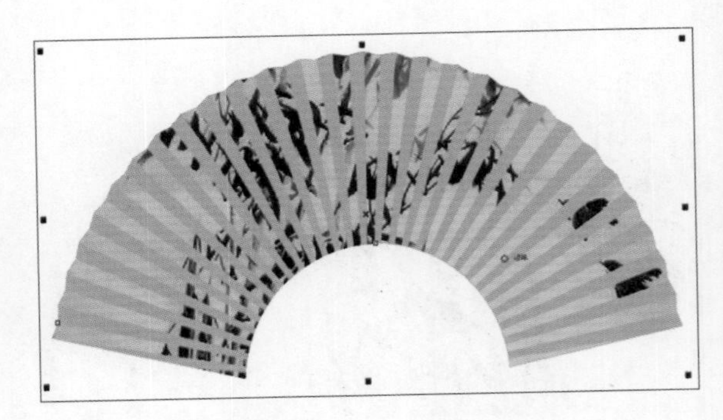

步骤 17 展开调和工具组，选择透明度工具，进行透明度的调整，调整后的效果如下图所示。

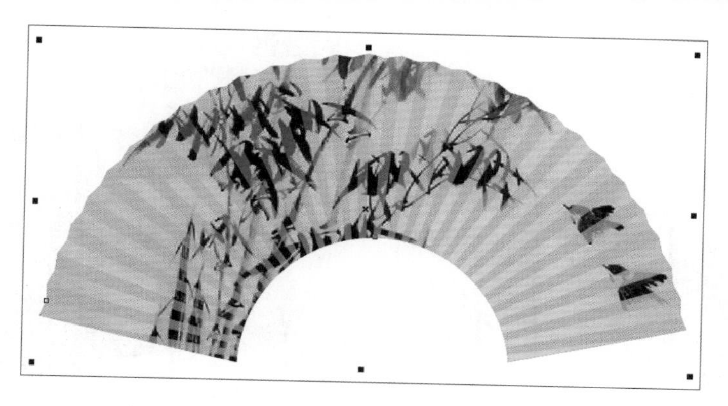

步骤18 运用贝塞尔工具绘制出下图所示的图形。

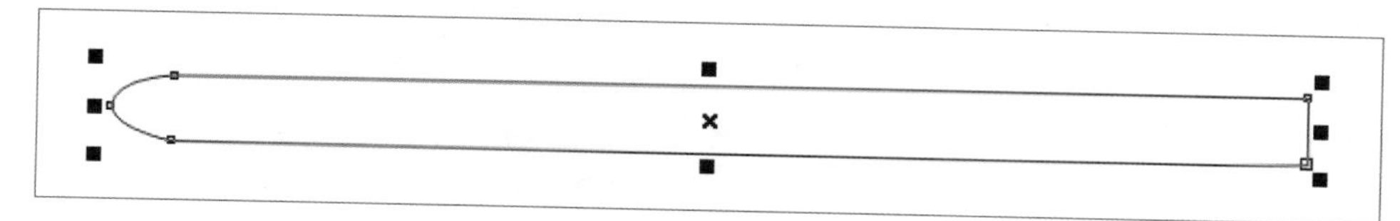

步骤19 运用椭圆形工具绘制多个圆形，排列如下图所示。

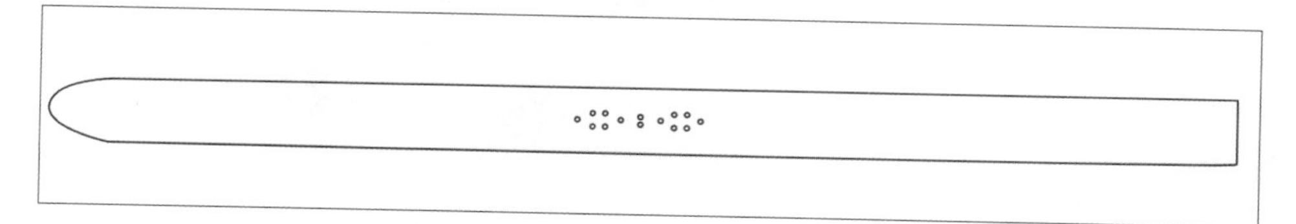

步骤20 运用智能填充工具填充颜色（C15、M62、Y93、K65），同时去除外轮廓以及圆形的外轮廓。

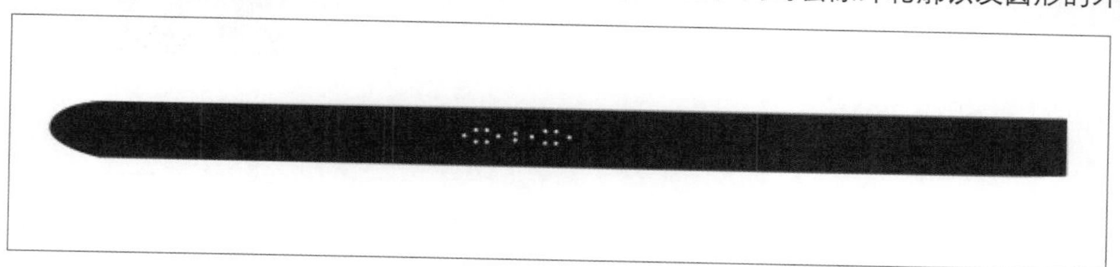

步骤21 旋转步骤20中的图形，如下图所示。选中图形再次单击，使其出现旋转和扭曲手柄，然后将旋转中心向下调整至圆心，如下图所示。

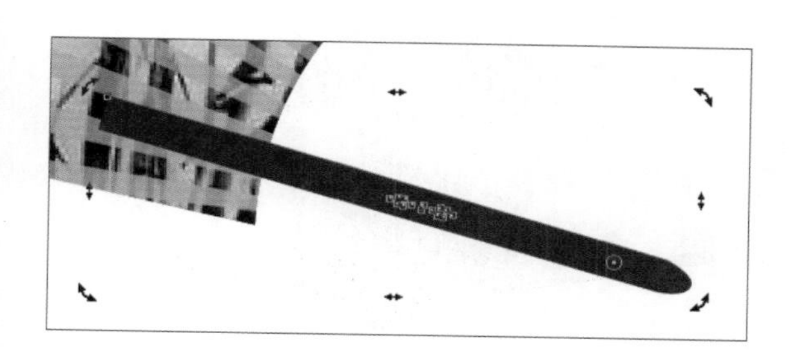

步骤22 执行工具栏中的“窗口>泊坞窗>变换>旋转”命令。在旋转角度中填入2°，设置要旋转的单位，同时按住Shift键，单击鼠标左键应用就会产生如下图所示的效果。同时群组旋转后的图案，以免在后来的编辑中造成资料丢失。

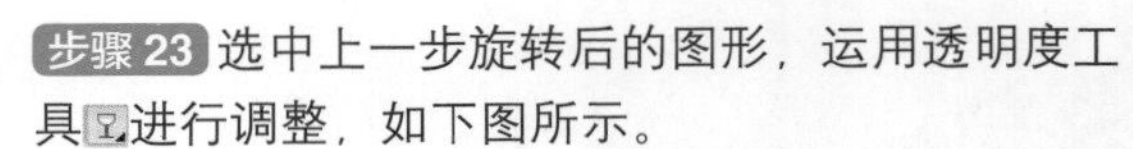

步骤 23 选中上一步旋转后的图形，运用透明度工具进行调整，如下图所示。

步骤 24 按快捷键Ctrl+PgDn，将旋转后的图形置于底层，如下图所示。

步骤 25 运用贝塞尔工具绘制出如下图所示的图形。

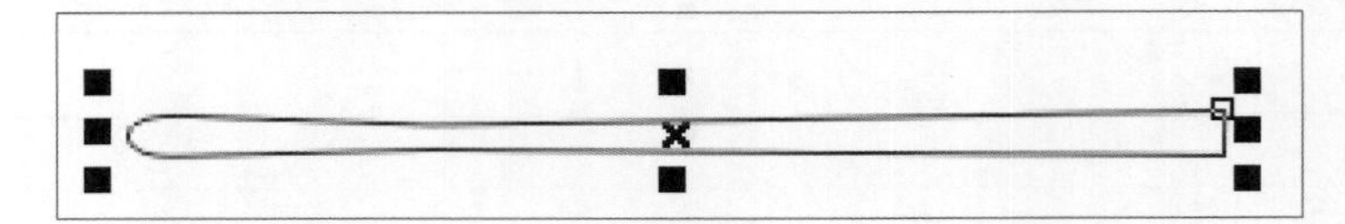

步骤 26 在填充工具中选择渐变填充，具体参数如下图所示。

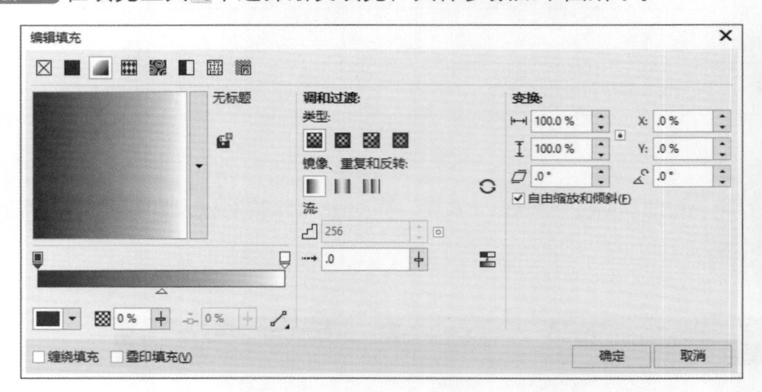

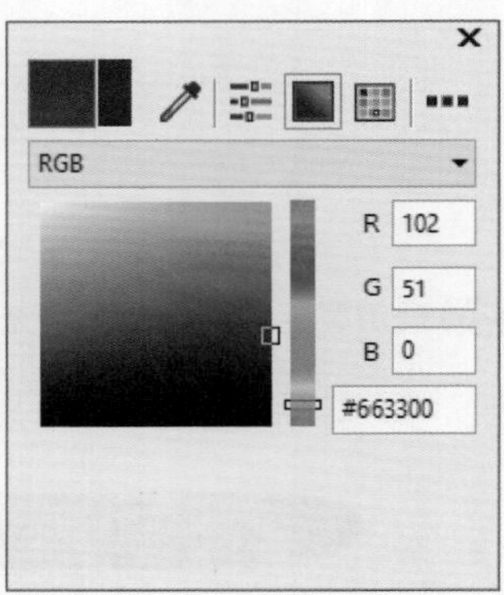

步骤 27 填充后的图案如下图所示。

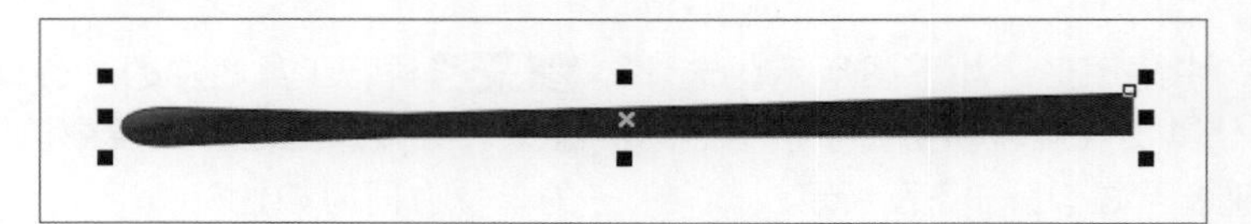

步骤 28 复制粘贴上一步的图形，然后旋转至下图所示的效果。

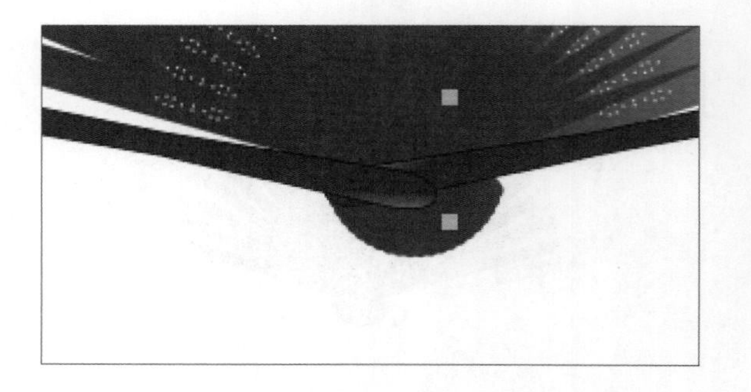

步骤 29 把左边的扇柄置于底层，再调整置于扇面的上面，然后同时选中旋转后得到的扇形，运用修剪工具，最后效果如下图所示。

步骤30 运用星形工具，在属性栏中设置“点数或边数”为5、“锐度”为40，按住键盘上的Ctrl键绘制一个多边形，同时取消外轮廓，填入80%的黑色，如下图所示。

步骤31 运用椭圆形工具绘制一个椭圆，填入30%的黑色，同时去掉外轮廓，效果如下图所示。

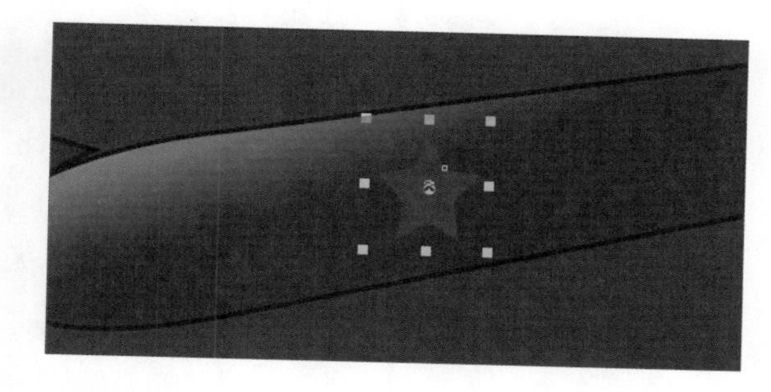

步骤32 运用调和工具，为星形和圆形的图案进行调和，如下图所示。

步骤33 调和后的效果如下图所示。

步骤34 绘制结束后，完成的图形如下图所示。最后把绘制完成的图案群组一下，以免在以后的移动中丢失数据。

2.2.6 图纸工具

使用图纸工具可以绘制网格，以辅助用户在编辑图形时对其进行精确的定位。使用该工具时，首先应选取图纸工具，接着在其属性栏的“列数和行数”数值框中设置相应的数值，然后在页面中单击并拖动鼠标绘制出网格，最后单击调色板中的颜色色块为其填充颜色。

需要强调的是，在绘制网格之前，要先行设置网格的列数和行数，以保证绘制出相应格式的图纸。在绘制出网格图纸后，按下快捷键Ctrl+U即可取消群组，此时网格中的每个格子成为一个独立的图形，可分别对其填充颜色，同时也可使用选择工具，调整格子的位置，如下图所示。

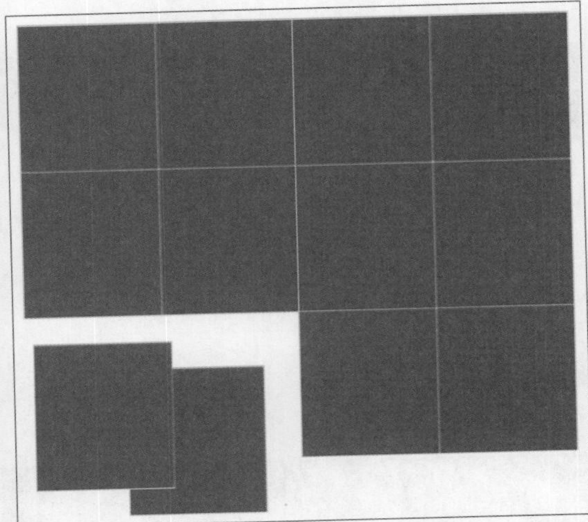

2.2.7 螺纹工具

使用螺纹工具可以绘制两种不同的螺纹，一种是对数螺纹，另一种是对称式螺纹。这两者的区别是，在相同的半径内，对数螺纹的螺纹形之间的间距成倍数增长，而对称式螺纹的螺纹形之间的间距是相等的。

选择螺纹工具，在其属性栏的“螺纹回圈”数值框中可调整绘制出的螺纹的圈数。单击“对称式螺纹”按钮，在页面中单击并拖动鼠标，即可绘制出螺纹形状，此时绘制的螺纹十分对称，圆滑度较高，如下左图所示。

继续在螺纹工具的属性栏中单击“对数螺纹”按钮，激活“螺纹扩展参数”选项，拖动滑块或在其文本框中输入相应的数值即可改变螺纹的圆滑度，得到的螺纹效果如下右图所示。

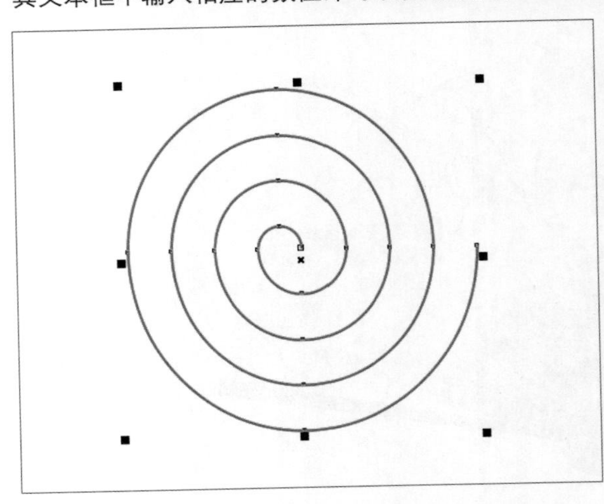

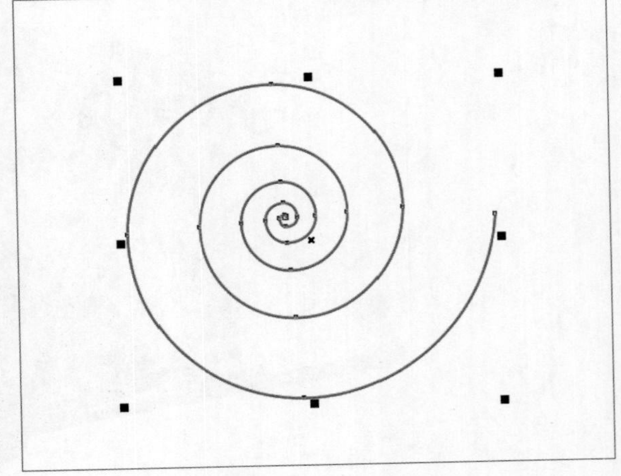

2.2.8 基本形状工具

在CorelDRAW X8中除了可以绘制一些基础的几何图形外，软件还为用户提供了一系列的形状工具，以帮助用户快速完成图形的绘制。这些工具包括基本形状工具、箭头形状工具、流程图形状工具、标题形状工具和标注形状工具5种，集中在基本形状工具组中。

在绘制形状后，可看到绘制的图形上有一个红色的节点，表示该图形为固定几何图形，如下左图所示。此时右击该图形，在弹出的快捷菜单中选择“转换为曲线”命令，发现转换后的图形中红色节点不见了，如下右图所示。这表示此时该图形为普通的可调整图形，可结合形状工具对图形进行自由调整。

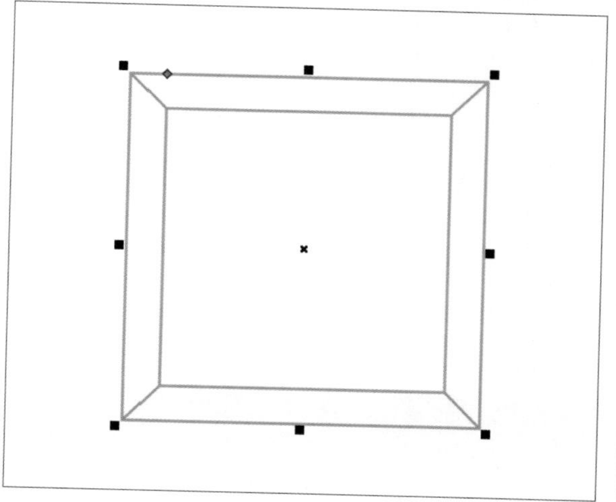

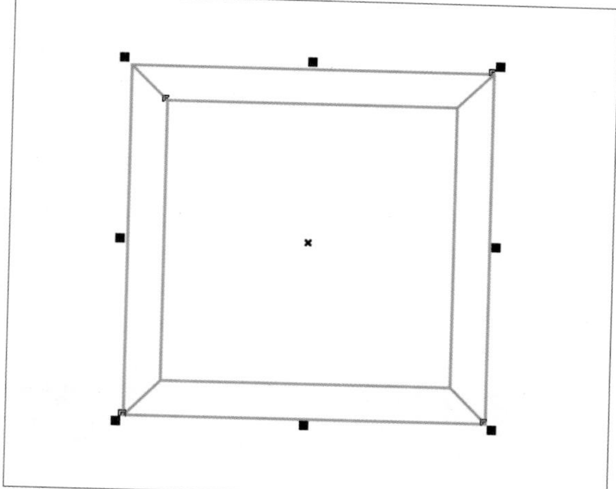

2.2.9 箭头形状工具

使用箭头形状工具可以快速绘制出多种预设的箭头形状。选择相应的箭头样式后，在页面中单击并拖动鼠标进行绘制即可。

2.2.10 流程图形状工具

在CorelDRAW X8中，工具是可以结合运用的。流程图形状工具可以结合箭头形状工具、文本工具等进行运用，制作出工作流程图等图形。

2.2.11 标题形状工具

标题形状工具用于绘制一些预设的标题图形，单击该工具属性栏中的“完美形状”按钮，弹出标题形状的选项面板，选择标题形状并绘制图形后，在属性栏中设置形状轮廓的样式和轮廓宽度。下图所示为不同的标题形状。

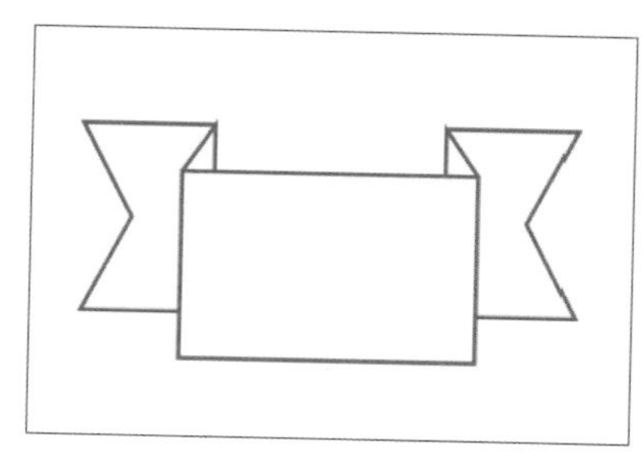

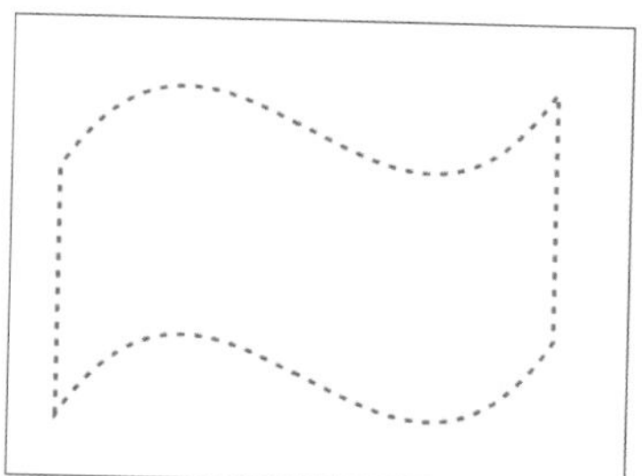

2.2.12 标注形状工具

利用标注形状可绘制一些解释说明性的话框图形。单击该工具属性栏中的“完美形状”按钮，弹出标注形状的选项面板，选择相应的标注形状并绘制图形后，同样可以在属性栏中设置形状轮廓的样式和轮廓宽度。不同的标注形状如下图所示。

知识延伸：巧妙擦除线条

在CorelDRAW X8 中，我们可以使用手绘工具进行任意的“发挥”，不过，一旦发挥过头，不小心把线条画歪了或画错了，该怎么处理呢？此时会想到将线条删除或者做几次撤销工作，其实还有一种更灵活的方法就是按住Shift键，然后进行反向绘制即可进行擦除。下图分别是擦除过程以及擦除后的效果。

上机实训：绘制城市剪影

下面将利用前面所学习的知识来练习绘制城市剪影。

步骤 01 打开CorelDRAW X8并新建一个文件，如下图所示。

步骤 02 开始制作如下图所示一大一小的两个圆形，并且给它们填充上颜色。

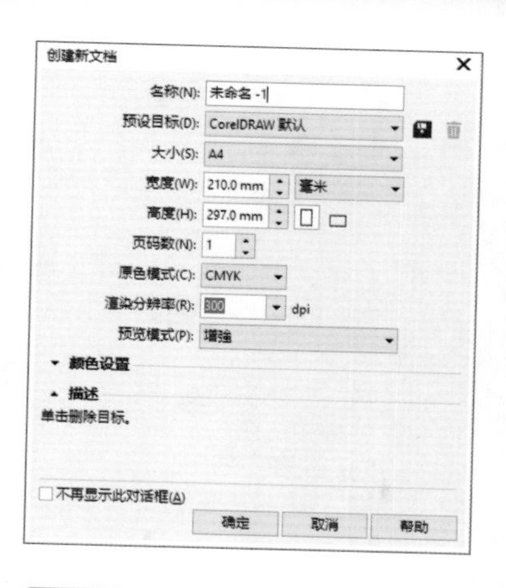

步骤 03 选中两个圆形，执行菜单栏中的“对象>对齐和分布>垂直居中对齐”命令，效果如下图所示。

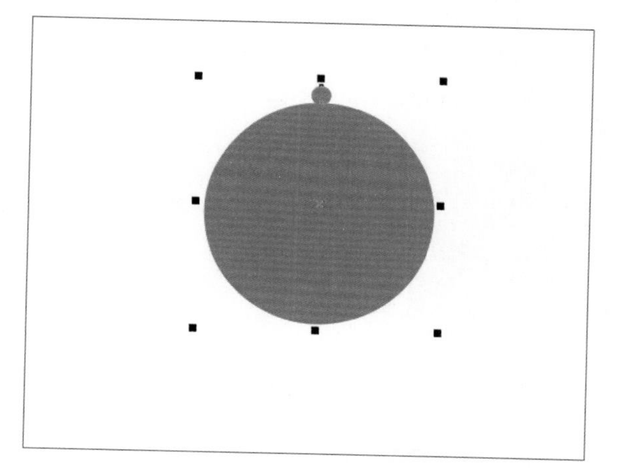

步骤 05 双击小圆，在小圆的中心会出现一个中心控点，如下图所示。

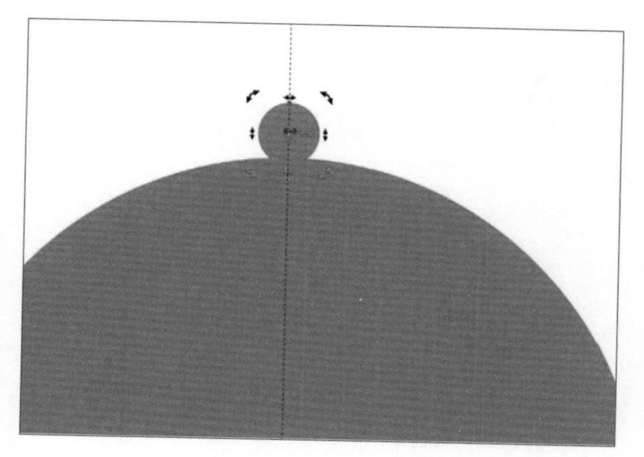

步骤 07 执行菜单栏中的“窗口>泊坞窗>变换>旋转”命令，然后将角度设置成225、副本设置成16，如下图所示，再单击“应用”按钮。

步骤 04 接着在大圆的中心放置两条互相垂直的辅助线，如下图所示。

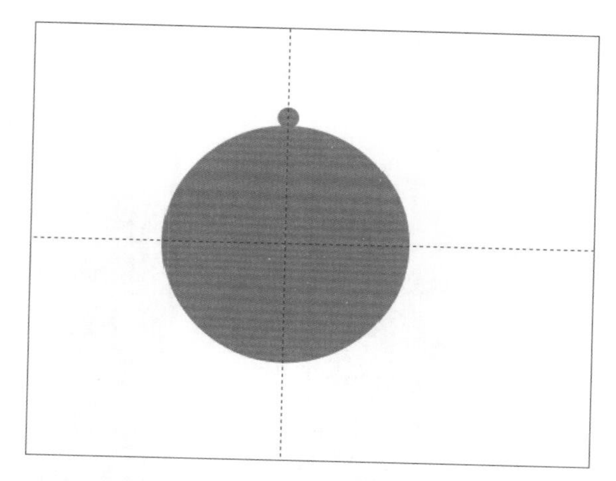

步骤 06 我们将小圆的中心控点拖到大圆的中心处，如下图所示。

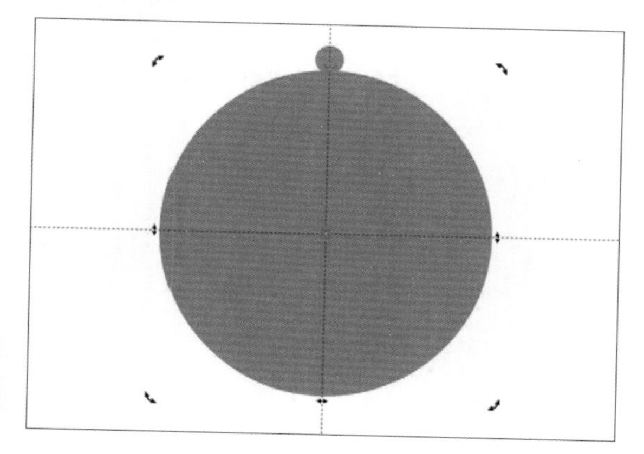

步骤 08 执行上步操作后得到下图所示的图形，选中所有图形再按快捷键Ctrl+G进行编组。

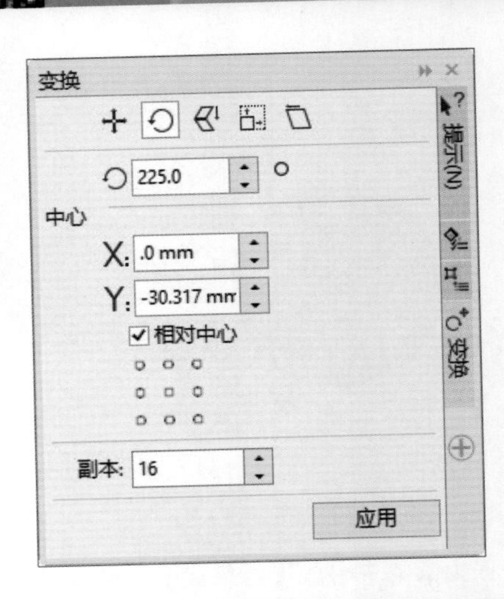

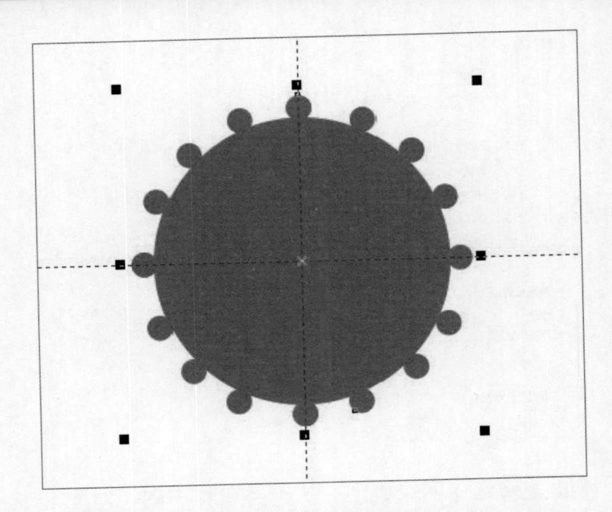

步骤 09 绘制出一个矩形并填上和圆形一样的颜色，放置在刚刚制作的图形的下方，将矩形和上面的图形垂直居中对齐（方法同上）并且编组，如下图所示。

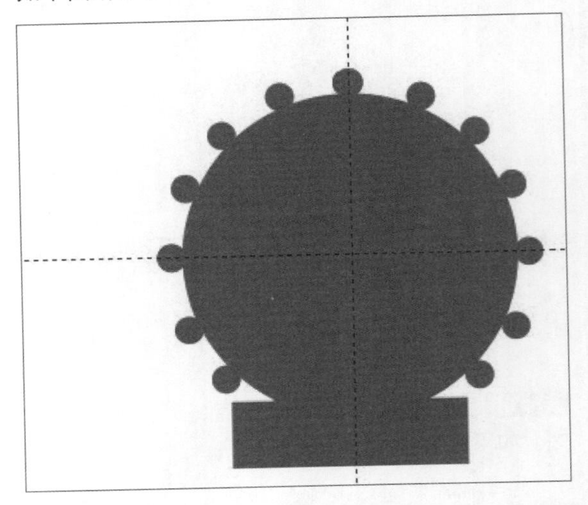

步骤 10 使用矩形工具绘制出三个矩形，并按照下图所示的位置进行摆放，如下图所示。

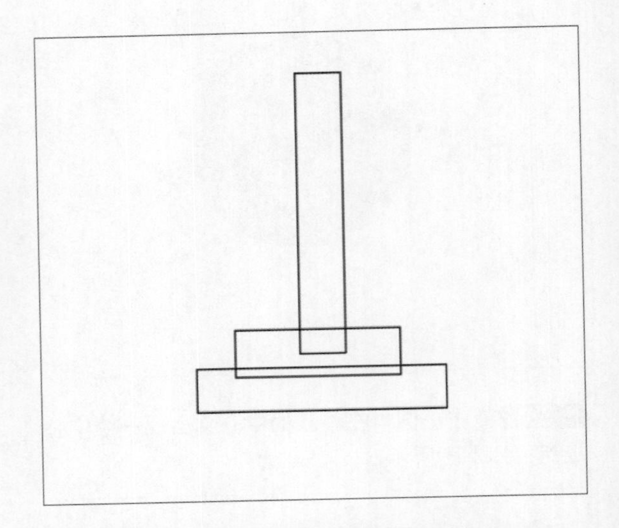

步骤 11 选中3个矩形，执行“对象>造形>合并”命令，效果如下图所示。

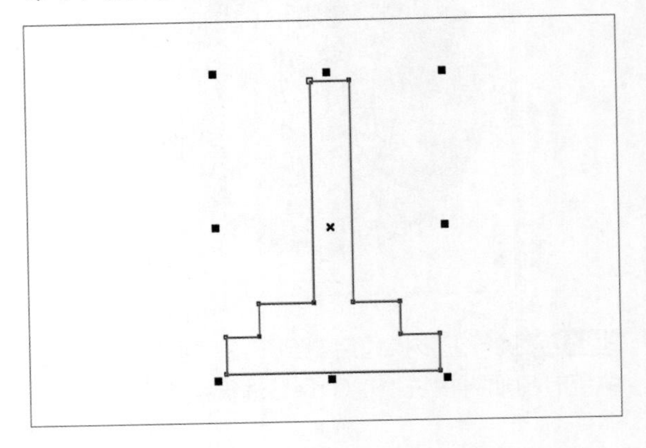

步骤 12 按住鼠标左键拖动图像到适当位置后单击鼠标右键，将合并的图形进行复制，如下图所示。

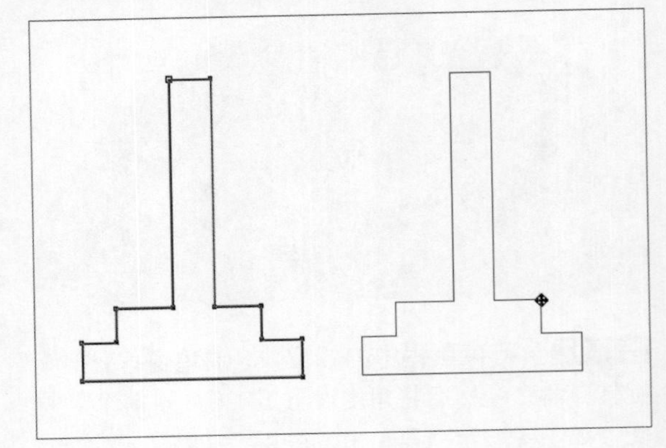

步骤13 选择两个图形，执行“对象>对齐和分布>水平居中对齐”命令并进行编组，效果如下图所示。

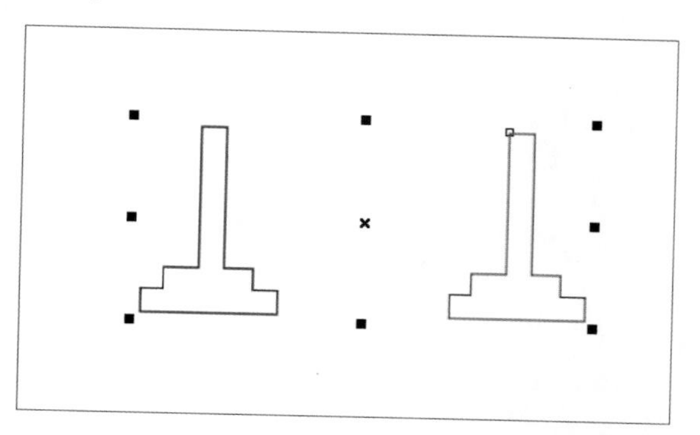

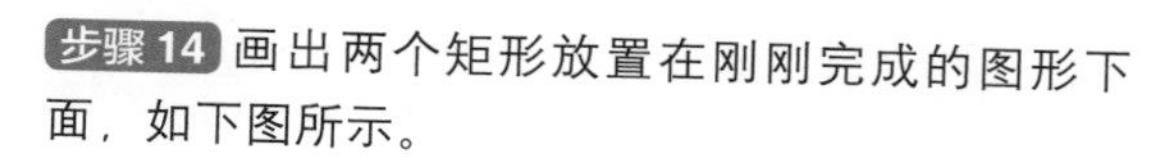

步骤14 画出两个矩形放置在刚刚完成的图形下面，如下图所示。

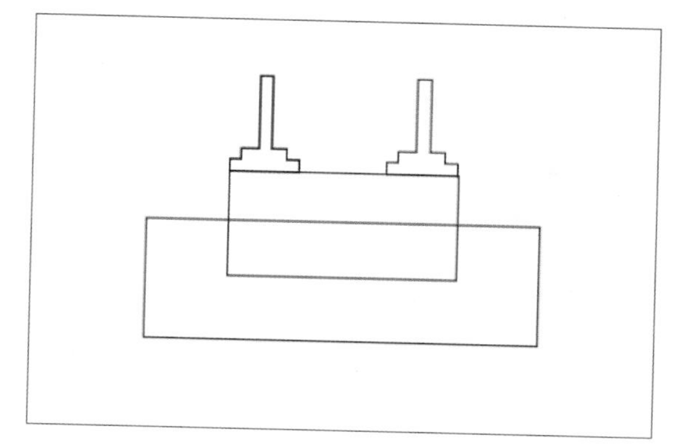

步骤15 选中所有图形，执行“对象>造形>合并”命令。然后为图形填上颜色，效果如下图所示。

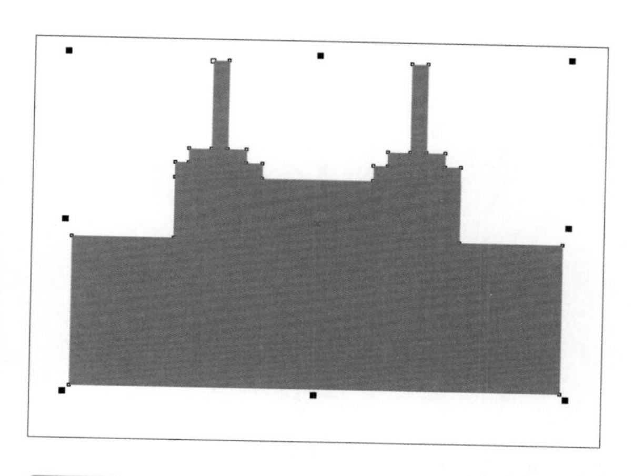

步骤16 使用多边形工具绘制出如下图所示的图形。

步骤17 用矩形工具依次绘制出如下左图所示的图形。

步骤18 将步骤16中绘制的图形和刚刚绘制的图形按下中图所示位置进行摆放。

步骤19 选择全部图形，执行“对象>造形>合并”命令，并且填上颜色，效果如下右图所示。

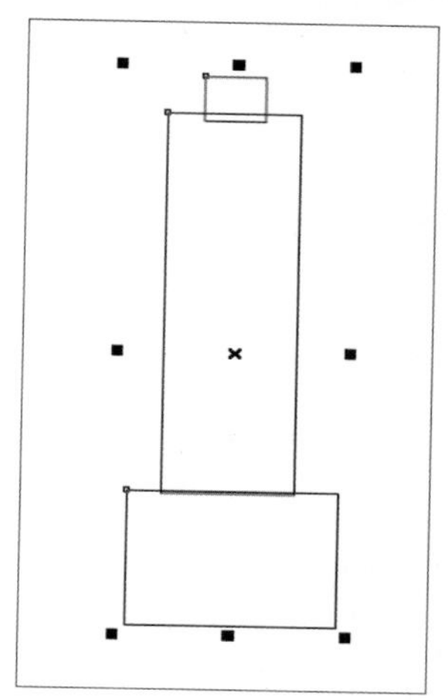

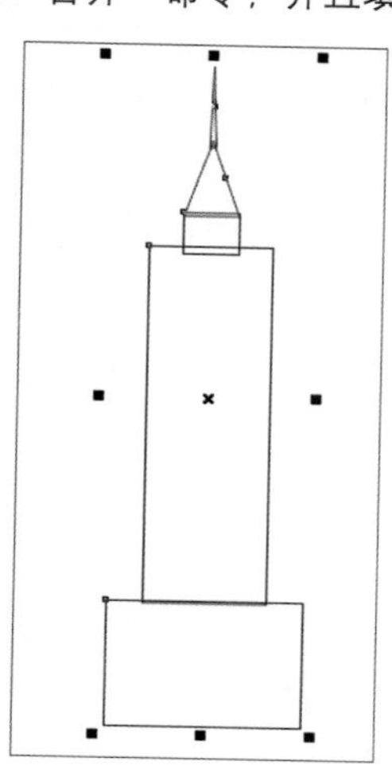

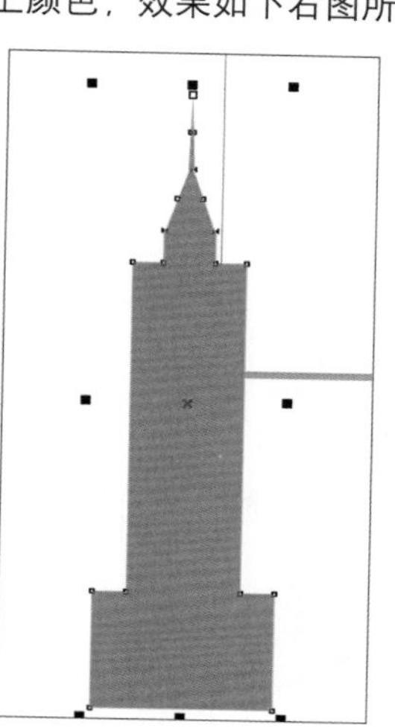

步骤20 复制图形并执行“水平居中对齐”命令，然后进行编组，如下图所示。

步骤21 绘制两根细线并填充相同的颜色，放置在刚刚编组的图形上，如下图所示。

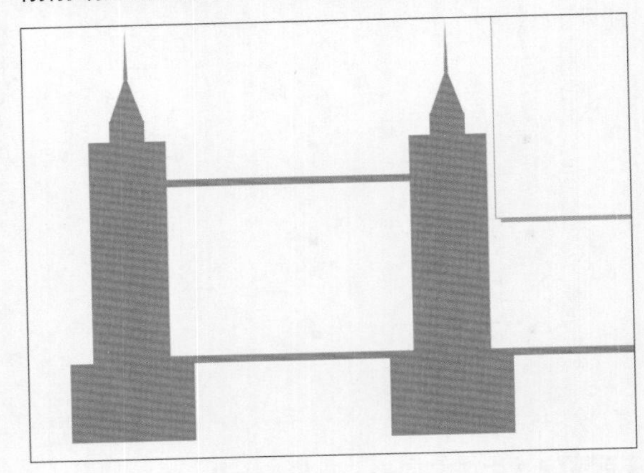

步骤22 用钢笔工具绘制一条曲线并上色，曲线的轮廓宽度设置得粗一点，如下图所示。对绘制的图形进行编组。

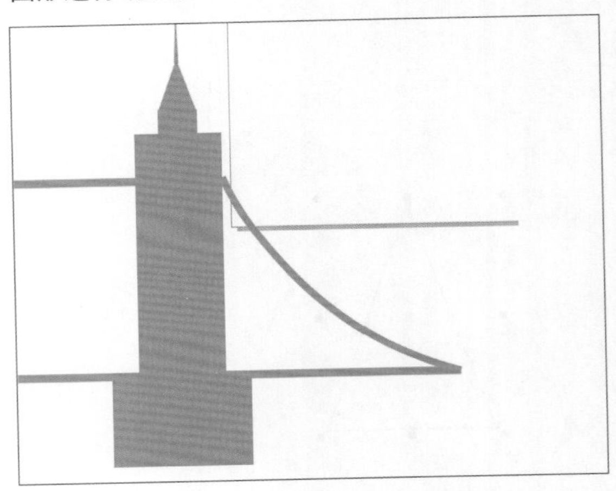

步骤23 把制作出的图形进行“垂直居中对齐”，再进行“合并”，效果如下图所示。随后依据此方法绘制其他图形。

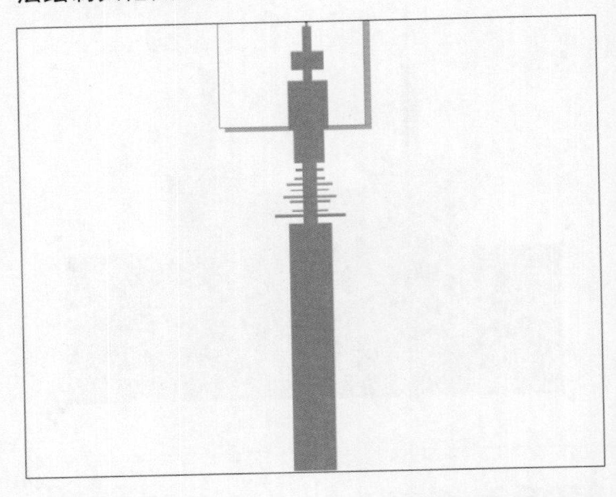

步骤24 选择钢笔工具，绘制一条曲线，如下图所示，再单击选中曲线上的一个节点。

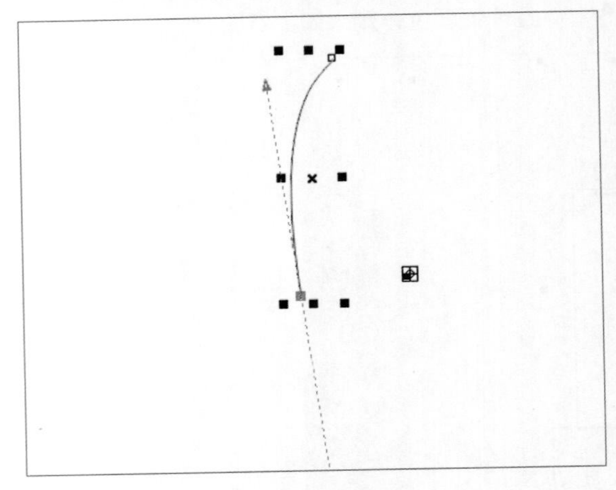

步骤25 在上一步选中的节点上按住Alt键单击，效果如下图所示。

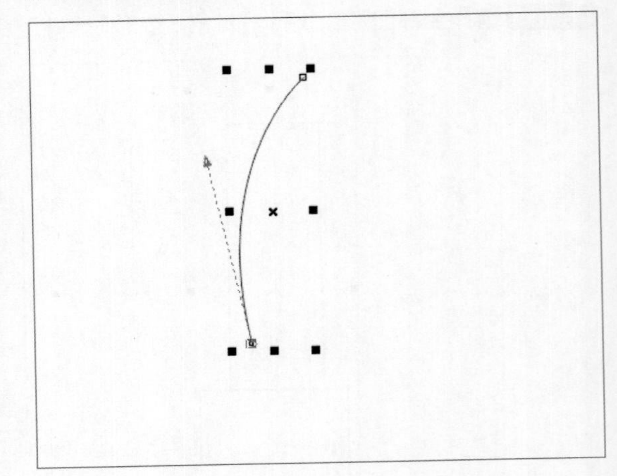

步骤26 依次画出下图所示的图形。

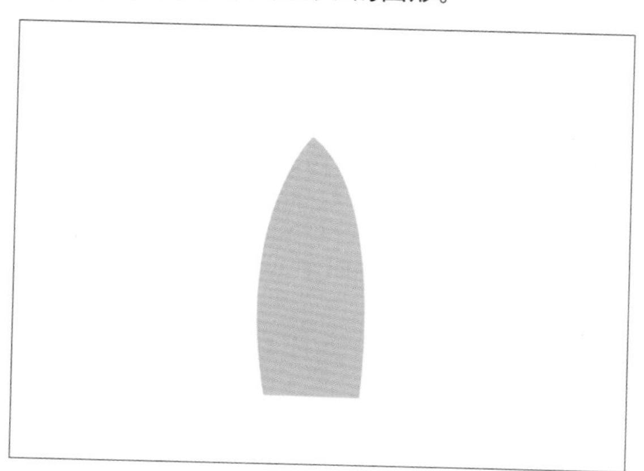

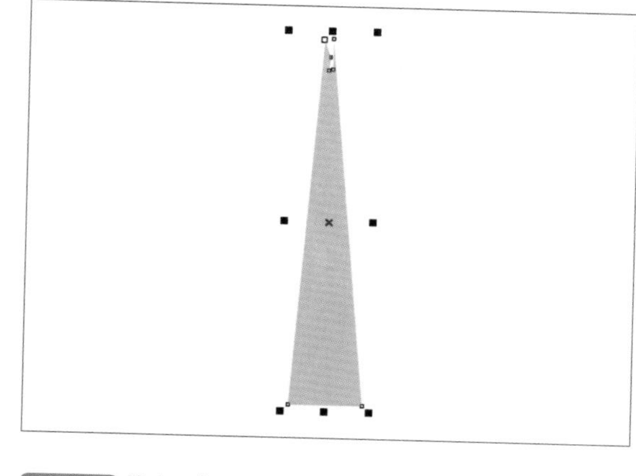

步骤27 所有图形绘制完成后，开始进行图形与图形相交部分颜色的填充。选中下图所示的两个图形，执行“对象>对齐和分布>底端对齐”命令，将它们底对齐。

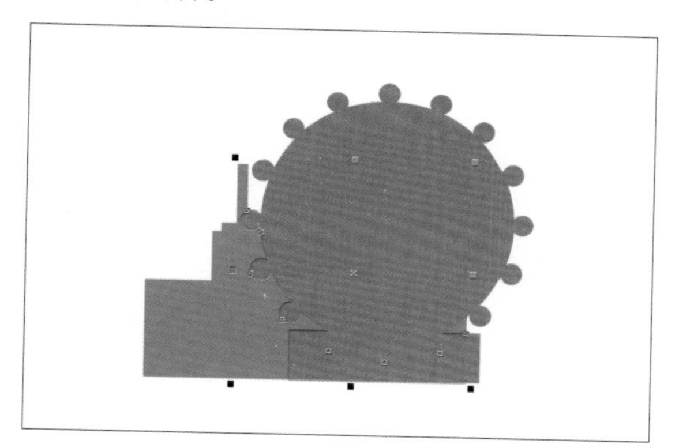

步骤28 执行“对象>造形>相交”命令，并对相交的图形进行填色，效果如下图所示。用同样的方法处理其他图形。

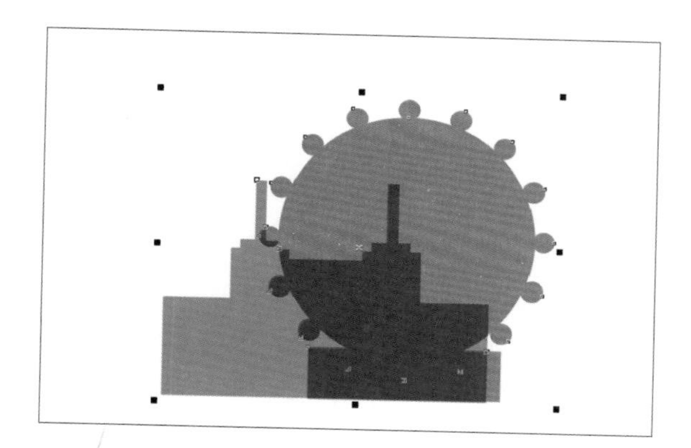

步骤29 使用矩形工具绘制出一个矩形并填充适当的颜色作为背景，如下图所示。

步骤30 将图形放置在背景上，随后输入英文字母，并逐一调整其颜色，如下图所示。

课后练习

1. 选择题

（1）属性栏、泊坞窗、工具栏和工具箱在屏幕上可以随时打开、关闭、移动吗？________。

A. 可以
B. 不可以
C. 属性栏可以
D. 工具栏可以

（2）手形工具的作用是________。

A. 放大所选对象
B. 控制所绘图形在窗口显示的部分
C. 缩小
D. 镜像

（3）________可以在选定曲线对象上添加节点。

A. 选择形状/钢笔工具在曲线上双击
B. 选择曲线/钢笔工具，单击曲线上任一点
C. 选择排列/节点工具
D. 使用选择工具在曲线上双击

（4）移除对象轮廓的方法是________。

A. 选定对象后，在调色板中右击无轮廓
B. 选定对象后，按Delete键
C. 在轮廓笔工具中选择无轮廓
D. 选定对象后，按Backspace键

2. 填空题

（1）艺术笔工具包括________、________、________、________和________五种自然笔工具。

（2）螺纹工具创建的螺纹线分为________、________两种类型。

（3）多边形工具能创建________、________、________。

（4）多边形工具能创建________条边的多边形。

3. 操作题

利用本章所讲知识绘制以下图形。

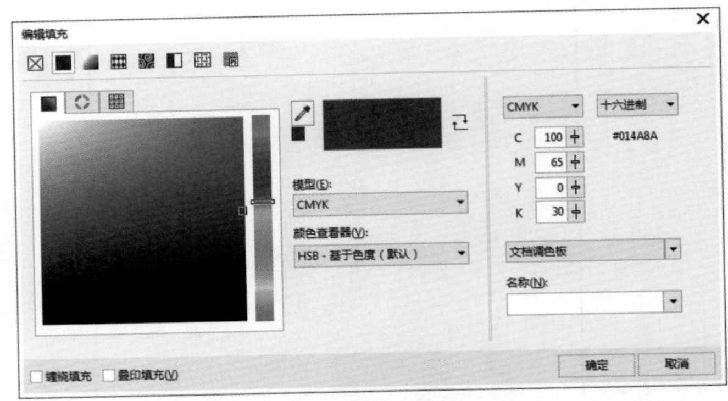

Chapter 03 对象的编辑与管理

本章概述

本章以图形对象为载体，分别从图形对象的基本操作、变换、查找和替换、编辑4个方面对图形对象的相关操作进行介绍，同时介绍如何使用工具和相关命令编辑对象，扩展知识内容。读者通过本章的学习，可以充分掌握图形对象的编辑操作，并能将这些操作进行熟练的运用。

核心知识点

1. CorelDRAW X8中图形对象的基本操作
2. 使用工具编辑图形对象的操作
3. 变换图像的相关操作
4. 对象的群组、精确剪裁等高级编辑操作

3.1 图形对象的基本操作

图形对象指的是在CorelDRAW的页面或工作区中进行绘制或编辑操作的图形，它是CorelDRAW X8的灵魂载体。图形对象的基本操作包括复制、剪切、粘贴对象，步长和重复以及撤销与重做操作等。

3.1.1 复制对象

复制对象很容易理解，就是复制出一个与之前的图案一模一样的图形对象，其常见的方法包含以下3种。

方法1：使用菜单命令复制对象。使用选择工具单击需要进行复制的图形对象，执行“编辑>复制”命令，再执行“编辑>粘贴”命令，即可在图形原有位置上复制出一个完全相同的图形对象。

方法2：使用快捷键复制对象。选择对象后按快捷键Ctrl+C对图像进行复制，然后按快捷键Ctrl+V，可快速对复制的对象进行原位粘贴。

方法3：利用鼠标左键复制对象，这也是最常使用和最为快捷的复制图形对象的方法。选择图形对象，如下左图所示，按住鼠标左键不放，拖动对象到页面其他位置，如下中图所示，此时单击鼠标右键即可复制该图形对象，如下右图所示。

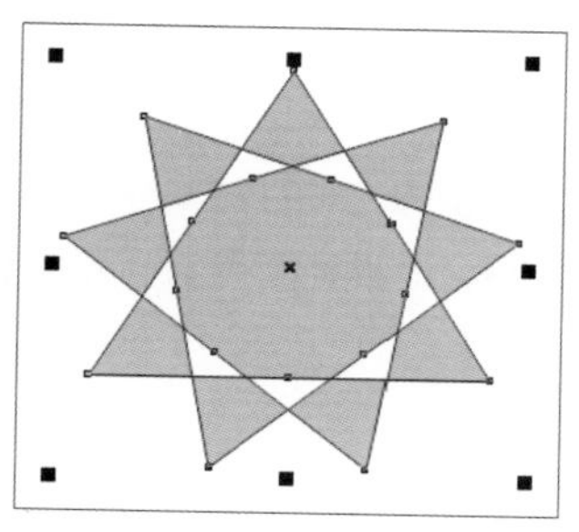
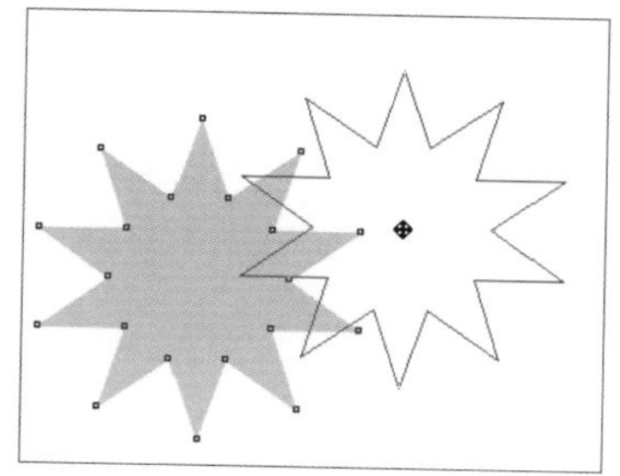
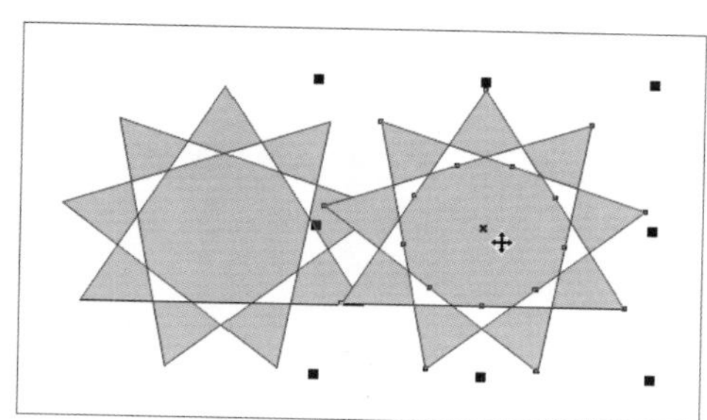

提示 复制对象时的快捷操作

拖动对象时按住Shift键，可在水平和垂直方向上移动或复制对象。选择图形对象后在键盘上按下+键，也可在原位快速复制出图形对象，连续多次按下+键即可在原位复制出多个相同的图形对象。

3.1.2 剪切与粘贴对象

为了让用户更方便地对图形进行操作，一般是将剪切和复制图形对象的操作结合使用。

剪切对象的操作方法有如下两种。

方法1：在对象上右击，在弹出的菜单中选择“剪切”命令即可。

方法2：选择对象后按下快捷键Ctrl+X，即可将对象剪切到剪贴板中。

而粘贴对象则更简单，同其他应用程序中一样，只需按下快捷键Ctrl+V即可。需要注意的是，剪切对象和粘贴对象都可在不同的图形文件之间或不同的页面之间进行，以方便用户对图形内容的快速运用。

3.1.3 再制对象

在CorelDRAW X8中，再制对象与复制对象相似。不同的是，再制对象是直接将对象副本放置到绘图页面中，而不通过剪贴板进行中转，所以不需要进行粘贴；同时，再制的图形对象不是直接出现在图形对象的原来位置，而是与初始位置之间有一个默认的水平或垂直的位移。

再制图形对象可通过菜单命令或快捷键实现。使用选择工具选择需要进行再制的图形对象，执行“编辑>再制”命令或按下快捷键Ctrl+D，即可在原对象的右上角方向再制出一个与原对象完全相同的图形，如下图所示。

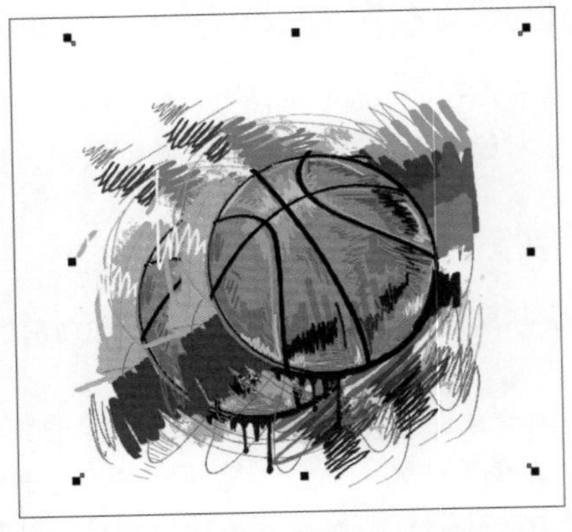

提示 再制图形对象的其他方法

再制图形对象还有另一种方法：选择图形对象后按住鼠标右键进行拖动，到达合适的位置后释放鼠标按键，此时自动弹出快捷菜单，选择“复制”命令即可。

3.1.4 认识“步长和重复”泊坞窗

在实际的运用中，还会遇到需要对对象进行精确的再制操作的情况，此时可借助“步长和重复”泊坞窗快速复制出多个有一定规律的图形对象，对图形对象进行编辑操作。执行“编辑>步长和重复”命令，或按下快捷键Ctrl+Shift+D，即可在绘图页面右侧显示“步长和重复”泊坞窗。下图所示是设置水平偏移为20mm、垂直偏移为15mm、偏移份数为6的效果。

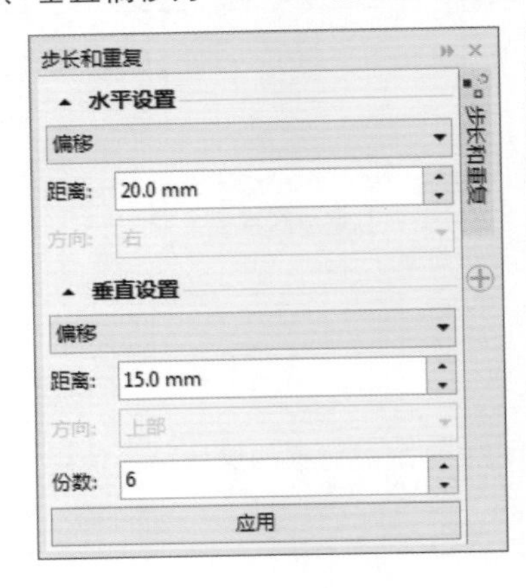

提示 快速调整图形

有了“步长和重复”泊坞窗，选择图形对象后，可同时对水平和垂直方向进行设置，提高操作速度。

3.1.5 撤销与重做

在CorelDRAW X8中绘制图像时，常会使用到撤销和重做这两个操作，以方便对所绘制的图形进行修改或编辑，从而让图形的绘制变得更加轻松。

撤销操作即将这一步对图形执行过的操作进行删除，从而返回到上一步的图形效果。在CorelDRAW中，撤销操作有3种方法。

方法1：与大多数图像处理类软件一样，按下快捷键Ctrl+Z即可撤销上一步的操作。若重复按快捷键Ctrl+Z，则可一直撤销操作到相应的步骤。

方法2：执行“编辑>撤销”命令，即可撤销上一步的操作。

方法3：通过在标准工具栏中单击“撤销”按钮进行撤销。

注意 撤销与重做的关系

撤销操作是重做操作的前提，只有执行过撤销操作，才能激活标准工具栏中的“重做”按钮。重做即对撤销的操作步骤进行重新执行，可通过单击“重做”按钮或执行“编辑>重做”命令来实现。

3.2 变换对象

在CorelDRAW X8中，图形对象的变换操作包括镜像对象，对对象进行自由变换和精确变换，对象的坐标、造型的调整等。掌握图形对象的变换操作可以让图形对象的运用更加灵活多变，从而符合更多的需求环境。

3.2.1 镜像对象

镜像对象是指快速对图形对象进行对称操作，可分为水平镜像和垂直镜像。水平镜像是图形沿垂直方向的直线做标准180°旋转操作，快速得到水平翻转的图像效果；垂直镜像是图形沿水平方向的直线做180°旋转操作，得到上下翻转的图像效果。镜像图形对象的方法比较简单，只需选择需要调整的图形对象，然后在属性栏中单击“水平镜像”按钮或“垂直镜像”按钮即可执行相应的操作。下面两幅图分别为原图形和经过垂直镜像操作后的图形效果。

3.2.2 对象的自由变换

图形对象的自由变换可通过两种方式实现：其一是通过直接旋转变换图形对象；其二是通过自由变换工具对图形对象进行自由旋转、镜像、调节、扭曲等操作。下面将对其操作进行详细介绍。

1. 直接旋转图形对象

在CorelDRAW X8中可通过直接旋转图形对象进行变换。这个操作有两个实现途径，一种是使用选择工具选择图形对象后，在选择工具属性栏的“旋转角度”文本框中输入相应的数值，然后按下Enter键确认旋转。

另一种方法是选择图形对象后再次单击该对象，此时在对象周围出现旋转控制点，如下左图所示。将鼠标光标移动到控制点上，单击并拖动鼠标，此时在页面中会出现以蓝色线条显示的图形对象的线框效果，如下中图所示。当调整到合适的位置后释放鼠标，图形对象会发生相应的变化，如下右图所示。

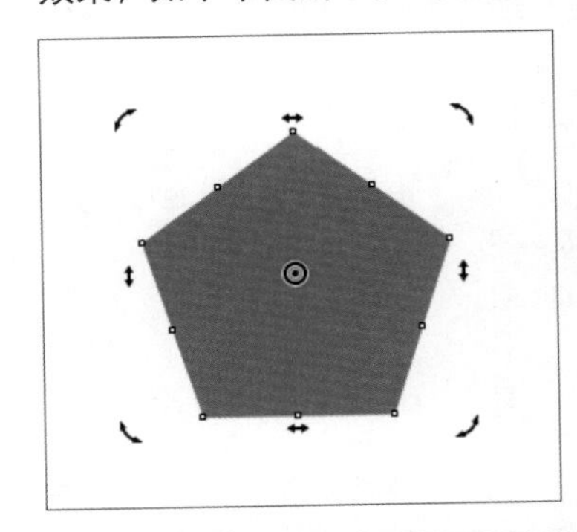
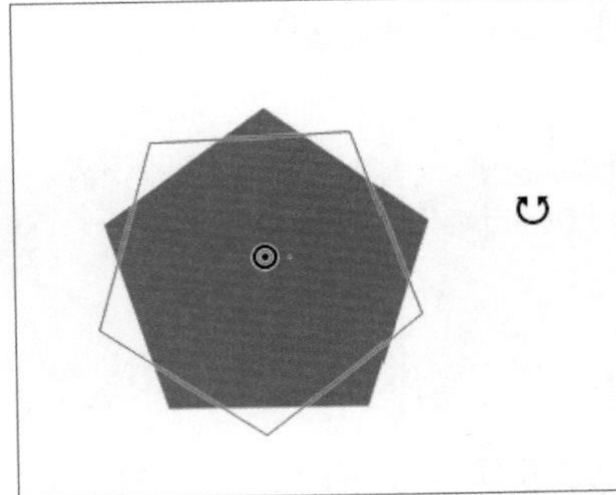

提示 图形对象的缩放

图形对象的缩放即对图形进行放大或缩小操作，其方法是单击选择工具，选择需要缩放的图形对象后将鼠标光标移动到任意一个四角处的黑色控制点上，单击并按住鼠标左键拖动图像到合适的位置后释放鼠标即可。

2. 使用工具自由变换对象

自由变换工具是针对图形的自由变换而产生的，使用自由变换工具可以对图形对象进行自由旋转、自由镜像、自由调节、自由扭曲等操作。选择自由变换工具，即可查看其属性栏，如下图所示。在其中显示出一排工具按钮，下面分别对其中一些常用工具按钮的作用进行介绍。

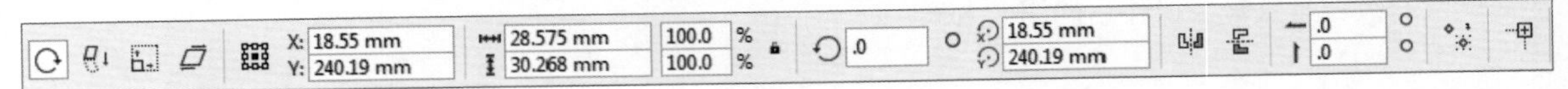

- 自由旋转工具：利用该工具，在图形上任意位置单击定位旋转中心点，拖动鼠标，此时显示出蓝色的线框图形，待到旋转至合适的位置后释放鼠标，即可让图形沿中心点旋转到任意指定的角度。
- 自由角度反射工具：选择该工具，然后在图形上任意位置单击定位镜像中心点，拖动鼠标即可让图形沿中心点进行任意角度的自由镜像操作。需要注意的是，该工具一般结合“应用到再制”按钮使用，可以快速复制出想要的镜像图形效果。
- 自由缩放工具：该工具与“自由角度反射工具”相似，一般与“应用到再制“按钮结合使用。
- 自由倾斜工具：选择该工具，在图形上任意位置单击定位扭曲中心点，拖动鼠标即可调整图形对象。
- “应用到再制”按钮：单击该按钮后，对图形执行旋转等相关操作的同时会自动生成一个新的图形，这个图形即变换后的图形，而原图形保持不动。下图所示是将原图多次旋转45°后再制生成的图形效果。

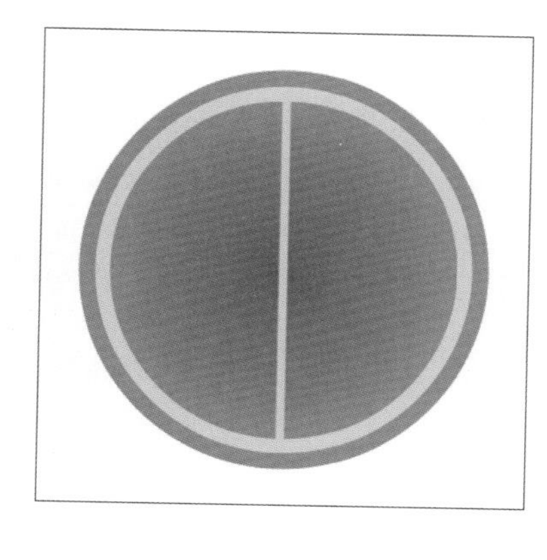

3.2.3 精确变换对象

对象的精确变换是指在保证图形对象精确度不变的情况下，精确控制图形对象在整个绘图页面中的位置、大小以及旋转的角度等因素。要实现图形对象的精确变换，这里提供了两种方法，下面分别进行介绍。

1. 使用属性栏变换图形对象

使用选择工具选择图形对象后，即可查看属性栏，如下图所示。

X: 98.032 mm Y: 109.861 mm 110.185 mm 97.546 mm 100.0 % 100.0 % .0

在选择工具属性栏中的对象位置、对象大小、缩放因子和旋转角度数值框中输入相应的数值，即可对图形对象进行变换。同时，单击旁边的“锁定比率”按钮，还可对图形的宽高比率进行锁定。

需要注意的是，若是针对矩形图形，可以结合“圆角/扇形角/倒棱角”泊坞窗对其进行调整，这也是CorelDRAW X8版本的新增功能。选择矩形图形后，在“圆角/扇形角/倒棱角”泊坞窗中选择调整的样式，有“圆角”、“扇形角”和“倒棱角”3种选项，之后设置其半径，如下左图所示。此时出现蓝色的线条效果，如下中图所示。单击“应用”按钮，即可调整矩形形状，如下右图所示。

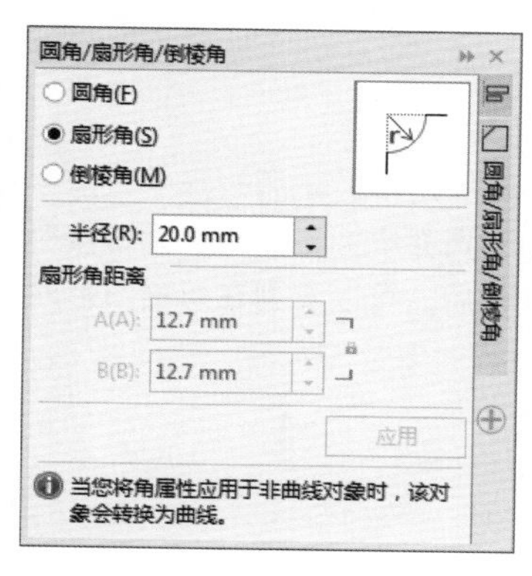

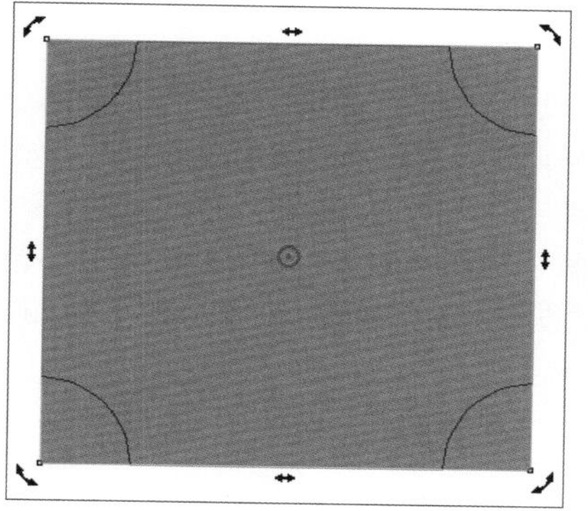

2. 使用“转换”泊坞窗变换图形对象

执行“窗口>泊坞窗>变换>位置”命令，或按快捷键Alt+F7即可打开“变换”泊坞窗，如下图所示。默认情况下，打开的“变换”泊坞窗停靠在绘图区右侧颜色板的旁边，此时还可拖动泊坞窗使其成为一个单独的浮动面板。分别单击“位置”、“旋转”、“缩放和镜像”、“大小”和“倾斜”按钮，可切换到不同的面板，从中轻松调整图形对象的位置、旋转、缩放和镜像、大小、倾斜等效果。

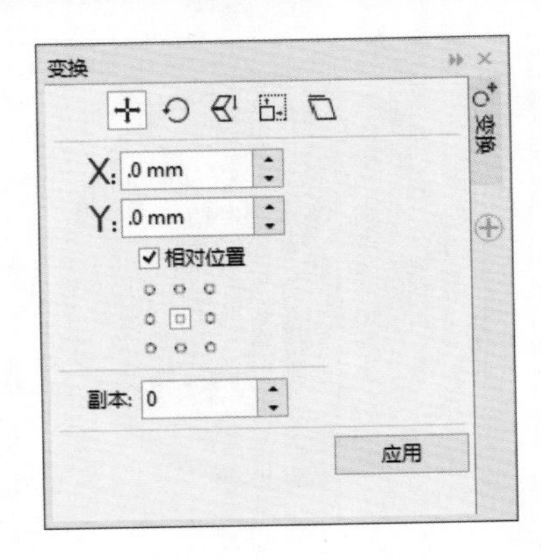

3.2.4 对象的坐标

在CorelDRAW X8中，可以使用对象坐标对图形在整个页面中的位置进行精确调整。执行“窗口>泊坞窗>对象坐标”命令，即可显示“对象坐标”泊坞窗。

在“对象坐标”泊坞窗中可分别单击“矩形”按钮、“椭圆形”按钮、“多边形”按钮、“2点线”按钮和“多点曲线”按钮以切换到不同的面板，在其中显示出了图形对象在页面中X轴和Y轴的位置以及大小、比例等相关选项，可针对不同图形在页面中的位置进行调整和控制。

3.2.5 对象的造型

图形对象的变换包括图形对象的造型，即通过两种图形快速进行图形的特殊造型。执行“窗口>泊坞窗>造型”命令，即可打开“造型”泊坞窗，如右图所示。在“造型”泊坞窗的造型下拉列表框中共提供了焊接、修剪、相交、简化、移除后面对象、移除前面对象、边界7种造型方式，在其下的窗口中可预览造型效果。

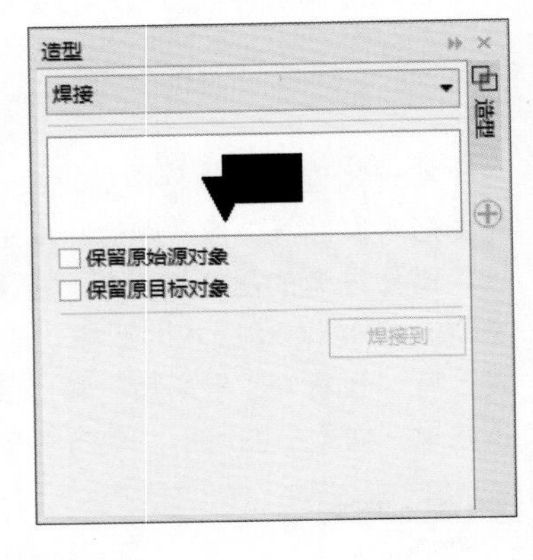

下面分别对对象的焊接、修剪、相交、简化等造型功能进行详细的介绍。

1. 焊接对象

焊接对象即将两个或多个对象合为一个对象。焊接对象的操作方法介绍如下。

首先选择一个图形对象，并适当调整对象位置以满足图形要求，如下左图所示。随后打开“造型”泊坞窗，从中选择“焊接”选项，单击“焊接到”按钮，将鼠标光标移动到页面中，当光标变为焊接形状时，在另一个对象上单击即可将两个对象焊接为一个对象。完成焊接操作后，可以看到在焊接图形对象的同时，也为新图形对象应用了源图形对象的属性和样式，如下右图所示。

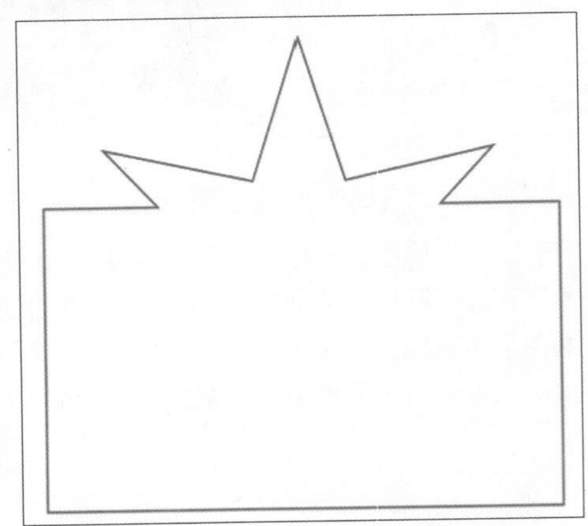

2. 相交对象

相交对象即使两个对象的重叠相交区域成为一个单独的图形对象。相交图形对象的操作方法如下。

选择下左图所示的图形对象，在“造型”泊坞窗中选择“相交”选项。单击“相交对象”按钮，将鼠标光标移动到页面中，当光标变为形状时，在另一个对象上单击即可创建出这两个图形相交的区域形成的图形，如下右图所示。

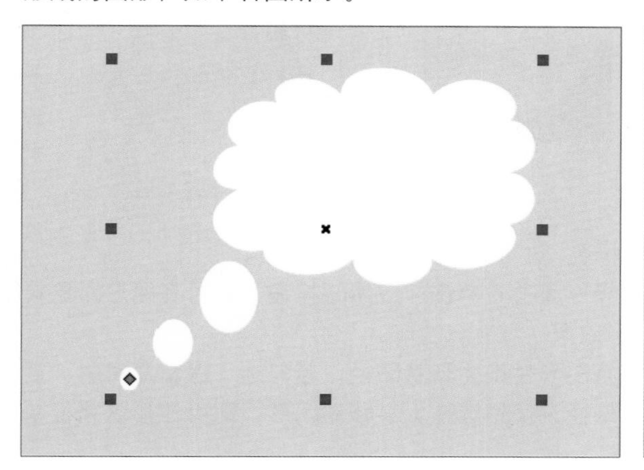

需要注意的是，若使用选择工具选择这个新图形，将其移动到页面的其他位置，可以看到原来的两个图形依旧存在于原位置处。

3. 修剪对象

修剪对象即使用一个对象的形状去修剪另一个形状，在修剪过程中仅删除两个对象重叠的部分，但不改变对象的填充和轮廓属性。修剪图形对象的方法介绍如下。

选择下左图所示的图形对象，在“造型”泊坞窗中选择“修剪”选项。单击“修剪”按钮，将鼠标光标移动到页面中，当光标变为形状时，在另一个对象上单击即可完成修剪，效果如下右图所示。

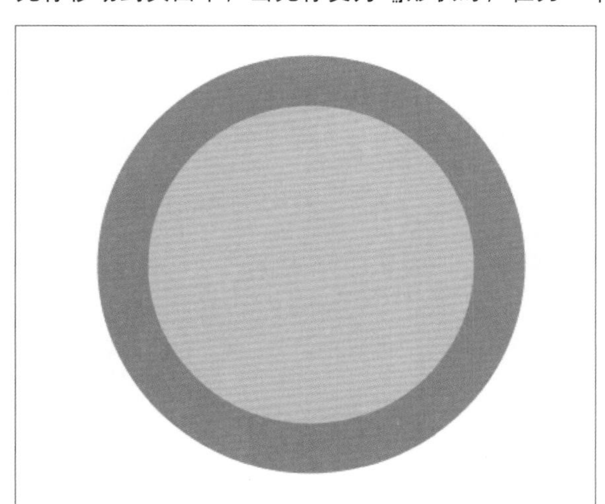

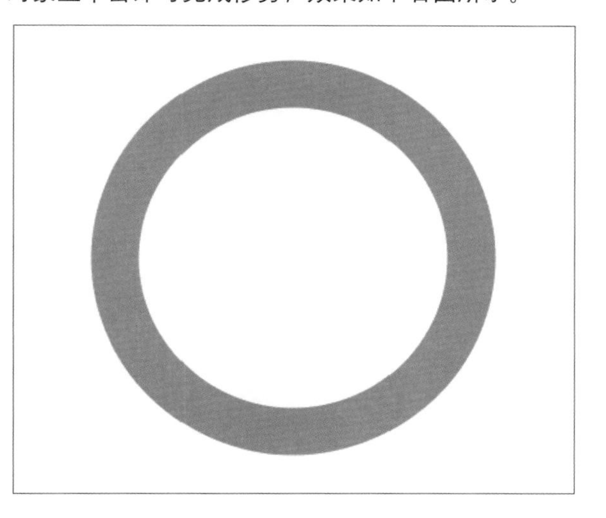

4. 简化对象

简化对象是修剪操作的快速方式，即沿两个对象的重叠区域进行修剪。简化对象的操作方法如下。

打开下左图所示的图形对象，同时框选这两个图形对象，在“造型”泊坞窗中选择“简化”选项，单击“应用”按钮即可。完成简化后，使用选择工具移走圆形，可看到简化后的图形效果，如下右图所示。

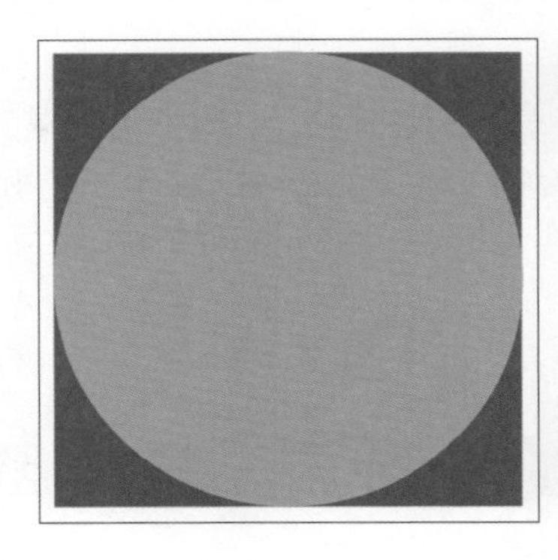
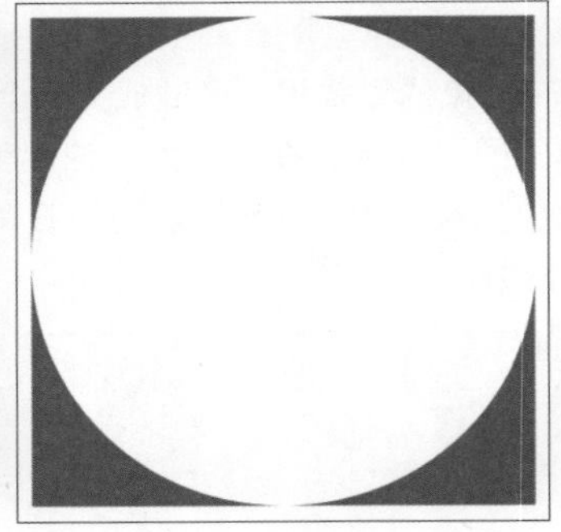

5. 边界

使用边界可以快速将图形对象转换为闭合的形状路径。执行边界操作的方法如下。

选择图形对象后，在“造型”泊坞窗中选择“边界”选项，单击“应用”按钮，即可将图形对象转换为形状路径。下图所示分别为边界前和边界后的图形效果。

需要说明的是，若不勾选任何复选框，则是直接将图形替换为形状路径。若勾选“保留原对象”复选框，则是在原有图形的基础上生成一个相同的形状路径，使用选择工具移动图形，即可让形状路径单独显示。

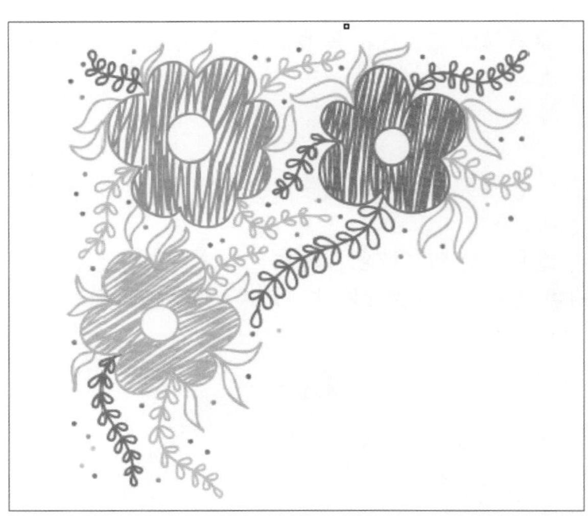
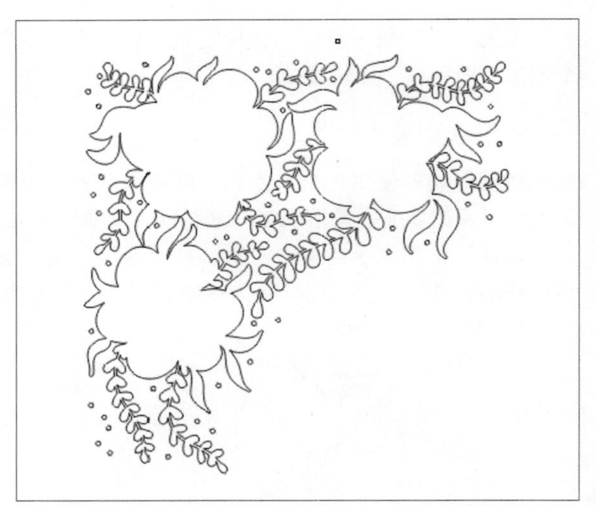

实例03 蝴蝶的绘制

下面利用前面所学习的知识来练习制作蝴蝶图形。

步骤01 用手绘工具绘制出蝴蝶的一只翅膀，如右图所示。

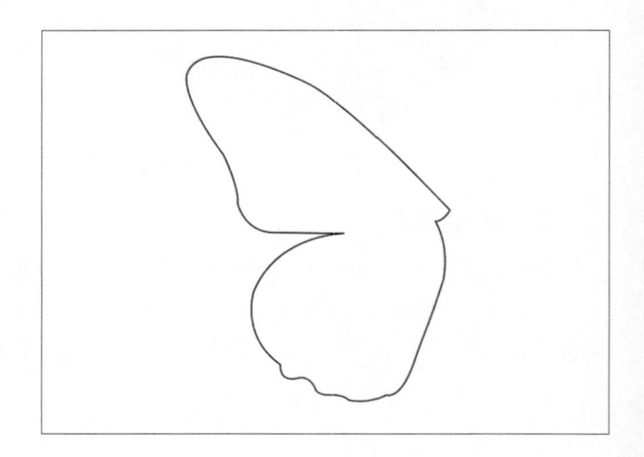

步骤 02 将翅膀图形的轮廓线条改为细线，并为其填充渐变颜色，如下图所示。

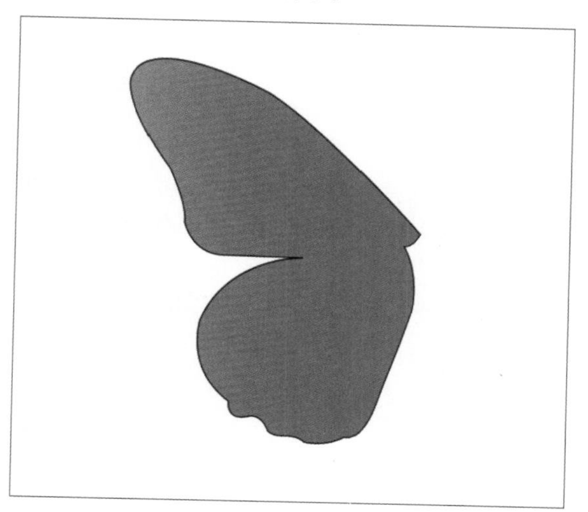

步骤 03 利用镜像命令将蝴蝶的另一只翅膀镜像出来，如下图所示。

步骤 04 接着把蝴蝶的身体绘制出来，并放置在两只翅膀的中间位置，如下图所示。

步骤 05 使用工具箱中的交互式填充工具为蝴蝶身体填充颜色，如下图所示。

步骤 06 使用手绘工具绘制蝴蝶的两只触角，按空格键结束曲线的绘制，最终效果如下图所示。

3.3 查找和替换

CorelDRAW中的查找和替换功能可以说是一种快捷系统的体现，这两个功能多用于版式的编排工作中，可同时在多页图像中进行文本和内容的查找和替换。

3.3.1 查找文本

在CorelDRAW X8中，查找文本是针对文字的编辑而进行的，主要用于对一大段文章中的个别文字或字母进行查找或修改。此时使用查找文本操作，可将需要修改的文字或字母在文章中进行快速定位。查找文本的操作方法如下：

执行“编辑>查找并替换>查找文本”命令，打开“查找文本”对话框，如下左图所示。在“查找”文本框中输入需要查找的内容，单击“查找下一个”按钮，此时即可看到，查找到的内容以蓝底形式显示，如下右图所示。

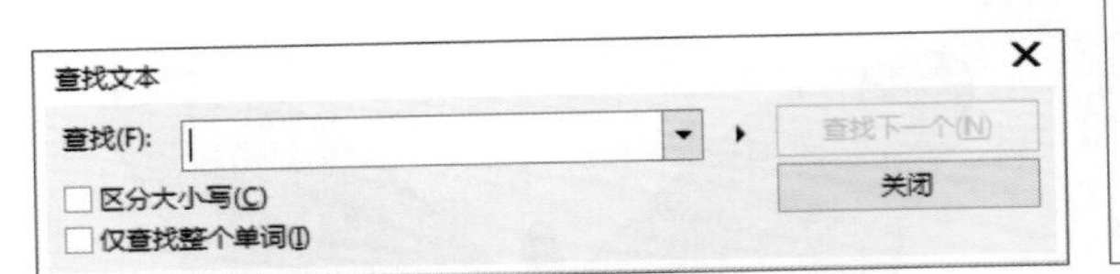

岁月静好，牵一片光阴于流年中，聆听花开的声音；携一缕馨香在生命的路口，芬芳过往。给时光一份浅浅的回眸；给心灵寻一份安暖。始终相信生命中的某些东西，深藏在心中，永远不会老去。
或许，人生的每一次蜕变，都是触目惊心的。那些美好的句子。曾经，我认为有些河流，我永远趟不过去，有些山峰，我永远不能翻越。不曾想，自己竟然是如此的勇敢。瞬间的美丽总会是发生得太突然，好比是看一场电影，那些与你接踵摸肩的陌生人，也算是人海茫茫中的一叶，然而他们能与你共度一段时光、感受同一片天空、同一片视野的快乐，也是缘分的因缘吧!

若继续单击“查找下一个”按钮，CorelDRAW则会自动对段落文本中其他位置的相同内容进行查找，找到的相应内容同样显示蓝底。在完成对文章的查找后会弹出相应的信息提示框，此时单击“确定”按钮即可关闭对话框。

3.3.2 替换文本

替换文本是依附查找文本而存在的，它能快速将查到的内容替换为需要的文本内容。替换文本的操作与查找文本的方法相似，即执行“编辑>查找并替换>替换文本”命令，打开“替换文本”对话框。在“查找”文本框和“替换”文本框中依次输入要查找和替换的内容，如下左图所示。随后单击“替换”按钮，便会完成指定的替换操作，如下右图所示。

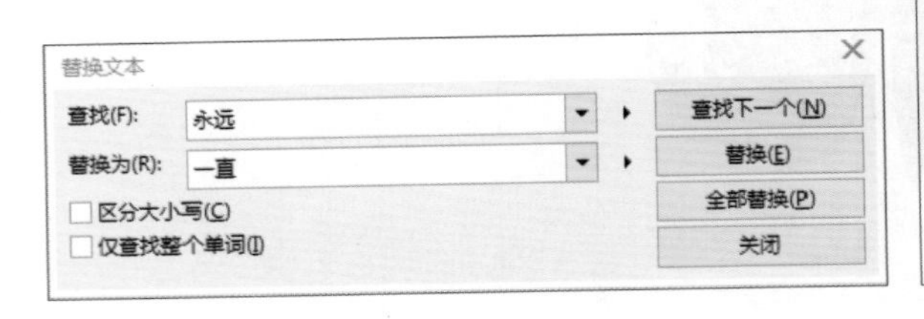

岁月静好，牵一片光阴于流年中，聆听花开的声音；携一缕馨香在生命的路口，芬芳过往。给时光一份浅浅的回眸；给心灵寻一份安暖。始终相信生命中的某些东西，深藏在心中，一直不会老去。
或许，人生的每一次蜕变，都是触目惊心的。那些美好的句子。曾经，我认为有些河流，我一直趟不过去，有些山峰，我永远不能翻越。不曾想，自己竟然是如此的勇敢。瞬间的美丽总会是发生得太突然，好比是看一场电影，那些与你接踵摸肩的陌生人，也算是人海茫茫中的一叶，然而他们能与你共度一段时光、感受同一片天空、同一片视野的快乐，也是缘分的因缘吧!

3.3.3 查找对象

查找对象针对的是相关图像效果，它与查找文本相似，不同的是这里查找的是独立的图形对象，该功能多用于复杂的图像中对需要修改的图形对象进行查找。查找对象的具体操作方法如下。

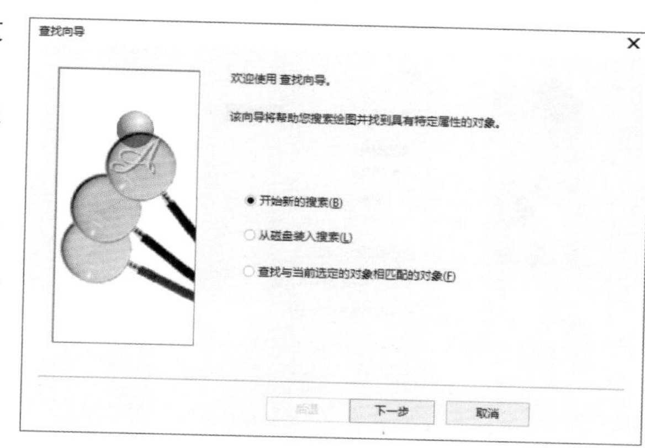

执行“编辑>查找并替换>查找对象”命令，打开“查找向导”对话框，如右图所示。单击“下一步”按钮，在打开的界面中选择要查找的图像类型，在此勾选“椭圆形”复选框，如下左图所示。选择结束后单击“下一步”按钮，根据向导提示进行设置，最后单击“完成”按钮，完成对该图形的查找，如下右图所示。

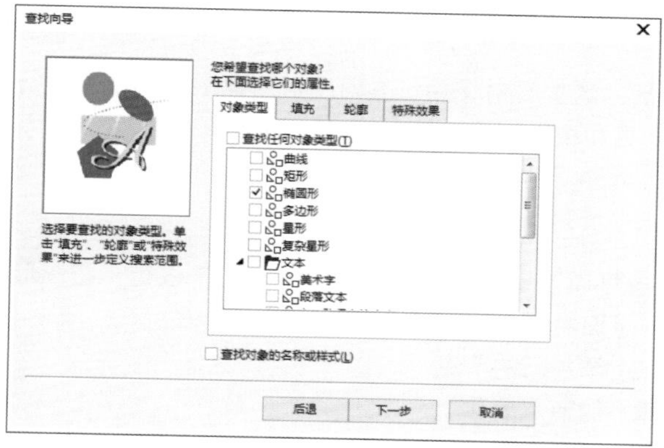

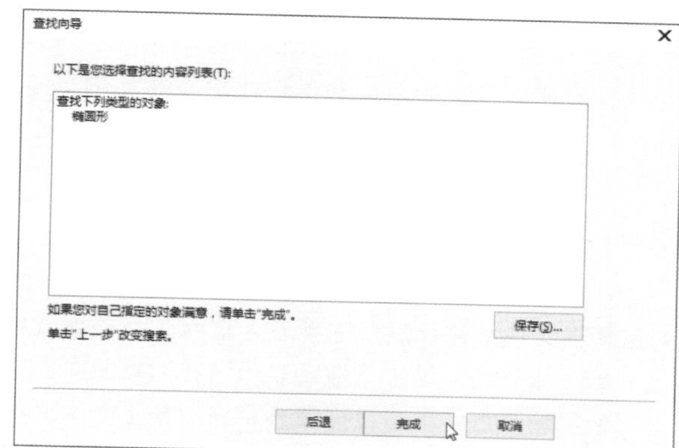

完成上述查找操作后，系统会自动选择图形中最开始位置的椭圆形对象，同时也会弹出如下图所示的“查找”对话框，若在其中单击“查找下一个”按钮即可选择下一个椭圆形对象，若单击“查找全部”按钮，则将图形中所有的椭圆形对象全部选中。

3.3.4 替换对象

替换对象比替换文本在功能上更为灵活一些，它可以对图形对象的颜色、轮廓笔属性、文本属性等进行替换。替换对象的方法如下。

执行“编辑>查找并替换>替换对象”命令，打开“替换向导”对话框，其中默认选择的是“替换颜色”选项，如右图所示。单击“下一步”按钮，进入下一设置界面，根据需要进行设置，最后单击“完成”按钮，如下左图所示。接下来将弹出类似于查找对话框的“查找并替换”对话框，从中单击“全部替换”按钮即可。替换完成后系统将给出下右图所示的提示信息。

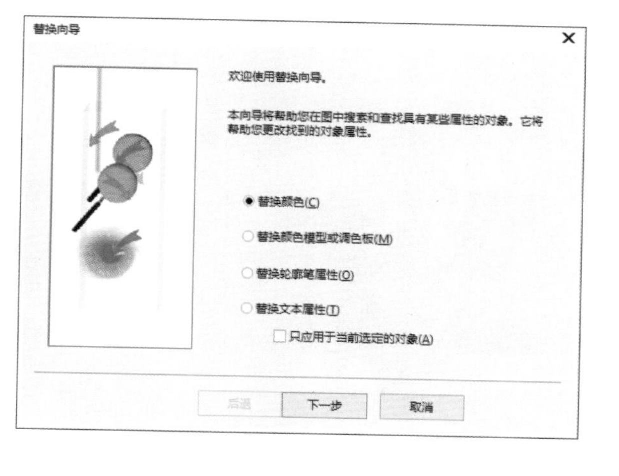

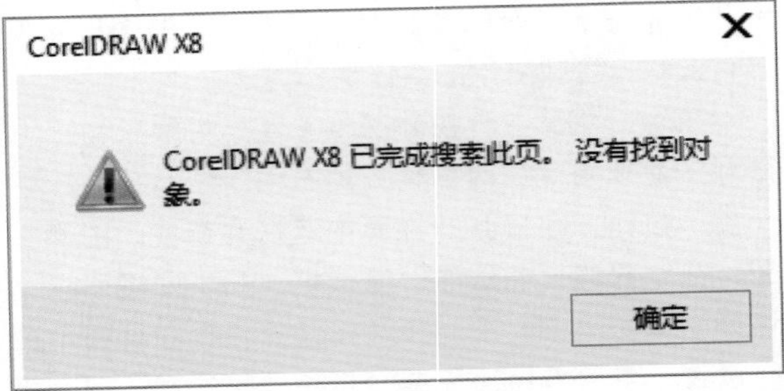

3.4 组织编辑对象

在掌握了图形对象的基本操作和变换等相关操作后，这里针对使用工具对图形对象的简易编辑进行介绍，这些工具包括涂抹笔刷工具、裁剪工具、刻刀工具和橡皮擦等工具。

3.4.1 形状工具

在对曲线对象进行编辑时，针对其节点的操作大多可通过形状工具属性栏中的按钮来进行，将图形对象转换为曲线对象后，才能激活形状工具的属性栏，下面将对常用按钮及其功能进行介绍。

- 添加节点：单击该按钮表示可在对象原有的节点上添加新的节点。
- 删除节点：单击该按钮表示将对象上多余或不需要的节点删除。
- 连接两个节点：单击该按钮即可将曲线上两个分开的节点连接起来，使其成为一条闭合的曲线。
- 断开曲线：单击该按钮即可将闭合曲线上的节点断开，形成两个节点。
- 尖突节点：单击该按钮即可将对象上的节点变为尖突。
- 平滑节点：单击该按钮即可将尖突的节点变为平滑的节点。

（1）添加和删除节点

图形对象上的节点用于对图形形状进行精确控制。将对象转换为曲线后单击形状工具，此时图形对象上出现节点。如下左图所示，将鼠标光标移动到对象的节点上，双击节点即可删除该节点。此时也可单击节点后在属性栏中单击“删除节点”按钮，删除节点。删除节点后改变了图形的形状，如下中图所示。

此外，在图形上没有节点处双击或单击属性栏中的“添加节点”按钮，也可添加节点以改变图形形状，如下右图所示。

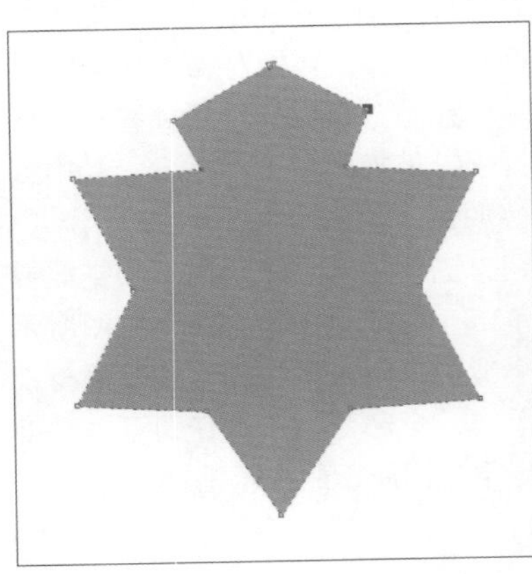

（2）分割和连接曲线

若要在使用曲线绘制的图形上填充颜色，则需要将断开的曲线连接起来，而有时为了方便进行编辑，也可以将连接的曲线进行分割操作，以便对其进行分别调整。在连接节点时需注意，应先同时选择需要连接的两个节点，然后单击属性栏中的“连接两个节点”按钮。分割曲线则是右击节点，在弹出的快捷菜单中选择“拆分”命令即可。

（3）调整节点的尖突与平滑

调整节点的尖突与平滑可以从细微处快速调整图形的形状。方法与其他调整相似，只需选择需要调整的节点，在属性栏中单击“尖突节点”按钮或“平滑节点”按钮，即可执行相应的操作。

3.4.2 涂抹工具

使用涂抹工具可以快速对图形进行任意的修改。涂抹工具的使用方法如下。

选择下左图所示的图形对象，单击涂抹工具，在其属性栏的“笔尖大小”、“水分浓度”、“斜移”、“方位”数值框中进行相应参数的设置。完成后在图像中从内向外拖动，即可为图形添加笔刷涂抹部分，并以图形的相同颜色进行自动填充，如下中图所示。若从外向内拖动，则可删除笔刷涂抹的部分，其效果如下右图所示。

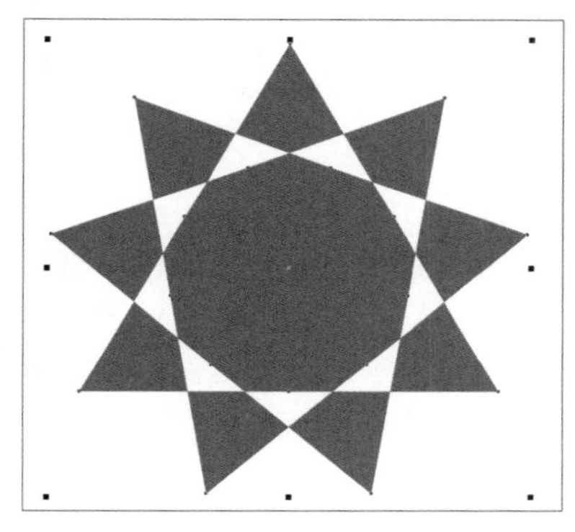
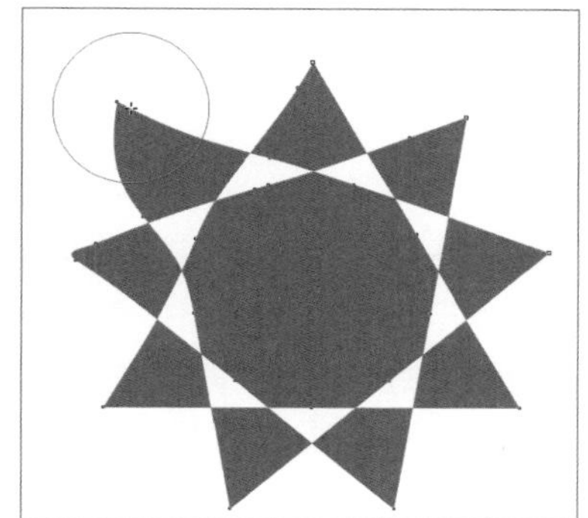
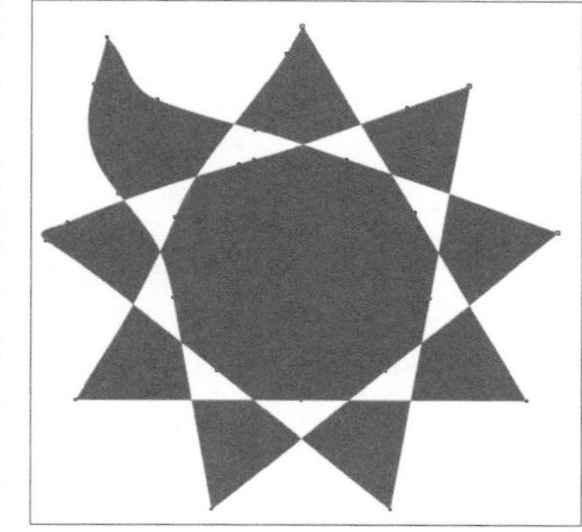

3.4.3 粗糙笔刷工具

在CorelDRAW X8中，用户可以使用粗糙笔刷工具对图形平滑边缘进行粗糙处理，使其产生裂纹、破碎或撕边的效果，让单纯的图形效果多变。粗糙笔刷工具的使用方法如下。

选择下左图所示的图形对象，单击粗糙笔刷工具，在其属性栏的“笔尖大小”、“尖突频率”、“水分浓度”、“斜移”数值框中设置相应的参数，完成后将笔刷移动到图形上，在图形边缘处拖动，即可得到粗糙边缘的效果，如下右图所示。

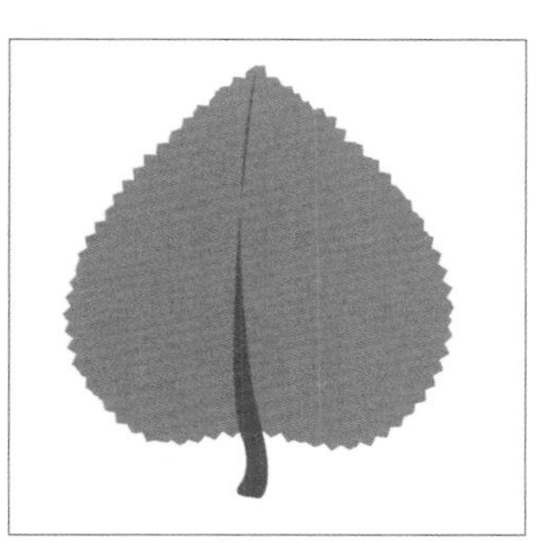

提示 粗糙笔刷工具的使用限制

在CorelDRAW X8中，使用粗糙笔刷工具可以为图形边缘添加尖突效果。但应注意，若此时导入的为位图图像，则需要将位图图像转换为矢量图形，才能对其使用粗糙笔刷工具，否则会弹出提示对话框，提示该对象无法使用此工具。

3.4.4 裁剪工具

使用裁剪工具可以将图片中不需要的部分删除，同时保留需要的图像区域。下面将对裁剪图形对象的方法进行介绍。

单击裁剪工具，当鼠标光标变为形状时，在图像中单击并拖动裁剪控制框。此时框选部分为保留区域，颜色呈正常显示，框外的部分为裁剪掉的区域，颜色呈反色显示，如下左图所示。此时可在裁剪控制框内双击或按下Enter键确认裁剪，裁剪后得到的效果如下右图所示。

3.4.5 刻刀工具

使用刻刀工具可对矢量图形或位图图像进行裁切操作，但需要注意的事，刻刀工具只能对单一图形对象进行操作。下面将对刻刀工具的使用方法进行介绍。

单击刻刀工具，在属性栏中根据需要进行选择。随后在图形对象的边缘位置单击并拖动鼠标，如下左图所示，当刻刀图标到达图形的另一个边缘时，被裁剪的部分将自动闭合为一个单独的图形，此时还可使用选择工具移动被裁剪的图形，让裁剪效果更真实，如下右图所示。

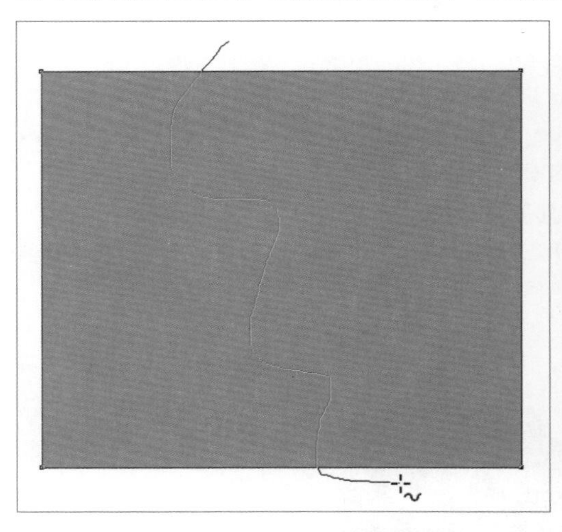

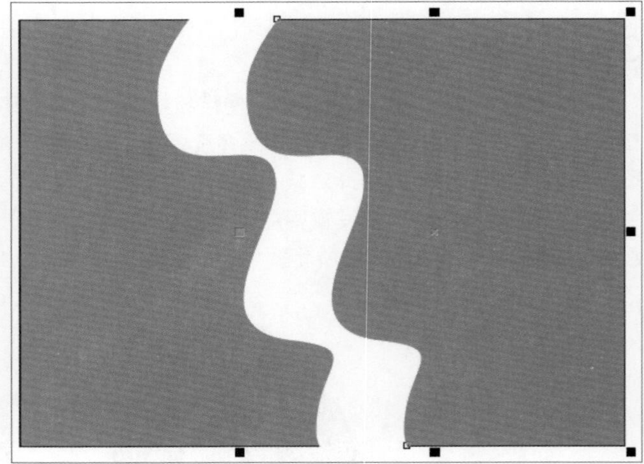

提示 刻刀工具属性栏选项介绍

“剪切时自动闭合”按钮：表示闭合分割对象形成的路径，此时分割后的图形成为一个单独的图形。

“边框”按钮：使用曲线工具时，显示或隐藏边框。

3.4.6 橡皮擦工具

很多设计软件中都有橡皮擦工具，当然CorelDRAW X8也不例外，该工具可以快速对矢量图形或位图图像进行擦除，从而让图像达到更为令人满意的效果。

单击橡皮擦工具，在其属性栏的“橡皮擦厚度”数值框中设置参数，调整橡皮擦擦头的大小。同时还可单击“橡皮擦形状”按钮○，默认的橡皮擦擦头为圆形，单击该按钮后，该按钮变为□形状，此时则表示擦头为方形。完成后在图像中需要擦除的部分单击并拖动鼠标，即可擦除相应的区域。使用橡皮擦工具擦除图像前后的效果如下图所示。

提示 橡皮擦工具使用注意事项

在使用橡皮擦工具擦除的过程中双击，则擦除擦头所覆盖的区域图形。还可以单击后拖动鼠标，到合适的位置后再次单击，此时擦除的则是这两个点之间的区域图形。橡皮擦工具只能擦除单一图形对象或位图，而对于群组对象、曲线对象则不能使用该工具，且擦除后的区域会生成子路径。

知识延伸：图形的缩放、旋转及对齐

1. 缩放旋转同时使用

按理说，我们每执行一个命令，程序就应该做一个相应的动作，然而在CorelDRAW X8 中，我们只要在按住Shift键的同时，拖拉对象的旋转手柄，就可以让对象的旋转与缩放一起完成；如果是按住Alt键的话，就可以实现同时旋转与变形倾斜对象的效果。

2. 使图形中心对齐的技巧

在CorelDRAW X8中如果要对两个或两个以上的图形进行中心的对齐，就可以用“对齐和分布”命令。

操作方法为：选择两个或两个以上的图形后，执行“对象>对齐和分布>对齐与分布”菜单命令，打开“对齐与分布”泊坞窗，如下左图所示；从中单击“水平居中对齐”和“垂直居中对齐”按钮后即可将图形进行中心对齐，如下右图所示。

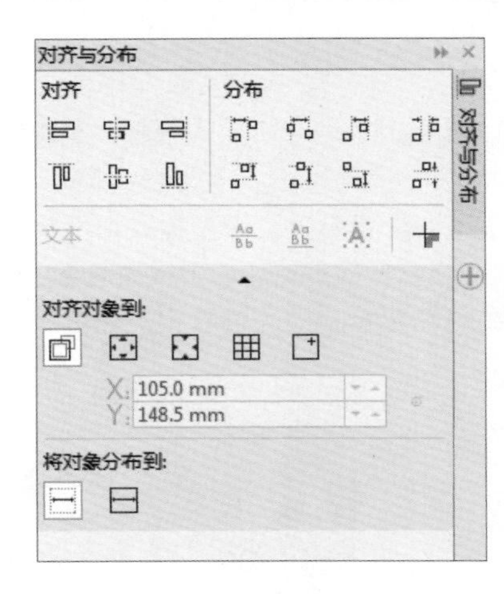

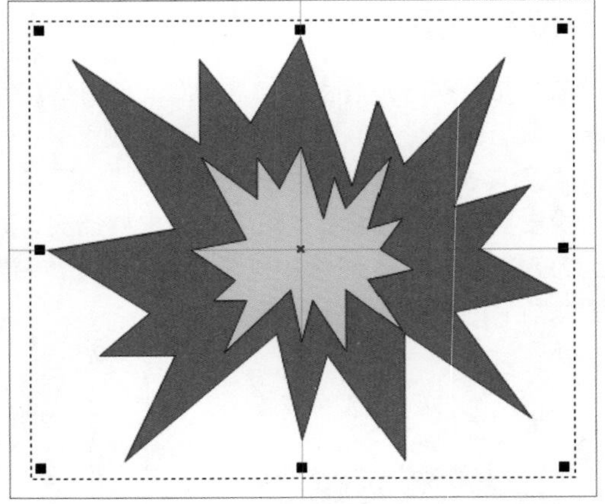

上机实训：制作相册封面

为了更好地掌握上述介绍的知识，下面将练习制作相册封面。

步骤 01 打开CorelDRAW X8软件，在工作区中导入素材图片，如下图所示。

步骤 02 选择钢笔工具绘制树干，如下图所示。

步骤 03 用椭圆形工具在页面中绘制一个椭圆并填充颜色，如下图所示。

步骤 04 在工具箱中选择透明度工具，改变椭圆的透明度，如下图所示。

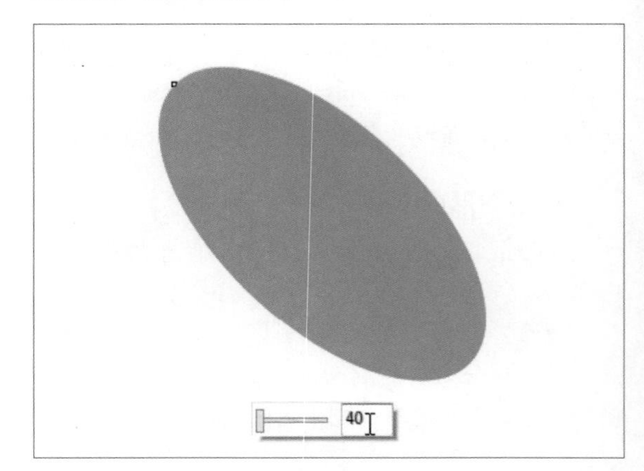

步骤05 按照以上方法绘制椭圆并填色，按快捷键Ctrl+G进行组合，绘制更多的组图在树干周围形成树叶形状，如下图所示。

步骤06 将做好的树叶放置在树干上并进行编组，如下图所示。

步骤07 将树放置在封面背景中适当的位置，如下图所示。

步骤08 接下来输入文本，选择文本工具输入文字，如下图所示。

步骤09 将文本进行编组并设置文本大小和填充颜色后，使用选择工具旋转文本，如下图所示。

步骤10 继续输入其他文本内容，最终效果如下图所示。

课后练习

1. 选择题

（1）使用选择工具双击一个对象后，可以拖动它四角的控制点进行________。

A. 移动　　B. 缩放　　C. 旋转　　D. 推斜

（2）能够断开路径并将对象转换为曲线的工具是________。

A. 节点编辑工具　　B. 擦除器工具　　C. 刻刀工具　　D. 橡皮擦工具

（3）交互式变形工具包含几种变形方式：________。

A. 2　　B. 3　　C. 4　　D. 5

（4）当我们新建页面时，不能通过属性栏设定的是________。

A. 页面大小　　B. 页面方向　　C. 分辨率　　D. 页面形式

（5）打开“透镜”泊坞窗的快捷键是________。

A. Ctrl+E　　B. Ctrl+B　　C. Ctrl+F9　　D. Alt+F3

2. 填空题

（1）节点的类型有________、________和________三种。

（2）线段分为________和________。

（3）形状工具对图形的编辑是通过________来完成和实现的。

（4）标准填充又称________，是一种最简单的填充方式。

（5）按下键盘上的________键可以打开“均匀填充”对话框。

3. 操作题

利用本章所学知识绘制以下图形。

Chapter 04 颜色的填充与调整

本章概述

在CorelDRAW X8中，颜色系统含义比较广泛，包括颜色系统的样式设置、调色板的编辑、颜色的自定义、颜色模式的概念以及“颜色”泊坞窗的运用等。本章将给用户讲解多种颜色填充的方法。读者通过本章的学习，可以充分掌握图形填充的编辑操作，并能将这些操作进行熟练的运用。

核心知识点

1. CorelDRAW X8中的色彩模式
2. 填充颜色的基本操作
3. 智能填充工具的相关操作
4. 交互式填充工具的操作

4.1 填充对象颜色

色彩在视觉设计中扮演着重要的角色，所以用户必须熟练掌握颜色填充的方法及要领，更好地对图形进行填充。

4.1.1 CorelDRAW X8中的色彩模式

不同的颜色模式显示着不同的颜色效果，不同的颜色模式根据其独特的属性拥有不同的代表字母，因而在颜色的设置上同一颜色用不同的数值来表达。CorelDRAW X8为用户提供了CMYK、RGB、HSB、Lab、灰度等多种颜色模式，以便于用户根据不同的需求进行选择使用。

（1）CMYK模式

CMYK是青（Cyan）、洋红（Magenta）、黄（Yellow）和黑（Black）4种颜色的简写，是相减混合模式。用这种方法得出的颜色之所以称为相减色，是因为它减少了系统视觉识别颜色所需要的反射光。

（2）RGB模式

RGB模式是色光的色彩模式。R代表红色，G代表绿色，B代表蓝色，三种色彩叠加形成了其他的色彩。在RGB模式中，由红、绿、蓝相叠加可以产生其他颜色，因此该模式也叫加色模式。所有显示器、投影设备以及电视机等许多设备都是依赖于这种加色模式来实现的。

（3）HSB模式

是根据人们对颜色的感知顺序来划分的，即人们在第一时间看到某一颜色后，首先感知到的是该颜色的色相，如红色或者绿色，其次才是该颜色的深浅度，即饱和度和亮度。H代表色相，S代表饱和度，B代表亮度。饱和度即颜色的浓度，颜色越饱和就越鲜艳，不饱和则偏向灰色；亮度即为颜色的明亮度，颜色越亮越接近白色，颜色越暗越接近黑色。

（4）Lab模式

Lab 颜色模式是由亮度或光亮度分量（L）和两个色度分量组成。两个色度分量分别是A分量（从绿色到红色）和B分量（从蓝色到黄色）。它主要影响着色调的明暗。

（5）灰度模式

可以使用多达256级灰度来表现图像，使图像的过渡更平滑、细腻。灰度图像的每个像素有一个0~255之间的亮度值，它可以用黑色油墨覆盖的百分比来表示。当其为0%时表示白色，当其为100%时表示黑色。

4.1.2 颜色泊坞窗

在CorelDRAW X8中，执行“窗口>泊坞窗>彩色”命令，即可打开颜色泊坞窗，如下左图所示。下面分别对“颜色”泊坞窗选项进行介绍。

- 显示按钮组：该组按钮从左到右依次为“显示颜色滑块”按钮、“显示颜色查看器”按钮和“显示调色板”按钮。单击相应的按钮，即可将泊坞窗切换到相应的显示状态。
- “颜色模式”下拉列表框：默认情况下显示CMYK模式，该下拉列表框将CorelDRAW X8为用户提供的9种颜色模式收录其中，如下右图所示，选择即可显示颜色模式的滑块图像。
- 滑块组：在“颜色”泊坞窗中拖动滑块或在其后的文本框中输入数值即可调整颜色。
- “自动应用颜色”按钮：该按钮默认为状态，表示未激活自动应用颜色工具。单击该按钮，当其变成状态时，若在页面中绘制图形，拖动滑块即可调整图形的填充颜色。

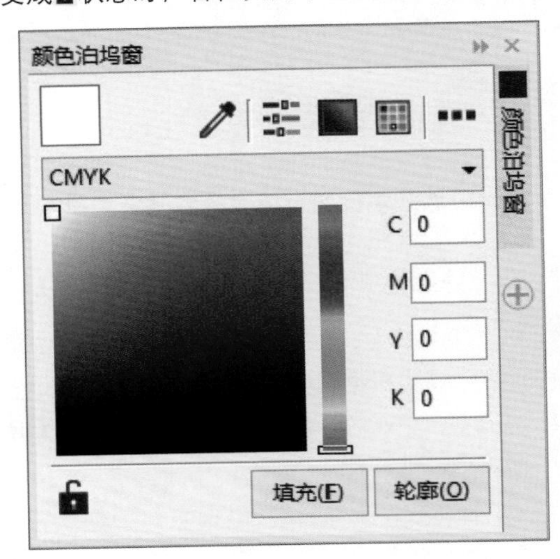

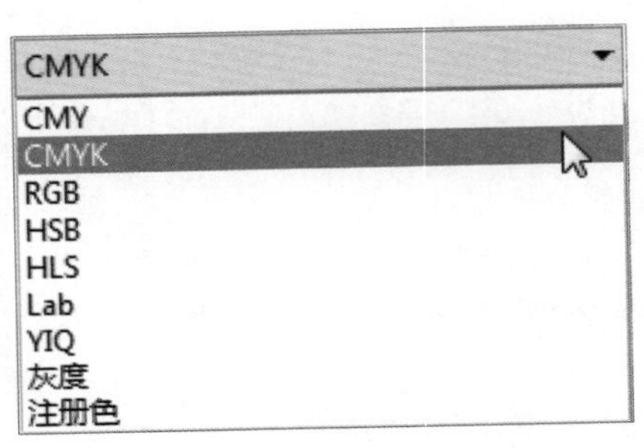

4.1.3 智能填充工具

智能填充工具可对任意闭合的图形填充颜色，也可同时对两个或多个叠加图形的相交区域填充颜色，或者在页面中任意单击，均可对页面中所有镂空图形进行填充。单击智能填充工具，即可查看其属性栏，如下图所示，下面对其中的选项进行介绍。

- 填充选项：在该下拉列表中可设置填充状态，共包括“使用默认值”、“指定”和“无填充”3个选项。
- 填充色：在该下拉列表框中可设置预定的颜色，也可自定义颜色进行填充。
- 轮廓选项：在该下拉列表框中可对填充对象的轮廓属性进行设置。
- 轮廓宽度：在该下拉列表框中可设置填充对象时添加的轮廓宽度。
- 轮廓色：在该下拉列表框中可设置填充对象时添加的轮廓的颜色。

实例04 智能填充工具的应用

下面将对智能填充工具的使用方法进行介绍。

步骤01 打开或导入图形对象，如下图所示。单击智能填充工具，并在其属性栏中设置相关选项和颜色。

步骤02 完成后在图形中需要填充的部分单击，即可对该部分图形进行填充。设置不同的颜色进行填色的效果如下图所示。

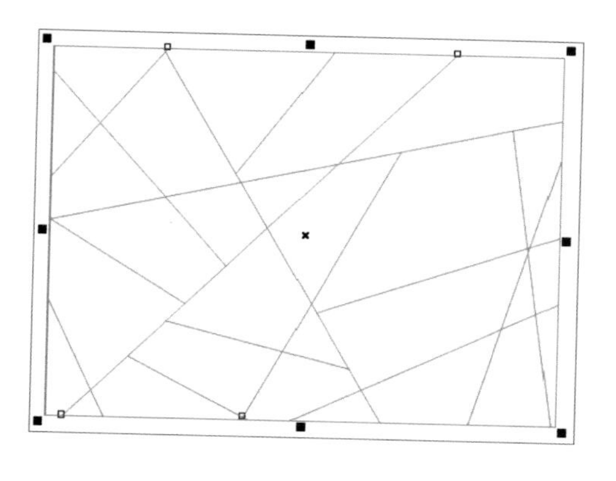

4.1.4 交互式填充

利用交互式填充工具可对对象进行任意角度的渐变填充，并可进行调整。使用该工具及其属性栏中的选项设置，可以灵活方便和直观地在对象中添加各种类型的填充。

交互式填充工具的使用方法很简单。首先创建一个下左图所示的图形，单击交互式填充工具，通过设置“起始填充色”和“结束填充色”下拉列表框中的颜色并拖动填充控制线及中心控制点的位置，可随意调整填充颜色的渐变效果，如下右图所示。

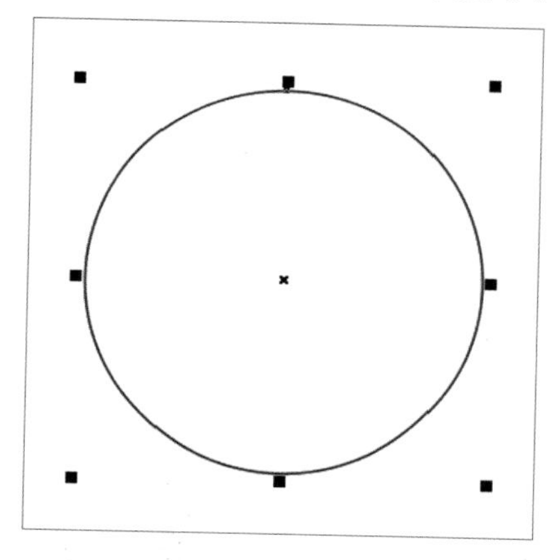
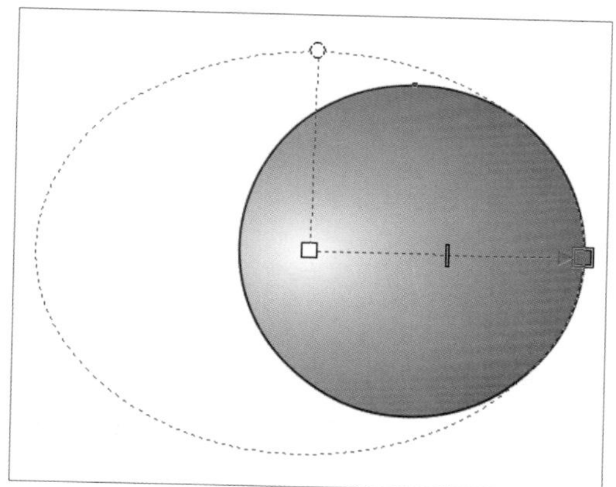

4.1.5 网状填充

利用网状填充工具可以创建复杂多变的网状填充效果，同时还可以将每一个网点填充上不同的颜色并定义颜色的扭曲方向。网状填充是通过调整网状网格中的多种颜色来填充对象的。使用贝塞尔工具绘制一片花瓣，然后使用网状填充工具调整颜色，最后绘制出剩余花瓣，调整效果如下图所示。

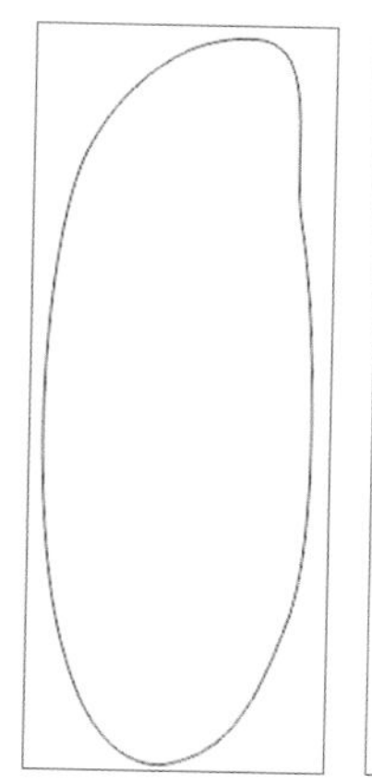
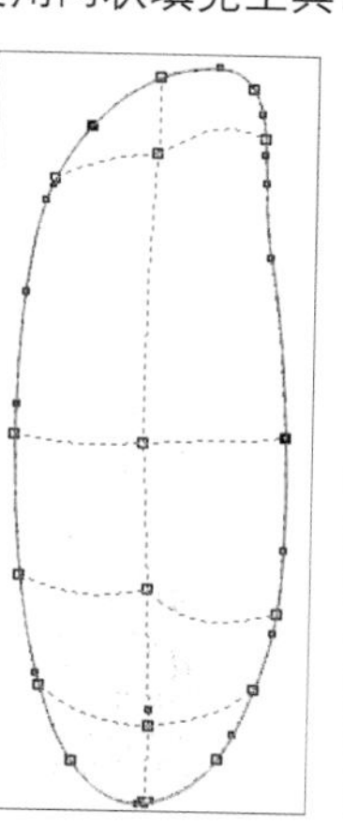
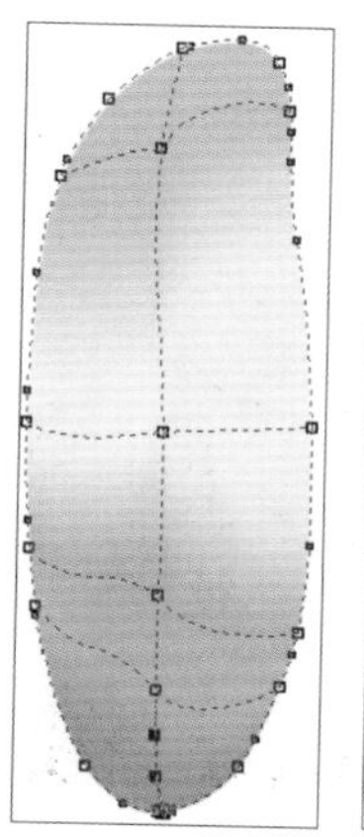

4.1.6 颜色滴管工具

颜色滴管工具主要用于吸取画面中图形的颜色，包括桌面颜色、页面颜色、位图图像颜色和矢量图形颜色。单击颜色滴管工具，即可查看其属性栏，如下图所示，下面分别对其中的相关选项进行介绍。

- "选择颜色"按钮：默认情况下选择该按钮，此时可从文档窗口进行颜色取样。
- "应用颜色"按钮：应用该按钮可将所选颜色直接应用到对象上。
- "从桌面选择"按钮：应用该按钮可对应用程序外的对象进行颜色取样。
- "1 x 1"按钮：应用该按钮表示对单像素颜色取样。
- "2 x 2"按钮：应用该按钮表示对2 x 2像素区域中的平均颜色值进行取样。
- "5 x 5"按钮：应用该按钮表示对5 x 5像素区域中的平均颜色值进行取样。
- "添加到调色板"按钮：应用该按钮表示将该颜色添加到文档调色板中。

实例05 颜色滴管工具的应用

下面将对颜色滴管工具的使用方法及技巧进行介绍。

步骤 01 打开图像并绘制图形，如下左图所示。

步骤 02 单击颜色滴管工具，在页面中移动鼠标光标，此时可看见光标所指之处颜色的参数值，如下中图所示。

步骤 03 单击取样点吸取颜色之后，将自动切换到应用颜色工具下，此时在属性栏的"所选颜色"框中可看到当前取样的颜色，当光标显示为可填充内部状态时单击，即可对指定图形对象填充吸取的颜色，如下右图所示。

步骤 04 填充指定图形对象颜色后，还可按住Shift键在"选择颜色"按钮和"应用颜色"按钮之间进行快速切换。此时单击"选择颜色"按钮，在图像中继续取样颜色，如下左图所示。

步骤 05 将填充光标移动至图形上方，将光标靠近图形边缘，使其变为填充轮廓光标，如下中图所示。

步骤 06 单击即可为图形边缘轮廓线填充前面吸取的颜色，效果如下右图所示。

4.1.7 属性滴管工具

属性滴管工具与颜色滴管工具同时收录在滴管工作组中，这两个工具有类似之处。属性滴管工具用于取样对象的属性、变换效果和特殊效果并将其应用到执行的对象。单击属性滴管工具，即可显示其属性栏，在其中分别单击“属性”、“变换”、“效果”按钮，即可弹出与之相对应的面板。下面3幅图像所示分别为单击相应按钮弹出的对应面板。

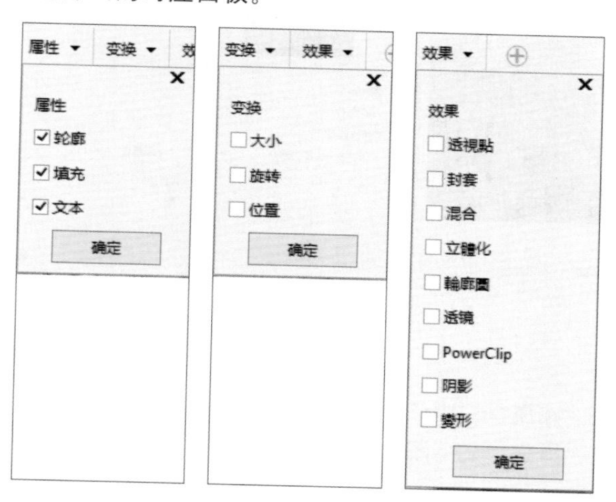

属性滴管工具的使用方法比较简单。首先新建一个图形，对该图像对象的颜色、轮廓宽度及颜色等相关属性进行设置，此时可使用其他工具绘制出另一个图形，以备使用。然后单击属性滴管工具，在图形对象上单击，此时在“属性”按钮下的面板中默认勾选了“轮廓”、“填充”和“文本”复选框，即表示对图形对象的这些属性都进行了取样，如下左图所示。此时将鼠标光标移动到另一个图形上，光标发生了变化，在图形对象上单击可将开始取样的样式应用到该图形对象上，得到的效果图如下右图所示。

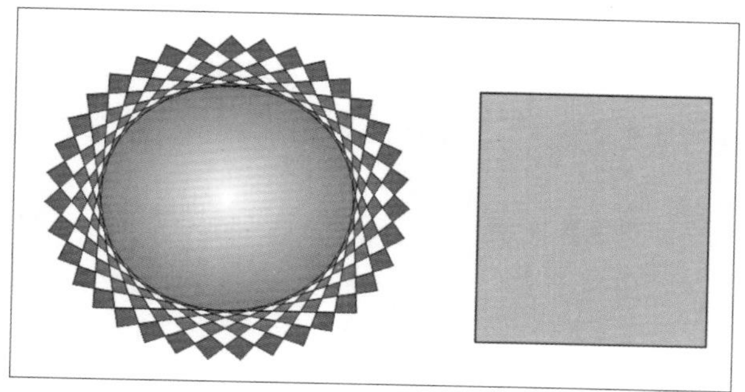

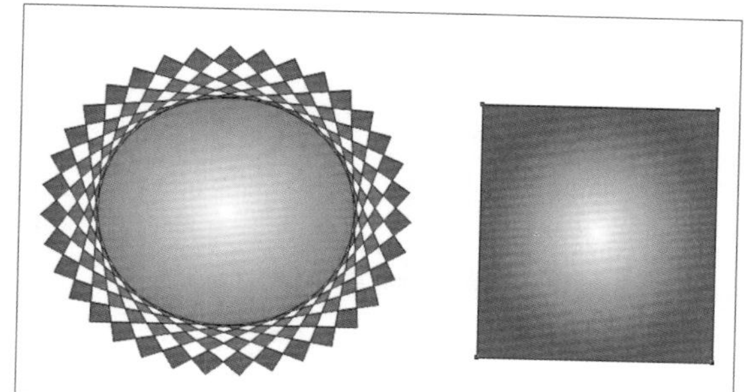

4.2 精确设置填充颜色

精确填充设置可以更加准确地填充图形颜色，也提供给用户更加多样的填充颜色的方式，接下来讲解精确设置填充颜色的方法。

单击工具箱中的交互式填充工具，即可显示出该工具属性栏中的工具，包括“均匀填充”、“渐变填充”、“图样填充”、“底纹填充”、“PostScript填充”等。

4.2.1 填充工具和均匀填充

填充工具用于填充对象的颜色、图样和底纹等，也可取消对象填充内容。

在未选择任何对象的情况下，选择填充工具填充样式后，可弹出“均匀填充”对话框询问填充的对象是“图形”、“艺术效果”还是“段落文本”，勾选相应的复选框单击“确定”按钮，在属性栏中单击“编辑填充”按钮，或按快捷键Shift+F11打开“编辑填充”对话框设置颜色，如下图所示。设置完成后单击“确定”按钮，在之后所绘制的图形或输入的文本颜色将直接填充该颜色。

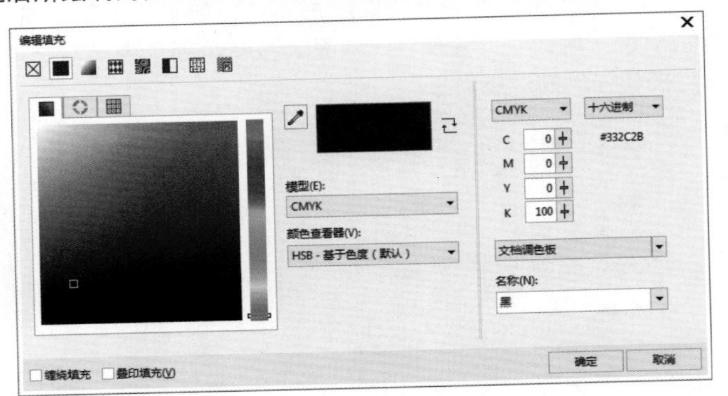

4.2.2 渐变填充

单击交互式填充工具，在属性栏中单击“编辑填充”按钮或按下F11键，即可打开“编辑填充”对话框，从中选择“渐变填充”样式，如下图所示。

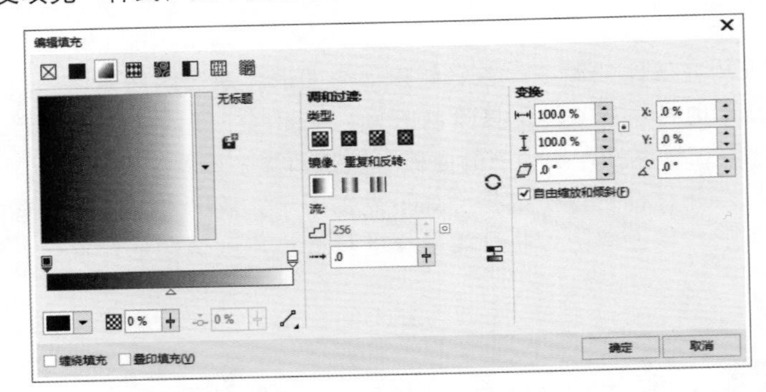

在其中为用户提供了“线性渐变填充”、“椭圆形渐变填充”、“圆锥形渐变填充”和“矩形渐变填充”4种渐变样式。

在渐变条上方双击可直接增加渐变色块，再次双击即可删除色块，选择渐变色块，在渐变条下方可设置色块颜色，如下图所示。

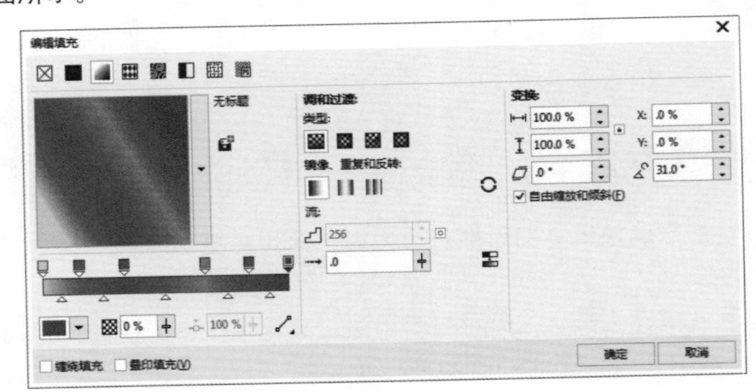

例如，在图像中选择需要执行渐变填充的图形对象，如下左图所示。按下F11键快速打开“渐变填充”对话框。在“类型”下方选择“圆锥形渐变填充”选项，在渐变条处设置渐变色块颜色，单击“确定”按钮添加渐变填充效果，如下右图所示。

4.2.3 图样填充

图样填充是将CorelDRAW软件自带的图样进行反复的排列，运用到填充对象中。单击交互式填充工具，在工具属性栏中单击“编辑填充”按钮，即可打开“编辑填充”对话框，其中为用户提供了“向量图样填充”、“位图图样填充”和“双色图样填充”3种填充方式，分别单击相应的按钮即可进行切换，下图所示分别为选择不同填充方式的对话框效果。

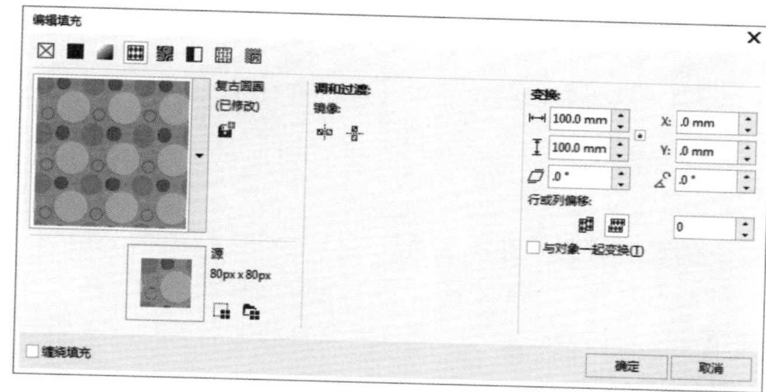

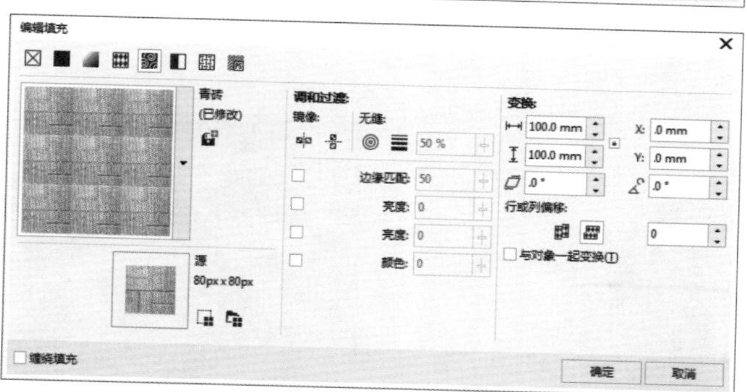

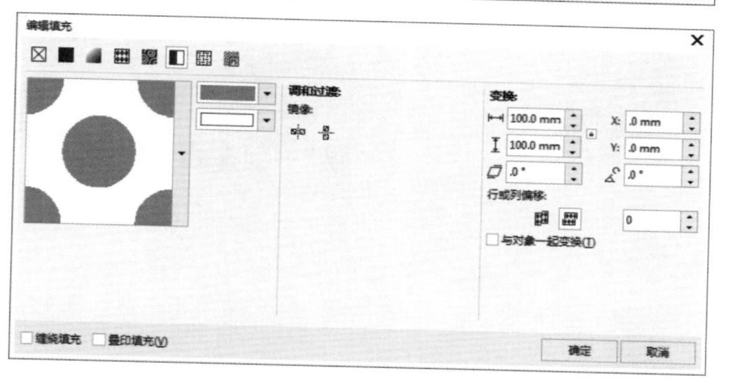

● “填充挑选器”下拉列表框：单击图样样式旁的下拉按钮，在打开的“填充挑选器”下拉列表框中可对图样样式进行选择，这些样式都是CorelDRAW自带的，如下图所示。

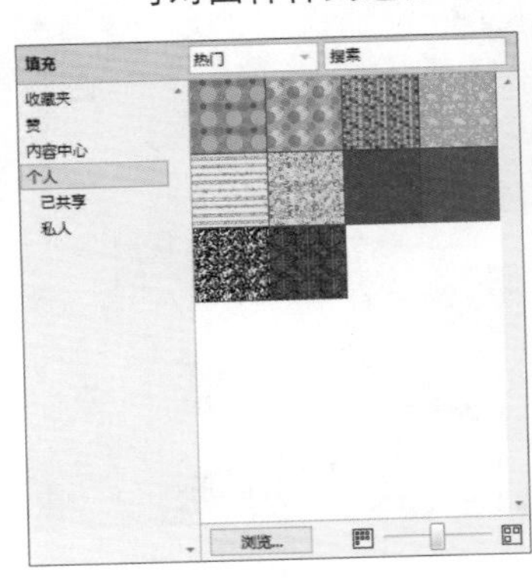

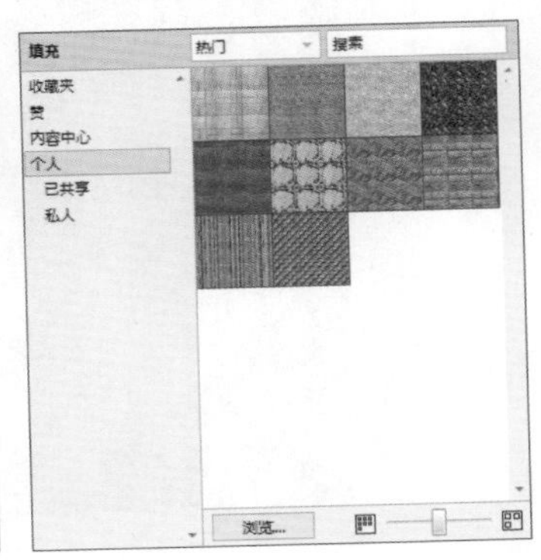

● “另存为新”按钮：单击该按钮可将选中样式储存或共享。
● “来自工作区的新源”按钮：单击该按钮可选择在工作区指定区域中需要平铺的填充样式。
● “来自文件的新源”按钮：单击该按钮可打开“导入”对话框，从中可将用户自定义的图样导入。
● “创建”按钮：单击该按钮可打开“双色图案编辑”对话框，在其中可以自定义双色图样的图案样式。
● “调和过渡”复选框：勾选该复选框，可在一幅图像的右边添加一个镜像的图样，并按照此顺序排列。
● “变换对象”按钮：在对图形进行图样填充后，可对填充样式进行大小改变。

4.2.4 底纹填充

使用底纹填充可让填充的图形对象具有丰富的底纹样式和颜色效果。在执行底纹填充操作时，首先应选择需要执行底纹填充的图形对象，如下左图所示。单击交互式填充工具，在属性栏中单击“编辑填充”按钮，打开“编辑填充”对话框，选择“底纹填充”选项。在“底纹列表”框中选择一个底纹样式，预览框中可对底纹效果进行预览。

此外，用户还能对底纹的密度、亮度以及色调进行调整，完成后单击“确定”按钮，即可看到图形填充了相应底纹后的效果，如下右图所示。

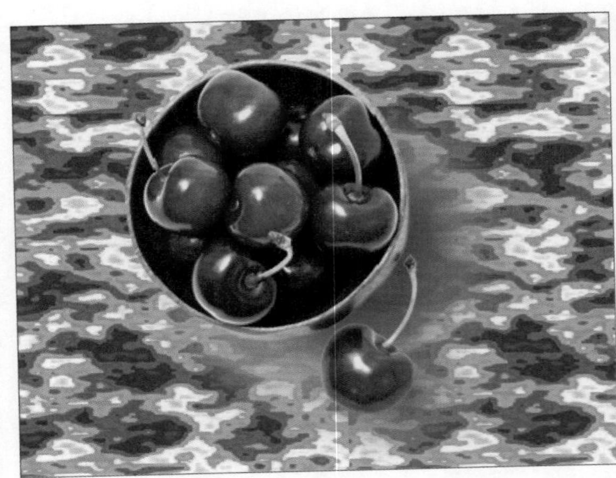

4.2.5 PostScript填充

PostScript填充是集合了众多纹理选项的填充方式，单击交互式填充工具，在属性栏中单击“编辑填充”按钮，打开“编辑填充”对话框，选择“底纹填充”选项，如下图所示。在该对话框中可选择各种不同的底纹填充样式，此时还可对相应底纹的频度、行宽和间距等参数进行设置。

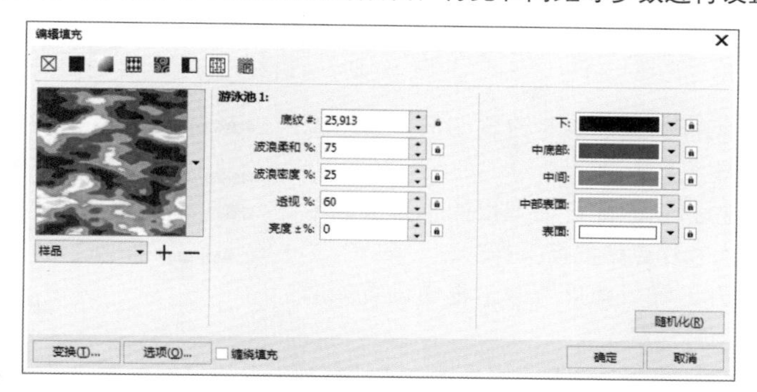

4.3 填充对象轮廓颜色

图形的轮廓线的填充和编辑是作图过程中很重要的一部分。在CorelDRAW X8中，绘制图形时以默认的0.2mm的黑色线条为轮廓颜色。此时可通过应用轮廓笔工具的相关选项，对图形的轮廓线进行填充和编辑，丰富图形对象的轮廓效果。

4.3.1 轮廓笔

轮廓笔工具主要用于调整图形对象的轮廓宽度、颜色以及样式等属性。单击轮廓笔工具，在属性栏中显示出用于调整轮廓状态的相关选项，如下左图所示。在其中选择“无轮廓”选项即可删除轮廓线，选择“轮廓笔”或其他参数选项可直接调整当前轮廓的状态。默认情况下的轮廓效果和设置轮廓为2mm后的轮廓效果对比如下右图所示。

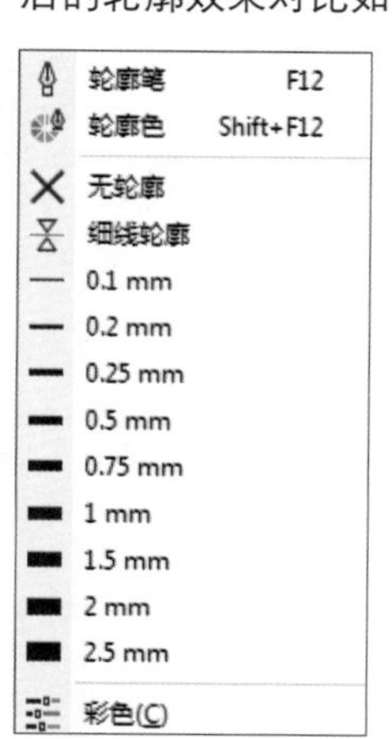

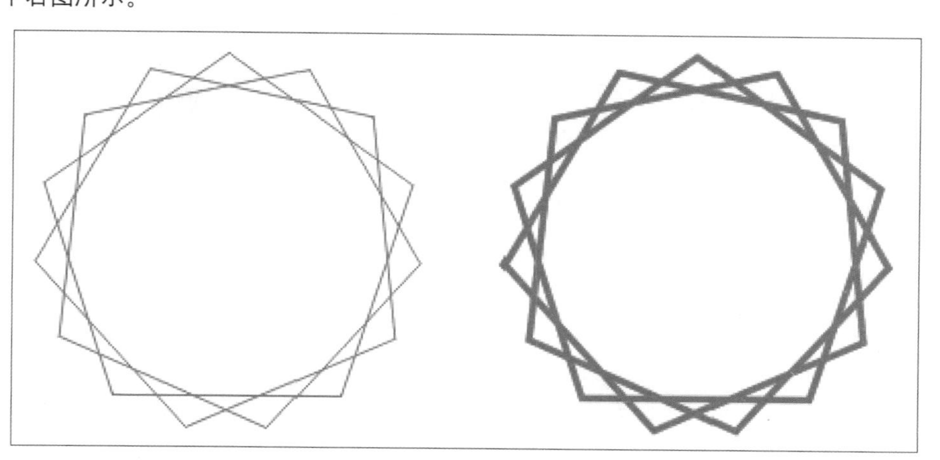

在图形的绘制和操作中，对图形对象轮廓属性的相关设置都可在“轮廓笔”对话框中进行。选择“轮廓笔”选项或按下F12键，都可以打开“轮廓笔”对话框，如下图所示。下面对其中一些选项进行详细的介绍。

- 颜色：默认情况下，轮廓线颜色为黑色。单击该下拉按钮，在弹出的颜色面板中可以选择轮廓线的颜色。若这些颜色还不能满足用户的需求，可单击“其他”按钮，在打开的“选择颜色”对话框中选择颜色。

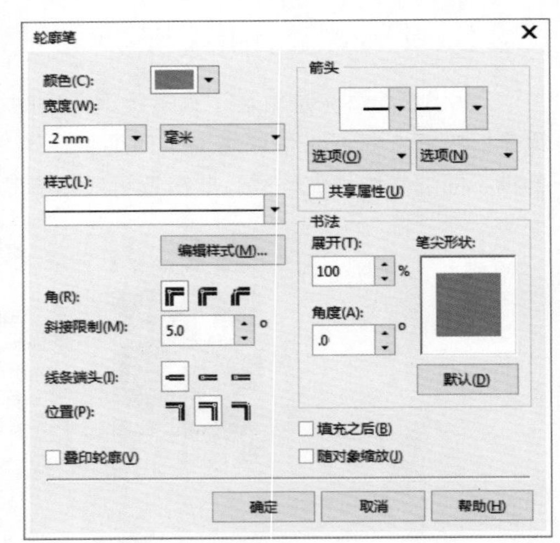

- 宽度：在该下拉列表框中可设置轮廓线的宽度，同时还可对其单位进行调整。
- 样式：单击该下拉按钮，在弹出的下拉列表中可设置轮廓线的样式，有实线和虚线以及点状线等多种样式。
- 角：选择相应的选项即可设置图形对象轮廓线拐角处的显示样式。
- 线条端头：选择相应的选项即可设置图形对象轮廓线端头处的显示样式。
- 箭头：单击其下拉按钮，即可在弹出的下拉列表中设置曲线线条起点和终点处的箭头样式。
- 书法：可在“展开”和“角度”数值框中设置轮廓线笔尖的宽度和倾斜角度。
- 填充之后：勾选该选项后，轮廓线的显示方式调整到当前对象的后面显示。
- 随对象缩放：勾选该选项后，轮廓线会随着图形大小的改变而改变。

4.3.2 设置轮廓线颜色和样式

在认识了“轮廓笔”对话框后，对图形轮廓线的调整自然就变得更加轻松。下面介绍操作方法。

选择下左图所示的图形对象，按下F12键打开“轮廓笔”对话框，对其中的“颜色”、“宽度”以及“样式”选项进行设置，如下中图所示，单击“确定”按钮。完成后结合属性滴管工具，快速为其他线条图形应用相同的轮廓设置，如下右图所示。

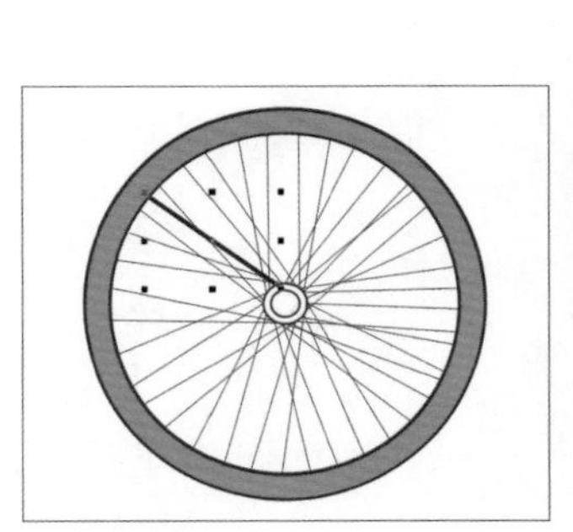

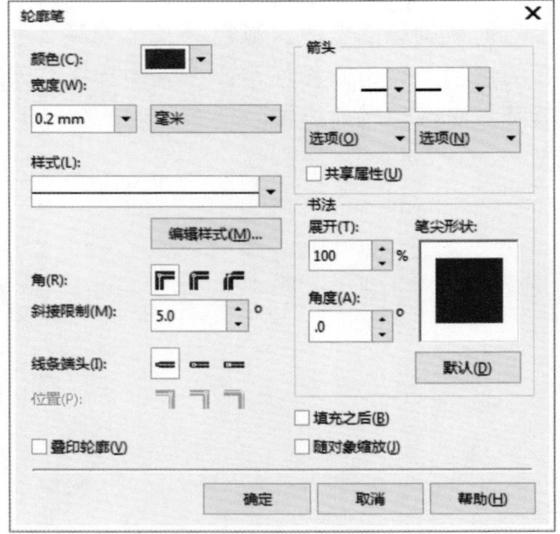

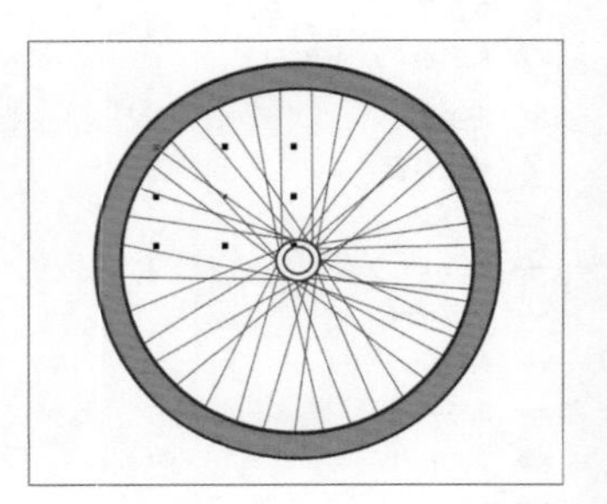

轮廓线不仅针对图形对象存在，同时也针对绘制的曲线线条。在绘制有指向性的曲线线条时，有时会需要对其添加合适的箭头样式．新版本CorelDRAW中自带了多种箭头样式，用户可根据需要设置不同的箭头样式。

曲线箭头的样式设计很简单，首先利用钢笔工具绘制未闭合的曲线线段，如下左图所示。接着单击轮廓工具，在属性栏中单击选择“轮廓笔”选项，打开“轮廓笔”对话框。为了让箭头效果明显，用户可以先设置线条的颜色、宽度和样式，然后分别在起点和终点箭头样式下拉列表框中设置线条的箭头样式，完成后单击“确定”按钮，此时的曲线线条变成了带有箭头样式的线条效果，效果如下右图所示。

知识延伸：缩放操作时如何保证轮廓与图形的比例不变

由于CorelDRAW是矢量软件，在其中放大或缩小图形并不会影响所绘制图形的精度。但需要注意的是，当对图形对象的轮廓属性进行相应的设置后，若再次对图形对象进行缩放操作时，有可能引起图形变形。此时设置缩放比例这个功能就变得非常重要了。

在对图形对象进行缩放操作时，可全选图形对象，如下左图所示。按下F12键，打开“轮廓笔”对话框，取消勾选“随对象缩放”复选框，完成后单击“确定”按钮。随后再对图形对象进行缩放操作，这样图形的填充和轮廓均按等比例缩放，不会发生图形变形。下中图和下右图所示分别为设置前后缩放图形的对比效果。

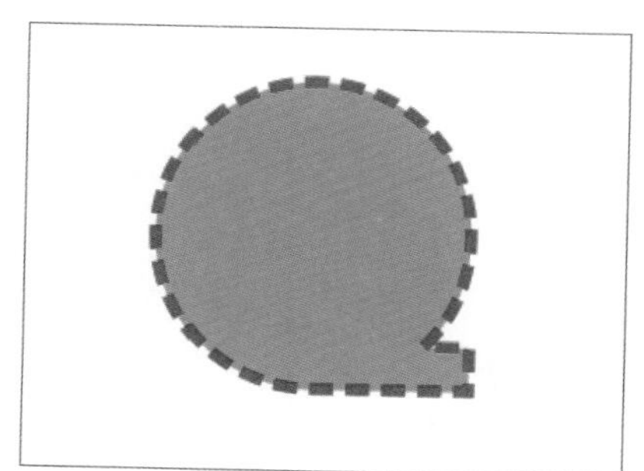

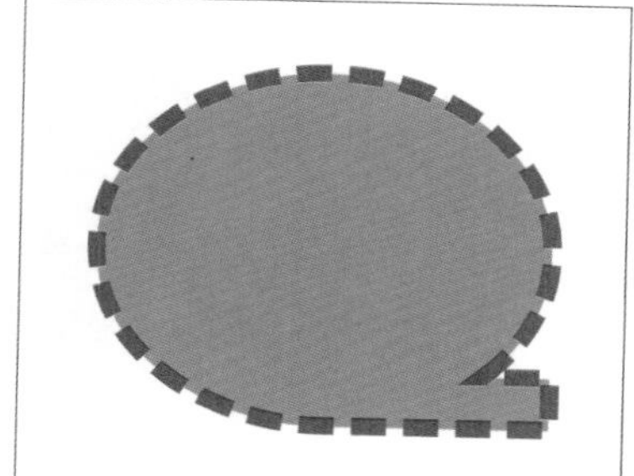

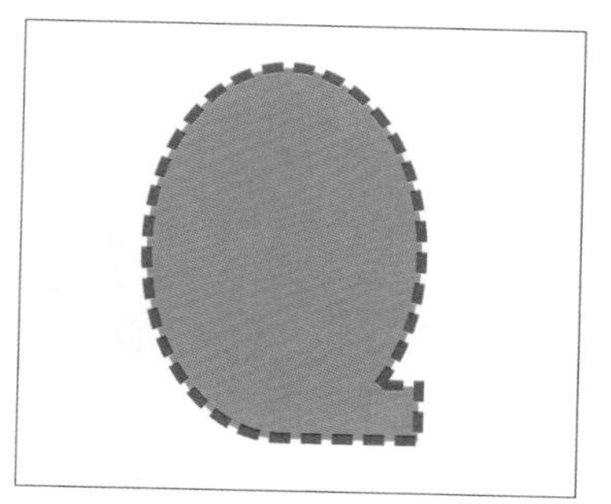

上机实训：绘制标志

本实例制作的是标志效果，主要通过绘制图形并填充不同颜色的方式制作绚丽的标志效果。制作时使用到的工具主要有：贝塞尔工具、油漆桶工具、交互式透明工具、文本工具。通过本实例的练习，将使用户在学习新知识的同时不断巩固以前的知识，具体制作步骤如下。

步骤 01 在CorelDRAW X8中新建一个图形文件，具体参数设置如下图所示。

步骤 02 使用贝塞尔工具在画面中绘制一个图形并填充从深蓝色（C100、M100、Y0、K0）到蓝色（C100、M20、Y0、K0）的渐变颜色，如下图所示。

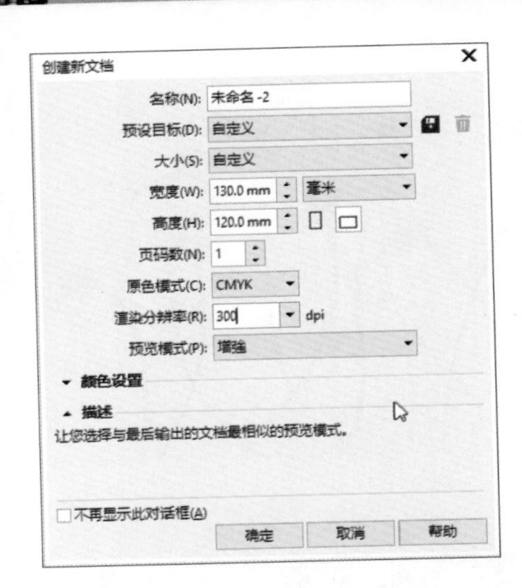

步骤 03 单击交互式轮廓图工具，为蓝色图形添加向内的轮廓图形并调整其上端的颜色为红色（C0、M100、Y60、K0），如下图所示。

步骤 04 按下快捷键Ctrl+K将其拆分，并继续使用贝塞尔工具绘制较小的图形，如下图所示。

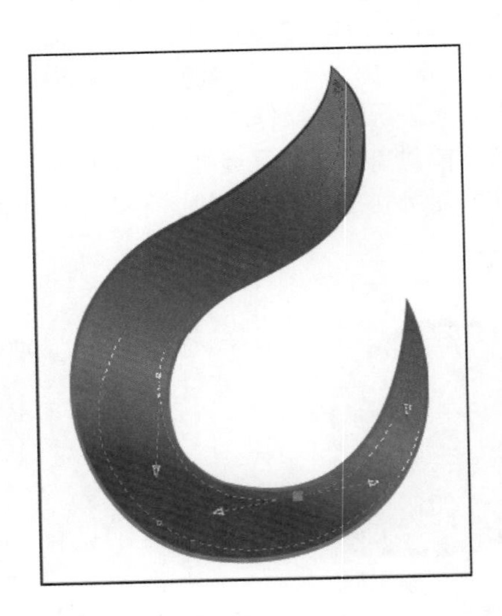

步骤 05 按下F11键，在弹出的“编辑填充”对话框中设置从橙色（C0、M60、Y100、K0）到蓝色（C100、M20、Y0、K0）再到淡蓝色（C51、M0、Y1、K0）的渐变颜色并单击“确定”按钮，如下图所示。

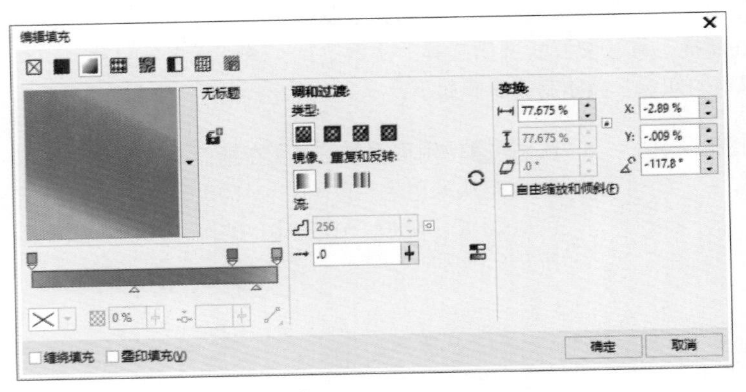

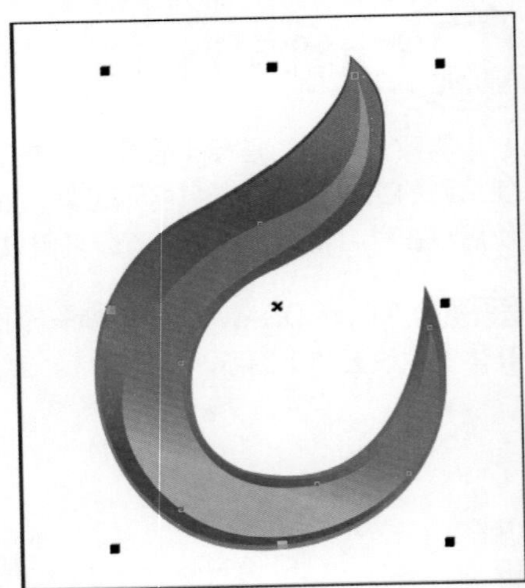

步骤 06 继续使用贝塞尔工具在图形上端绘制较细小的带状图形，按下F11键，并在弹出的对话框中设置从红色（C0、M100、Y60、K0）到蓝色（C88、M47、Y9、K0）的渐变颜色，如下左图所示，完成后单击“确定”按钮，效果如下右图所示。

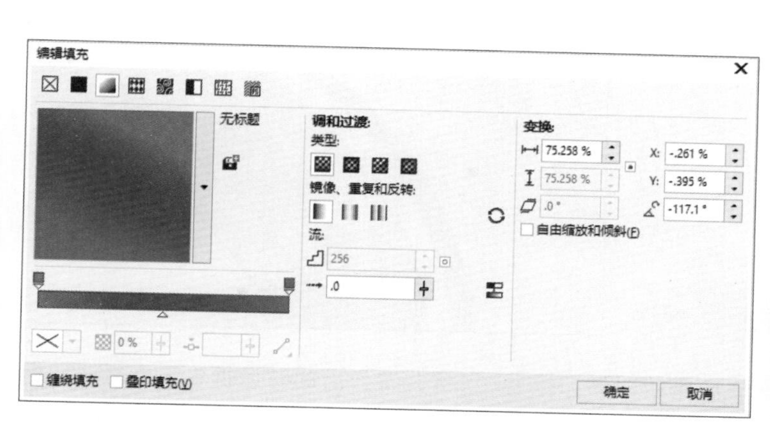

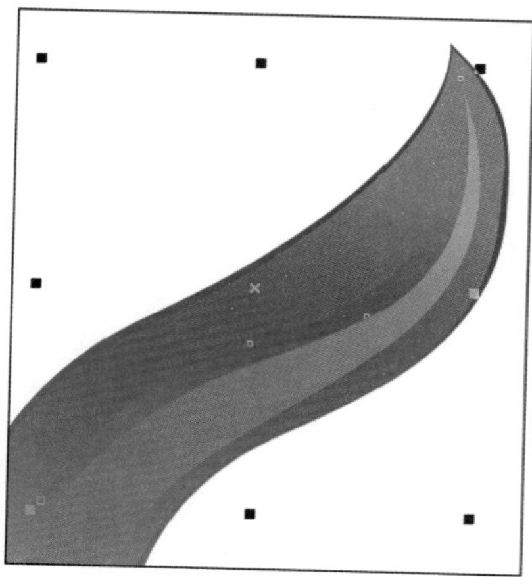

步骤 07 继续在图形左上端绘制一个带状图形并填充从红色（C0、M100、Y60、K0）到橘黄色（C0、M20、Y100、K0）的渐变颜色，如下图所示。

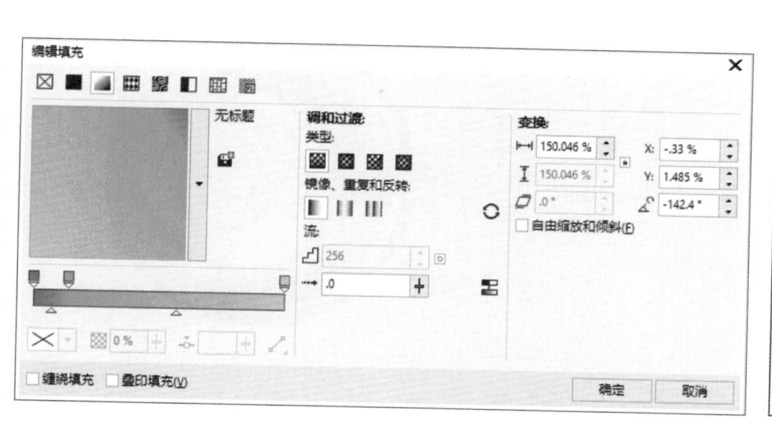

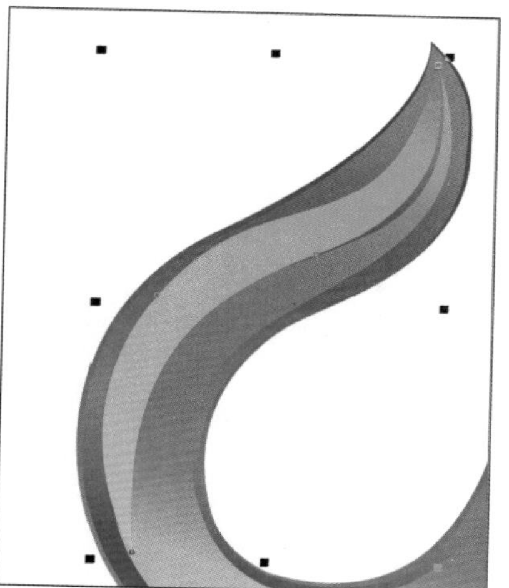

步骤 08 继续在图形左端绘制一个白色的带状图形并使用交互式透明工具对该图形的顶端稍作透明处理，如下左图所示。然后使用椭圆形工具在该区域绘制一个白色椭圆，如下右图所示。

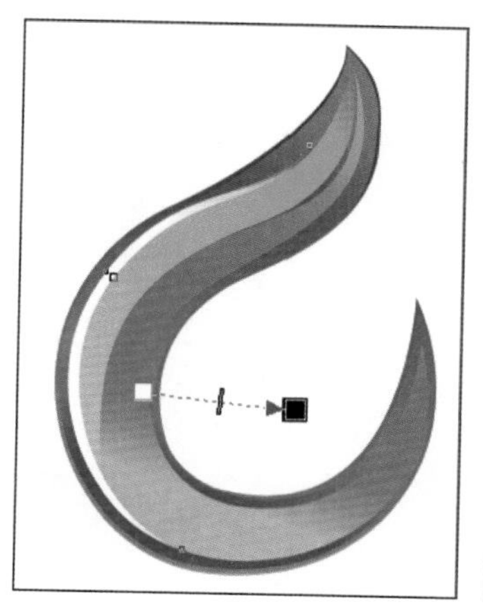

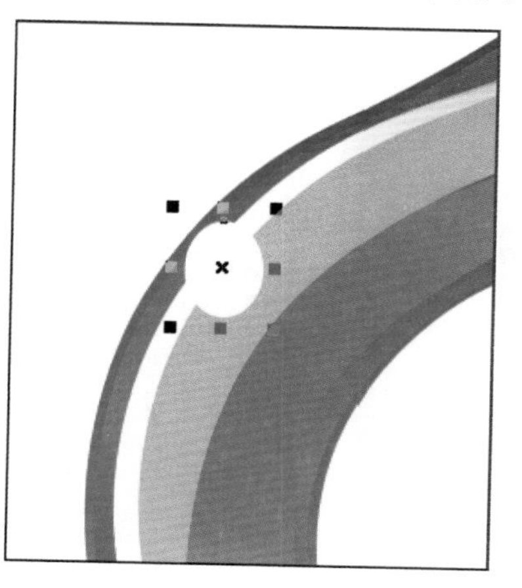

步骤 09 执行“位图>转换为位图”命令，转换白色椭圆为位图，再执行“位图>模糊>高斯式模糊”命令，在弹出的对话框中设置参数并单击“确定”按钮，以模糊椭圆，如下图所示。

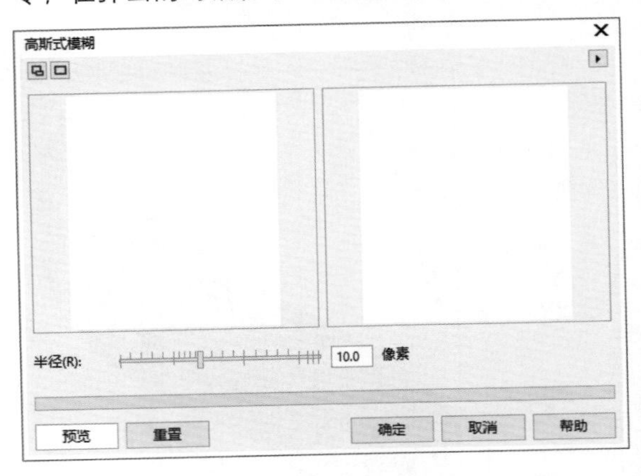

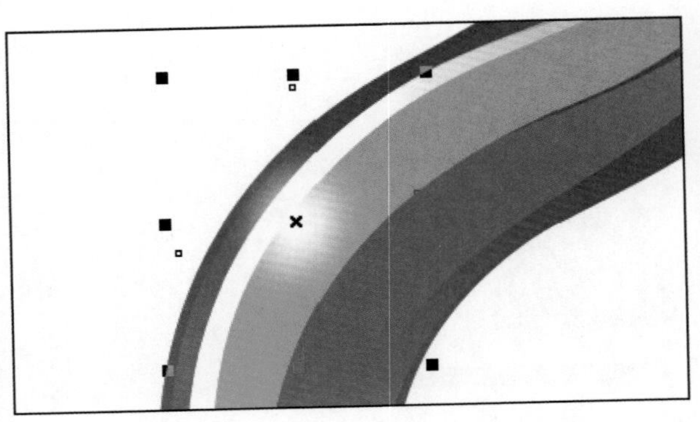

步骤 10 继续使用贝塞尔工具绘制一个带状图形，按下F11键并在弹出的对话框中设置从深蓝色（C100、M100、Y0、K0）到浅蓝色（C51、M0、Y1、K0）的渐变颜色，完成后单击“确定”按钮，如下图所示。

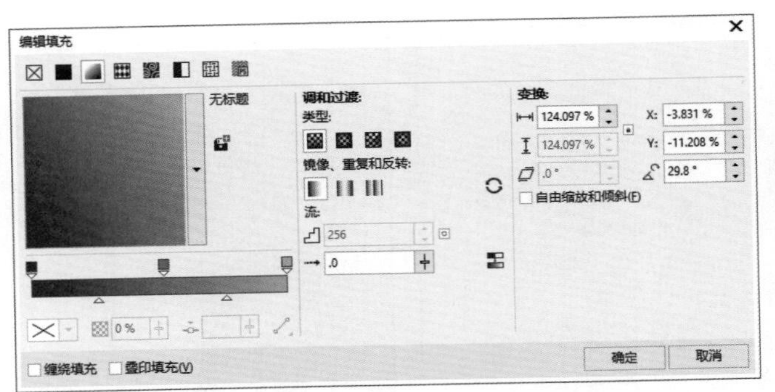

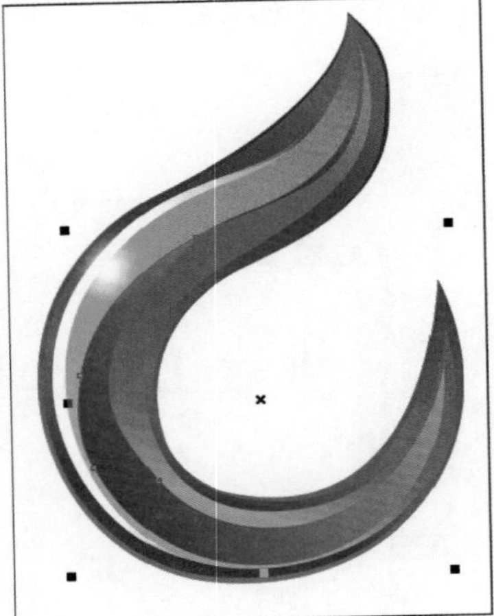

步骤 11 继续在相应位置绘制带状图形并填充从红色（C20、M100、Y88、K0）到蓝色（C100、M20、Y0、K0）再到淡蓝色（C40、M0、Y0、K0）的渐变颜色，如下图所示。

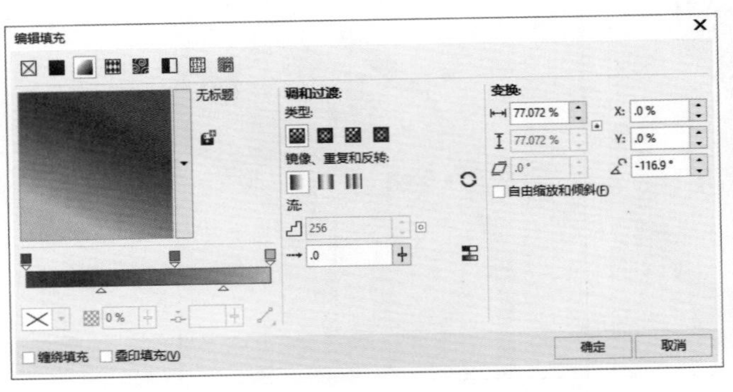

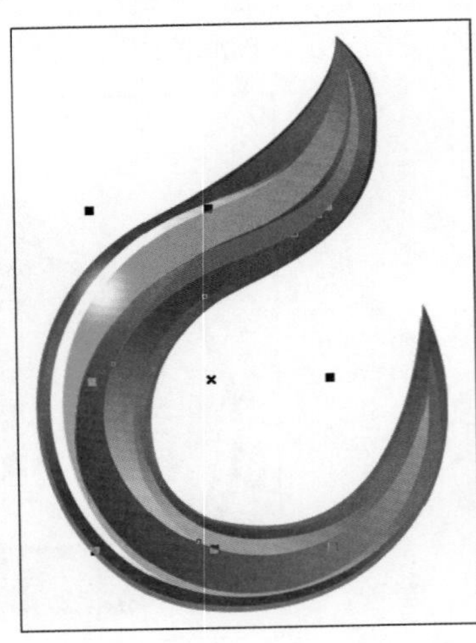

步骤 12 在标志图形右下角绘制一个白色图形并使用交互式透明工具调整其透明度，作为高光效果，如下左图所示。然后继续在标志图形内绘制一个相应的图形，如下右图所示。

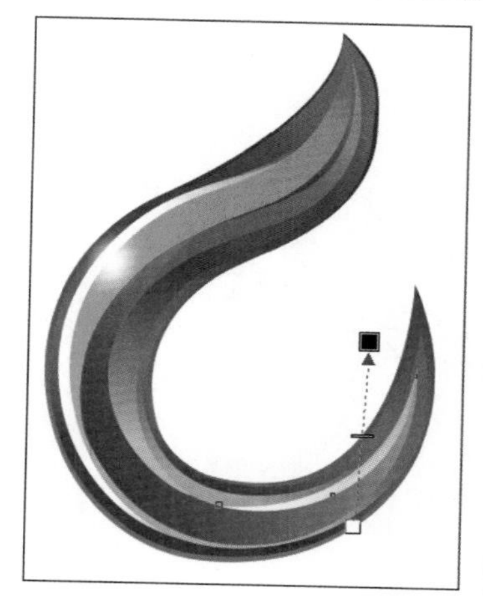
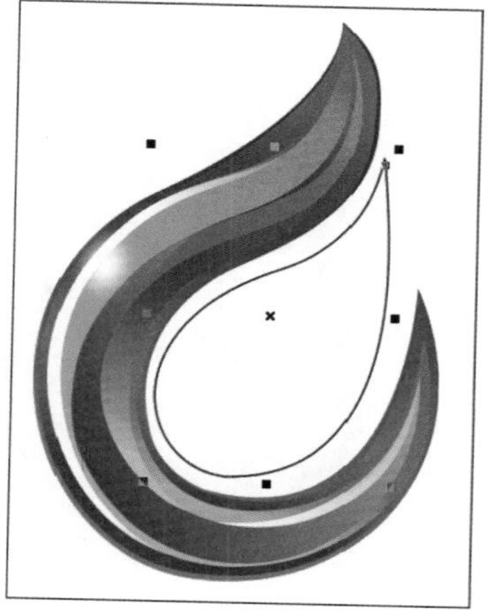

步骤 13 按下F11键并在弹出的对话框中设置从深蓝色（C100、M100、Y0、K0）到红色（C100、M60、Y0、K0）再到橙色（C0、M62、Y98、K0）的渐变颜色并调整滑块状态，完成后单击“确定”按钮并去除图形轮廓线，如下图所示。

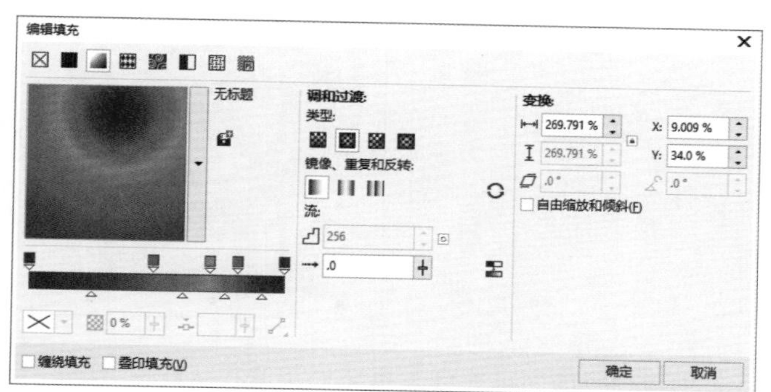

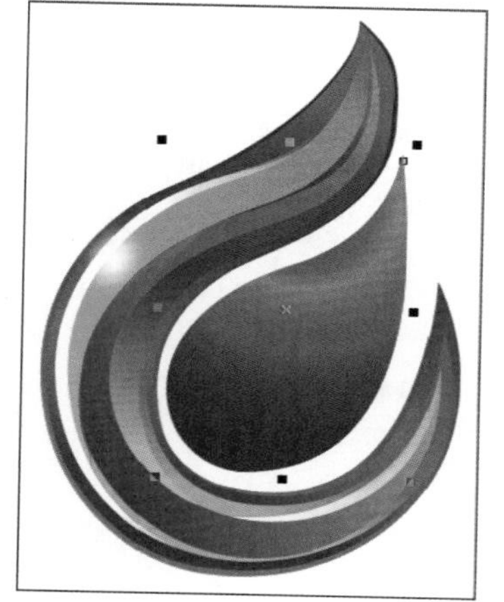

步骤 14 按下+键以复制所选择的图形，并更改其填充色为白色，如下左图所示。然后单击交互式透明工具，对白色图形应用透明效果，如下右图所示。

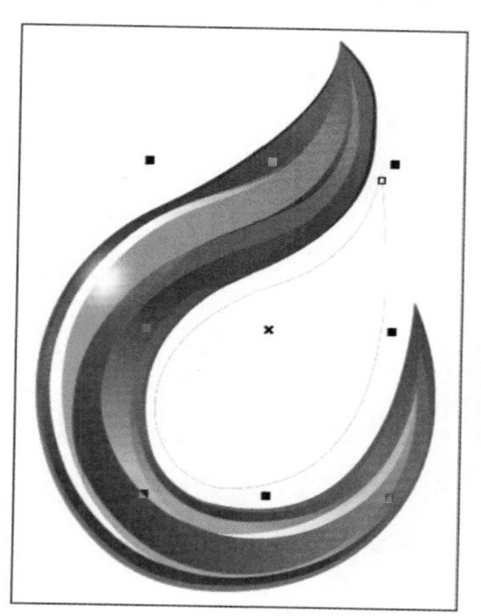
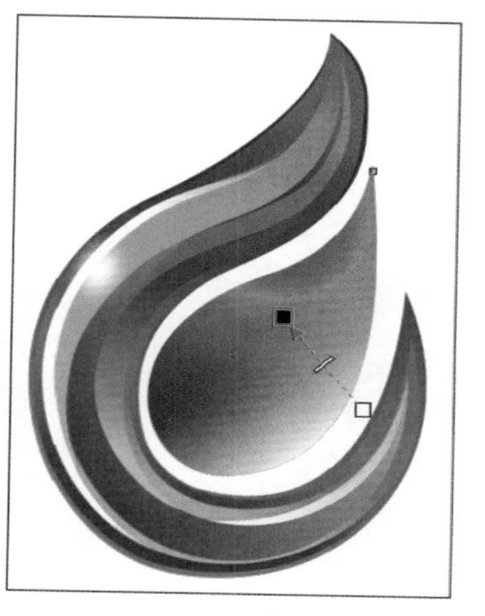

步骤 15 继续按照同样的方法绘制其他的白色图形并调整其透明度，如下左图所示。完成后复制之前制作的白色模糊图形并放置在相应位置，作为高光，如下右图所示。

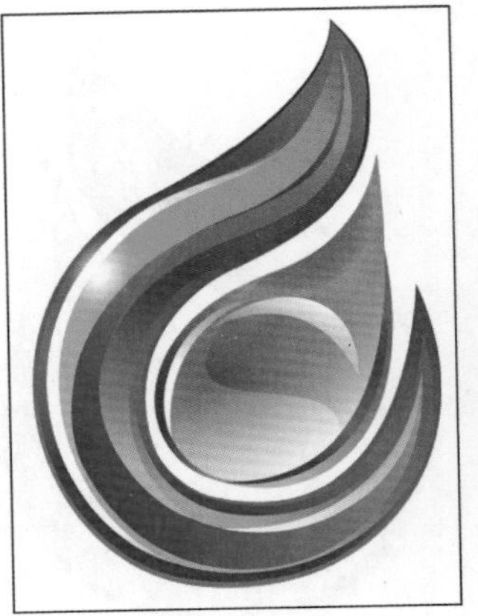

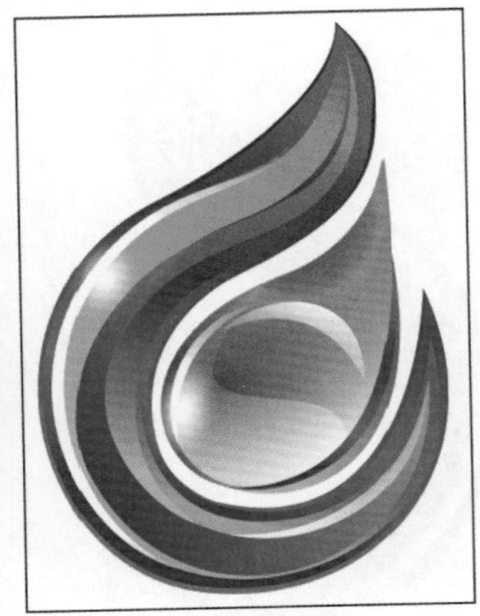

步骤 16 继续使用贝塞尔工具在绘制的图形下方绘制一个图形并填充从深蓝色（C100、M100、Y0、K0）到蓝色（C100、M20、Y0、K0）的渐变颜色，如下图所示。

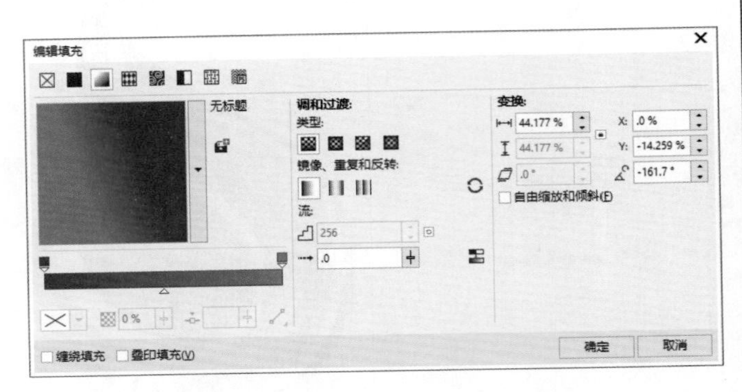

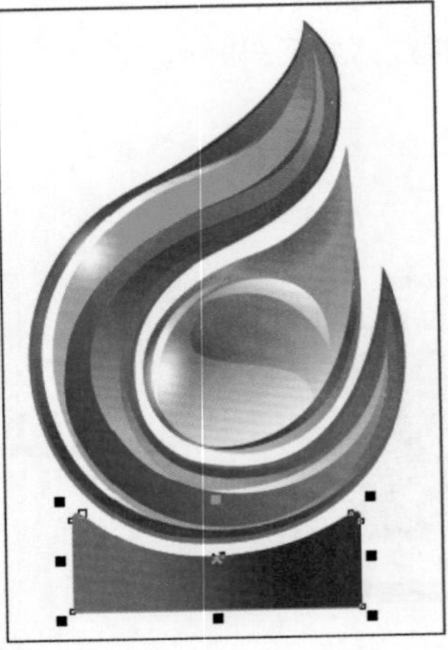

步骤 17 单击文本工具，在标志图形下方创建相应的文字并分别填充为灰色和从红色（C0、M100、Y60、K0）到橘黄色（C0、M20、Y100、K0）的渐变颜色，如下左图所示。

步骤 18 双击矩形工具，创建一个画布大小的矩形并填充从灰蓝色（C20、M0、Y0、K20）到白色的渐变颜色作为背景，如下右图所示，至此完成本实例的制作。

课后练习

1. 选择题

(1) 关于调色板管理器以下说法正确的是________。

A. 用来快速改变颜色模式　　B. 用来管理色彩显示方式

C. 用来管理绘制所有色彩模式　　D. 用来管理色彩样式

(2) 交互式填充展开工具栏允许使用的工具有________。

A. 交互式填充工具　　B. 填充颜色

C. 图样填充　　D. 交互式网状填充

(3) 需要绘制基于曲线方向而改变粗细的曲线，可用艺术笔工具的________。

A. 固定宽度　　B. 压力

C. 书法　　D. 预设

(4) 交互式透明工具可对对象进行的操作是________。

A. 应用透明度效果　　B. 应用阴影效果

C. 应用封套效果　　D. 应用立体化效果

(5) 在“复制”与“剪切”命令中，能保持对象在剪贴板上又同时保留在屏幕上的是：________。

A. 两者都可以　　B. 复制命令

C. 剪切命令　　D. 两者都不可以

2. 填空题

(1) 渐变填充的类型有________、________、________和________。

(2) CorelDRAW的填充类型有________、________、________、________和________。

(3) 图样填充包括________、________和________。

(4) 矩形工具的快捷键是________，椭圆形工具的快捷键是________。

(5) 对象的群组是指所有选中的对象________，成为一个整体。

3. 操作题

结合前面所讲知识，试着绘制下面的图形。

Chapter 05 编辑文本段落

本章概述

本章主要针对文本的相关知识进行介绍，分别从文本的输入、文本格式的设置、文本的相关编辑操作以及文本的链接4个方面对知识进行细致的讲解，同时结合文本工具属性栏的两个格式化泊坞窗对文本设置的知识进行扩展。用户通过本章的学习，能熟练运用这些操作对文本进行编辑。

核心知识点

❶ 在CorelDRAW中输入文本的方法
❷ 文本格式的设置操作
❸ 认识链接文本
❹ 文本编辑中美术字的编辑操作

5.1 输入文本文字

文字是文明的表现与传承，更是重要的信息交流沟通方式，这也使其成为了平面设计或图像处理中不可或缺的元素，接下来将对文本文字的输入进行详细讲解。

5.1.1 输入文本

在使用CorelDRAW绘制或编辑图形时，适当添加文字能让整个图像呈现出图文并茂的效果。在CorelDRAW X8中，文本的输入需要使用文本工具，在文本工具属性栏中可设置文字的字体、大小和方向等。单击文本工具，即可在属性栏中显示该工具的属性栏，如下图所示。

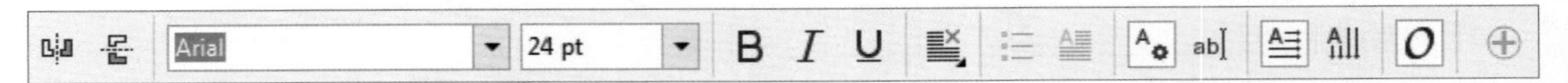

下面对其中的选项进行详细的介绍。

- “水平镜像”按钮和“垂直镜像”按钮：通过单击这两个按钮，可将文字进行水平或垂直方向上的镜像翻转调整。
- 字体列表：打开该下拉列表，从中可选择系统自带的文字字体调整文字的效果。
- 字体大小：打开该下拉列表，从中可以选择软件提供的默认字号，也可以直接在输入框中输入相应的数值以调整文字的大小。
- 字体效果按钮：从左至右依次为“粗体”按钮B、“斜体”按钮I和“下划线”按钮U，单击按钮可应用该样式，再次单击则取消应用该样式。
- “文本对齐”按钮：对齐方式包括“左”、“居中”、“右”以及“强制调整”等选项，只需单击即可选择任意选项以调整文本对齐的方式。
- “项目符号列表”按钮：在选择段落文本后才能激活该按钮，此时单击该按钮，即可为当前所选文本添加项目符号，再次单击即可取消其应用。
- “首字下沉”按钮：与“项目符号列表”按钮相同，也只有在选择文本的情况下才能激活该按钮。单击该按钮，显示首字下沉的效果，再次单击即可取消其应用。
- “字符格式化”按钮：单击该按钮可弹出“字符格式化”泊坞窗，从中可设置文字的字体，大小和位置等属性。
- “编辑文本”按钮：单击该按钮可打开“编辑文本”对话框，从中不仅可输入文字，还可设置文字的字体、大小和状态等属性。

● “文本方向”按钮组：单击“将文本更改为水平方向”按钮，可将当前文字或输入的文字调整为横向文本；单击“将文本更改为垂直方向”按钮，可将当前文字或输入的文字调整为纵向文本。

在图像中输入文本的效果如下图所示。

5.1.2 输入段落文本

段落文本是将文本置于一个段落框内，以便同时对这些文本的位置进行调整，适用于在文字量较多的情况下对文本进行编辑。

打开下左图所示的图像后单击文本工具，在图像中单击并拖出一个文本框，此时可看到文本插入点默认显示在文本框的开始部分，文本插入点的大小受着字号的影响，字号越大，文本插入点的显示也越大。

在文本属性栏的“字体列表”和“字体大小”下拉列表框中选择合适的选项，设置文字的字体和字号，然后在文本插入点后输入相应的文字即可，如下右图所示。

5.2 编辑文本文字

在对文本工具的属性栏进行介绍后，用户了解到可在其中进行文本格式的设置。在实际的运用中，为了能系统地对文字的字体、字号、文本的对齐方式以及文本效果等文本格式进行设置，还可在“字符格式化”和“段落格式化”泊坞窗中进行。

5.2.1 调整文字间距

要调整文字的间距，可在“文本属性”泊坞窗中进行。首先选择文本，执行“文本>文本属性”命令，打开“文本属性”泊坞窗，选择“段落”选项，然后对字符间距或段间距进行设置。调整行间距的对比效果如下图所示。

5.2.2 使文本适合路径

为了使文本效果更加突出，用户可以将文字沿特定的路径进行排列，从而得到特殊的排列效果。在编辑过程中，难免会遇到路径的长短和输入的文字不能完全相符的情况，此时可对路径进行编辑，让沿路径排列的文字也随之发生变化。如下图所示。

5.2.3 首字下沉

文字的首字下沉效果是指对该段落的第一个文字进行放大，使其占用较多的空间，起到突出显示的作用。

设置文字首字下沉的方法是，选择需要进行调整的段落文本，如下左图所示，执行“文本>首字下沉”命令，在打开的“首字下沉”对话框中勾选“使用首字下沉”复选框，在“下沉行数”数值框中输入首字下沉的行数。此时单击“确定”按钮即可在当前段落文本中应用此设置，得到的效果如下右图所示。

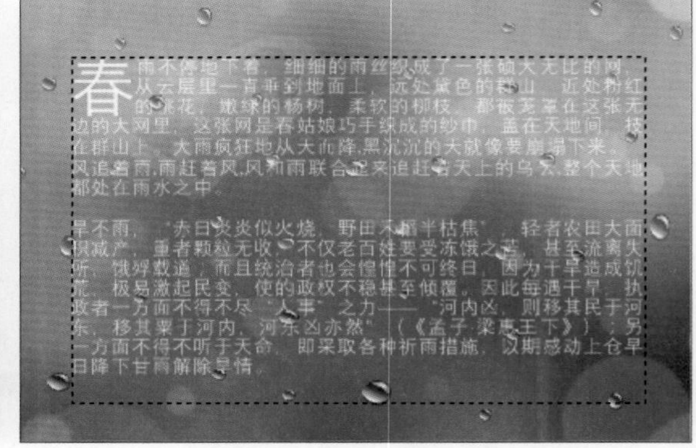

需要注意的是，还可在“首字下沉”对话框中勾选“首字下沉使用悬挂式缩进”复选框，此时首字所在的该段文本将自动对齐下沉后的首字边缘，形成悬挂缩进的效果。

5.2.4　将文本转换为曲线

将文本转换为曲线在一定程度上扩充了对文字的编辑操作。在将文本转换为曲线后，可以改变文字的形态，制作出特殊的文字效果。

将文本转换为曲线的方法较为简单，只需在选择文本后执行“对象>转换为曲线”命令或按下快捷键Ctrl+Q即可。或者是在文本上右击，在弹出的快捷菜单中选择“转换为曲线”命令，也可以将文本转换为曲线。

当完成上述的转换操作后，单击形状工具，此时在文字上会出现多个节点，单击并拖动节点或对节点进行添加和删除操作即可调整文字的形状。下图所示分别为输入的文本和将文本装换为曲线后进行调整的文字效果。

实例06 使文本围绕对象轮廓排列

文本围绕对象轮廓排列，可使文本排列方式更加多样，更大程度上满足用户需求，具体的操作步骤如下。

步骤 01 执行“文件>打开”命令或者按下快捷键Ctrl+O，打开图形文件，如下左图所示。

步骤 02 单击椭圆形工具，在图像中绘制出图形，如下中图所示。

步骤 03 然后单击文本工具，在其属性栏中适当设置文字的字体、字号及颜色，如下右图所示。

步骤 04 输入文字后执行“文本>使文本适合路径”命令，此时将鼠标光标移动到椭圆路径上，光标发生变化，同时也显示出蓝色的文本位置定位效果，如下左图所示。

步骤 05 单击即可使文本围绕对象轮廓进行排列，右击无颜色色块取消轮廓色，如下中图所示。

步骤 06 按快捷键Ctrl+C复制，并按快捷键Ctrl+V粘贴，复制出多个相应的文字效果，调整路径，丰富图像内容，最终效果如下右图所示。

5.3 链接文本

在CorelDRAW X8中，文字的编排和链接是最为常用的操作，也非常具有实用性。这里文本的链接不仅包括文本与文本之间的链接，也包括文本与图形对象的链接等，下面分别进行介绍。

5.3.1 段落文本之间的链接

链接文本可通过应用“链接”命令实现。其方法是按住Shift键的同时单击，选择两个文本框，如下左图所示，然后执行“文本>段落文本框>链接”命令，即可将两个文本框中的文本链接。链接文本之后，通过调整两个文本框的大小可同时调整两个文本框中文字的显示效果，如下右图所示。

提示 不同页面上的文本链接

除了能对同一页面上的文本进行链接外，还可对不同页面上的文本进行链接。要链接不同页面中的文本，首先要在两个不同的页面中输入相应的段落文字，单击页面2中段落文本框底端的控制柄，再切换至页面1中单击该页面中的文本框，即可将两个文本框中的段落文本链接。

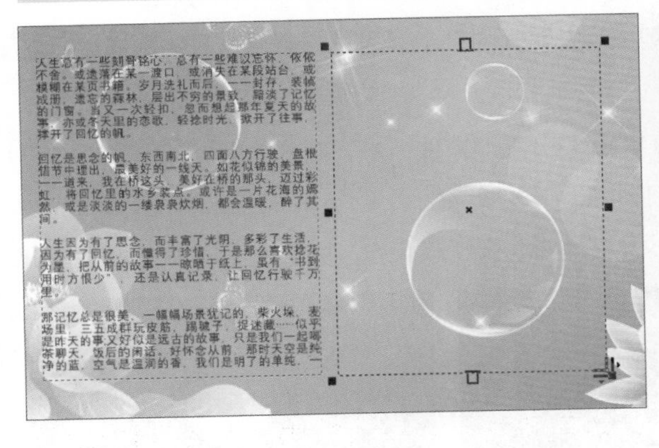

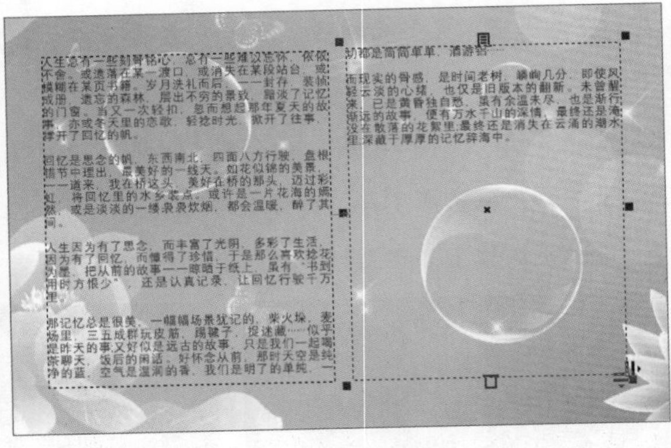

5.3.2 文本与图形之间的链接

链接文本与图形对象的方法是，将鼠标光标移动到文本框下方的控制点图标上，当光标变为双箭头形状时单击，此时光标变为黑色箭头形状，如右图所示。在需要链接的图形对象上单击，即可将未显示的文本显示到图形中，形成图文链接，如下图所示。值得注意是，创建链接后执行“文本>段落文本框>断开连接”命令，即可断开与文本框的链接。断开链接后，文本框中的内容不会发生变化。

人生总有一些刻骨铭心，总有一些难以忘怀，依依不舍。或遗落在某一渡口，或消失在某段站台，或模糊在某页书籍。岁月洗礼而后，一一封存，装帧成册，遗忘的森林，层出不穷的景致，黯淡了记忆的门窗。当又一次轻扣，忽而想起那年夏天的故事，亦或冬天里的恋歌，轻捻时光，掀开了往事，撑开了回忆的帆。

回忆是思念的帆，东西南北，四面八方行驶，盘根错节中理出，最美好的一线天。如花似锦的美景，一一道来，我在桥这头，美好在桥的那头，迈过彩虹，将回忆里的水乡装点。或许是一片花海的嫣然，或是淡淡的一缕袅袅炊烟，都会温暖，醉了其间。

人生因为有了思念，而丰富了光阴，多彩了生活，因为有了回忆，而懂得了珍惜，于是那么喜欢捻花为墨，把从前的故事一一晾晒于纸上，虽有“书到用时方恨少”，还是认真记录，让回忆行驶千万里。

那记忆总是很美，一幅幅场景犹记的，柴火垛，麦场里，三五成群玩皮筋，

踢 毽 子，捉 迷藏…… 似乎是 昨 天 的 事，又 好 似 是 远古的

知识延伸：文本段落的巧妙调整

1. 使用“段落文本换行”功能

在CorelDRAW X8中进行图形和文字的排版时，可让文本绕图形放置，从而达到很好的排版效果。

操作方法：选择图形，在图形上单击鼠标右键，在弹出的快捷菜单中选择“对象属性”命令，打开“对象属性”泊坞窗，在该泊坞窗中切换到“摘要”选项面板，在“段落文本换行”下拉列表框中选择一种文本围绕对象排列的方式，在“文本换行偏移”数值框中设置文本与对象之间的距离。设置好后，将图形拖至段落文字中，即可看到效果。

只有段落文字可以对图形进行绕图，美术字没有绕图的功能。

2. 巧妙微调段落文字间距

使用CorelDRAW X8输入了段落文字后，可以对段落文字的间距进行微调，使段落文字更加美观。

操作方法：在段落文字中选择需进行间距调整的文字，按快捷键Ctrl+Shift+<可缩小文字间距，而按快捷键Ctrl+Shift+>可增大文字间距。

上机实训：利用表格排版页面

下面将练习制作如何使用表格排版页面。

步骤 01 创建一个新文档，其中页面的宽设置为420mm，高设置为285mm，如右图所示。

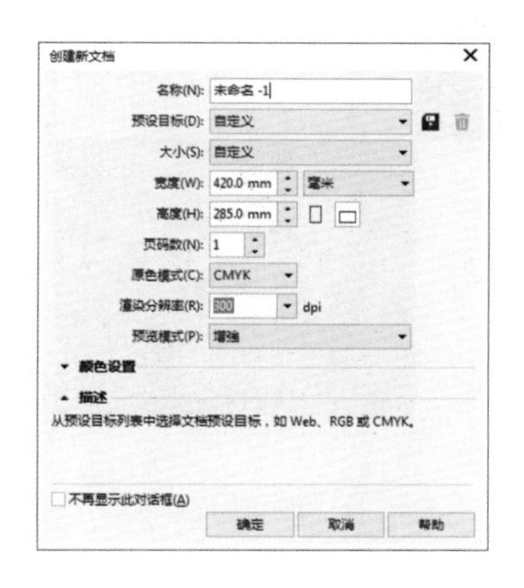

步骤 02 执行“表格>创建新表格”命令，创建一个4行4列的新表格，如下图所示。

步骤 03 合并单元格。先选择表格工具，按住鼠标左键选中要合并的单元格，然后松开鼠标左键，再右击，在弹出菜单中选择“合并单元格”命令。

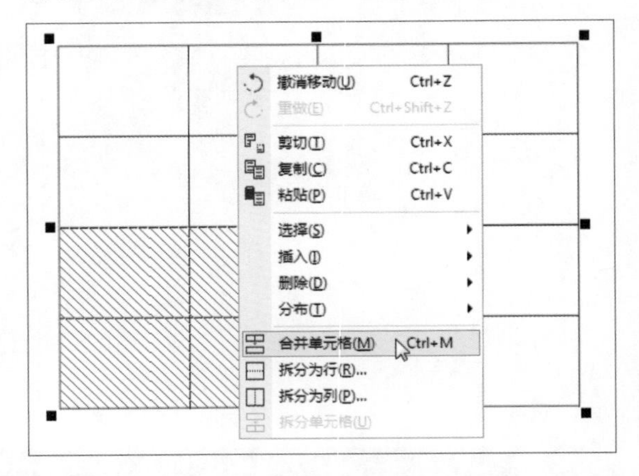

步骤 04 这里要对单元格进行拆分，先选中要调整的单元格，然后按照要求将单元格拆分成两列，再将每列拆分成两行，如下图所示。

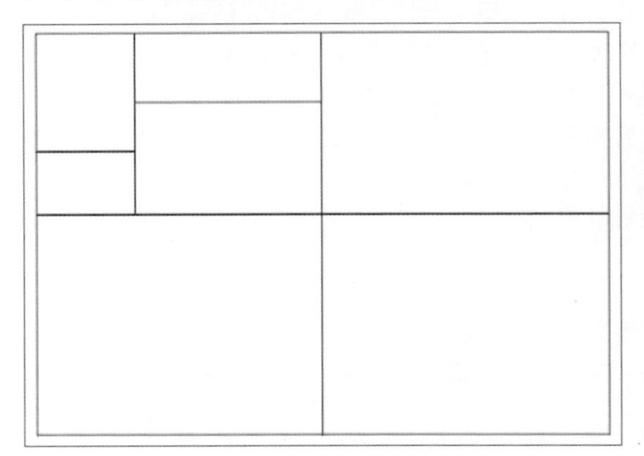

步骤 05 选择需要设置的单元格，在界面右侧调色板中单击选择所需颜色进行填充颜色，如下图所示。

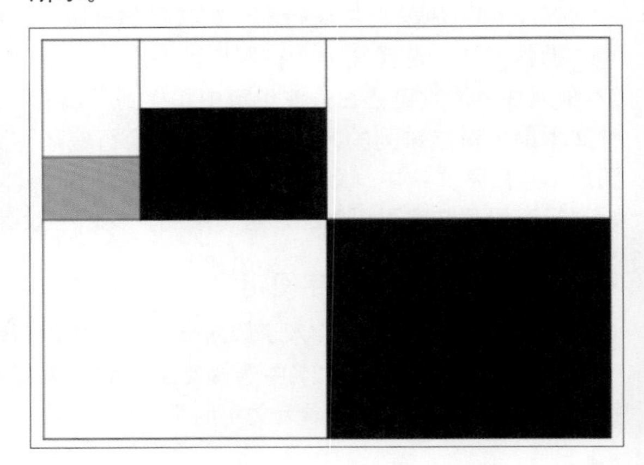

步骤 06 选择需要设置的单元格，根据下图所示在属性栏中设置单元格的框线。

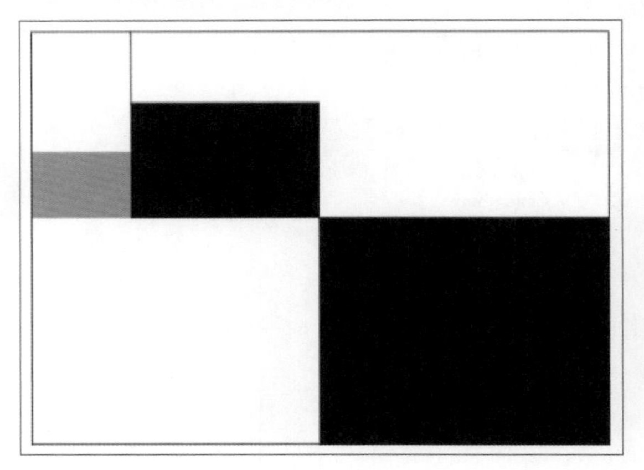

步骤 07 选择文本工具，在单元格内输入字体，调整字体大小，填充颜色，效果如下图所示。

步骤 08 执行“文件>导入”命令，导入“标志.png”文件，选中图像并右击，执行“轮廓描摹>高质量图像”命令，在弹出对话框中直接单击“确定”按钮，如下图所示。

步骤 09 使用选择工具，选中图像并设置其调色为白色，然后调整其大小并移动至合适位置，如下图所示。

步骤 10 使用表格工具在右侧单元格内单击，输入文本内容并设置其字体、字号，在属性栏中设置其页边距，如下图所示。

步骤 11 选择文本工具，按住鼠标左键拖拉出一个文本框，然后输入文字，再对文字进行调整。选择形状工具，单击文本框，会出现两个黑色小三角，可以对文本的行间距和列间距进行调整，如下图所示。

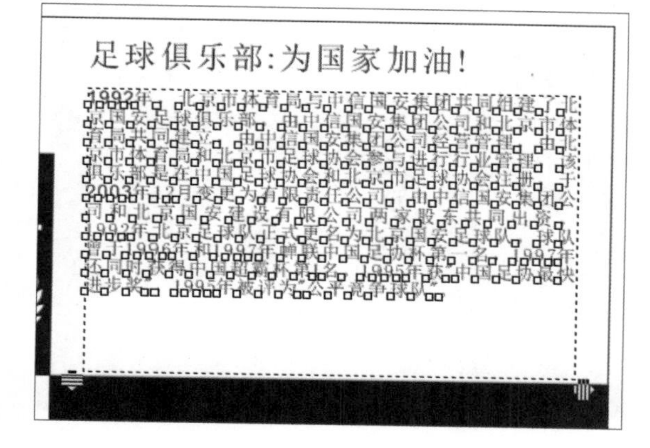

步骤 12 执行“文件>导入”命令，导入“皇冠足球.png”文件，选中图像，在属性栏中设置文本换行为跨式文本，如下图所示。

足球俱乐部:为国家加油!

1992年，北京市体育局与中信国安集团共同组建了北京国安足球俱乐部。由中信国安集团公司和北京市体育局共同建立，由中信国安集团公司经营管理，由北京市体育局和北京市足球协会参与进行行业管理，该俱乐部是在中国足球协会和北京市足球协会注册，于2003年12月变更为有限责任公司，由中信国安集团公司和北京国安建设有限公司两家股东共同出资。1992年北京足球队正式更名为北京国安足球队。球队曾于1996年和1997年蝉联中国足协杯第一名，1997年还同时获得中国超霸杯第1名。1995年获"中国足协最快进步奖"，1995年被评为"公平竞争球队"。

步骤 13 执行“文件>导入”命令，导入“运动员.png”文件，然后调整其大小与位置，如下图所示。

步骤 14 使用文本工具，绘制段落框架在表格中输入图片下方的宣传语，设置其字体、字号，如下图所示。

步骤 15 执行“文件>导入”命令，导入“火焰足球.png”文件，然后调整其大小与位置，如下图所示。

步骤 16 使用矩形工具绘制和右下角单元格差不多大小的矩形框架，如下图所示。

步骤 17 执行“窗口>泊坞窗>对象管理器”命令，在“对象管理器”中选择“火焰足球”，执行“对象>PowerClip>置于图文框内部”命令，将图像置入下方矩形框架中，如下图所示。

步骤 18 在表格中输入文字，然后选中文字，单击填充工具，更改颜色为白色，并使用同样的方法调整页边距，效果如下图所示。

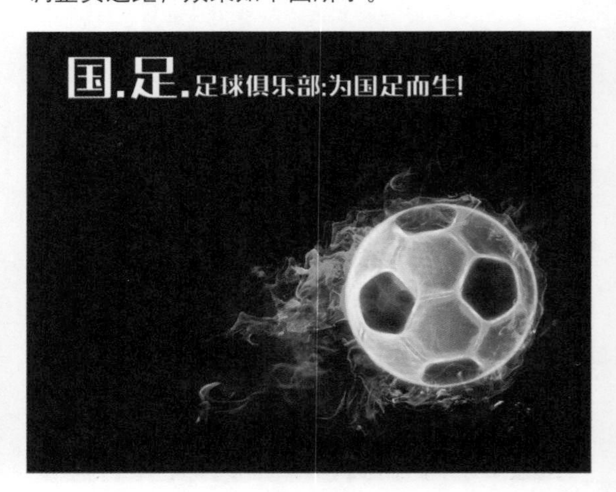

步骤 19 使用文本工具，绘制文本框架，输入文本内容，然后选中文字，单击填充工具，更改颜色为白色，如右图所示。

步骤 20 最终效果如下图所示。

课后练习

1. 选择题

（1）下面不属于文字属性的内容是________。

A. 文字大小　　B. 文字的字体

C. 文字的拼写检查　　D. 文字颜色

（2）________的情况下段落文本无法转换为美术文本。

A. 文本被设置了间距　　B. 运用了交互式封套

C. 文本被填色　　D. 文本中有英文

（3）对美术字文本使用封套，结果是________。

A. 美术字文本转化为段落文本　　B. 文字转化为曲线

C. 文字形状改变　　D. 没有作用

2. 填空题

（1）有一段文字，其中中文用黑体，英文用其他英文字体，那么这段文字的行距、字距会________。

（2）创建段落文本前必须先进行________操作。

（3）使用文本工具在绘图页面内拖出一个文本框后输入文字，该文字将输入________。

（4）当要制作文本沿着一条曲线排列的效果时，所选择的文字只能是________，而不能是________。

（5）段落文本绕图的样式有两种，一种是________，另一种是________。

3. 操作题

结合前面所讲知识，练习制作下面的图片效果。

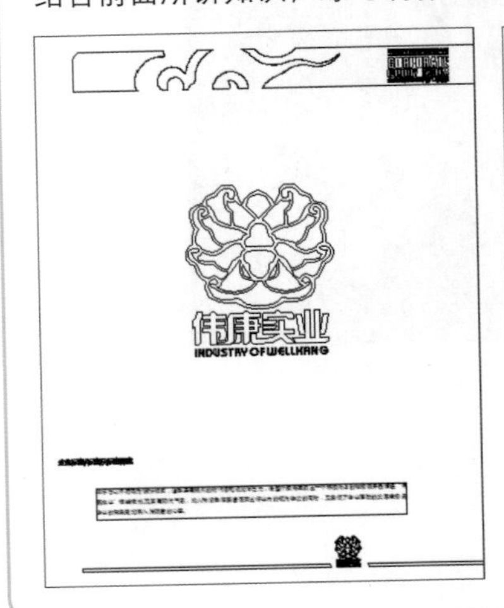

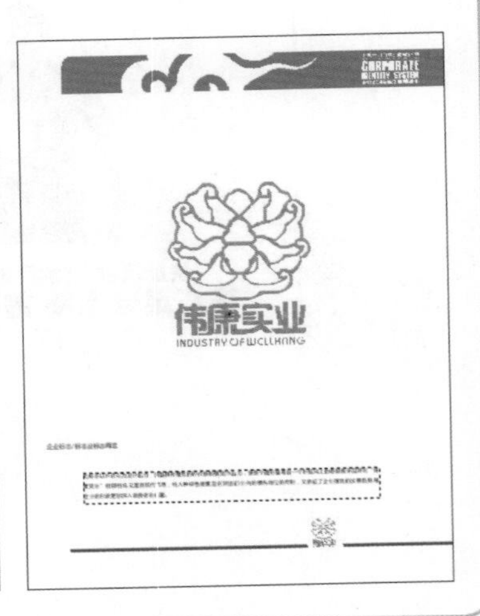

Chapter 06 应用图形特效

本章概述

本章主要针对图形特效的应用进行介绍，通过交互式调和、轮廓图、扭曲、阴影、封套、立体化和透明度7种工具的应用，制作出具有特殊效果的图形对象，同时结合复制和克隆特效补充展示。用户通过本章的学习，对图形的特效应用有更进一步的认识。

核心知识点

1. 认识交互式特效工具
2. 掌握交互式调和工具的运用方法
3. 掌握交互式阴影工具的运用方法
4. 掌握透明度工具的运用方式
5. 了解复制和克隆的操作

6.1 认识交互式特效工具

在CorelDRAW X8中，图形对象的特效可以理解为通过对图形对象进行如调和、变形、阴影、立体化、透明度等多种特殊效果的调整和叠加，使得图形呈现出不同的视觉效果。这些效果不仅可以结合使用，同时也可以结合其他的图形绘制工具、形状编辑工具、颜色填充工具等进行运用，能让设计作品中的图形呈现出个性独特的视觉效果。

使用CorelDRAW绘制图形的过程中，要为图形对象添加特效，可结合软件提供的交互式特效工具进行。这里的交互式特效工具是指交互式调和工具、交互式轮廓图工具、交互式变形工具、交互式阴影工具、交互式封套工具、交互式立体化工具和透明度工具这7种，如右图所示，其中前6种工具收录在工具箱中的调和工具组中。通过单击调和工具，在弹出的列表中选择相应的选项，即可切换到相应的交互式工具。

6.2 交互式阴影效果

交互式阴影效果是通过为对象添加不同颜色的投影方式，为对象添加一定的立体感，并对阴影颜色的处理应用不同的混合操作，丰富阴影与背景间的关系，让图形效果更逼真。

交互式阴影工具没有泊坞窗，用户可在其属性栏中对相关参数进行设置。

- “阴影角度”数值框：用于显示阴影偏移的角度和位置。通常不在属性栏中进行设置，在图形中直接拖动到想要的位置即可。
- “阴影延伸”数值框：用于调整阴影的长度，该数值的取值范围在0~100之间。
- “阴影淡出”数值框：用于调整阴影边缘的淡出程度，取值范围同样在0~100之间。
- “阴影的不透明度”数值框：用于调整阴影的不透明度，数值越小，阴影越透明，取值范围同样在0~100之间。
- “阴影羽化”数值框：用于调整阴影的羽化程度，数值越大，阴影越虚化，其取值范围同样在0~100之间。
- “羽化方向”按钮：单击该按钮，会弹出相应的选项列表，通过从中选择不同的选项设置阴影扩散后变模糊的方向，包括“高斯式模糊”、“中间”、“向内”、“向外”和“平均”5个选项。
- “羽化边缘”按钮：用于设置羽化边缘的类型，包括“线性”、“方形的”、“反白方形”和“平面”4个选项。

● “阴影颜色”下拉按钮：单击后会弹出相应的选项面板，用于设置阴影的颜色。

使用交互式阴影工具，不仅能为图形对象添加阴影效果，还能设置阴影方向、羽化以及颜色等，以便制作出更为真实的阴影效果。

1. 添加阴影效果

添加阴影效果的具体方法是，在页面中绘制图形后，单击交互式阴影工具❏，在图形上单击并往外拖动鼠标，即可为图形添加阴影效果。默认情况下，此时添加的阴影效果的不透明度为50%，羽化值为15%，如下左图所示。此时可以在属性栏中的“阴影的不透明度”和“阴影羽化”数值框中进行设置，以调整阴影的浓度和边缘强度。下中图和下右图所示分别为设置不同参数情况下图形的阴影效果。

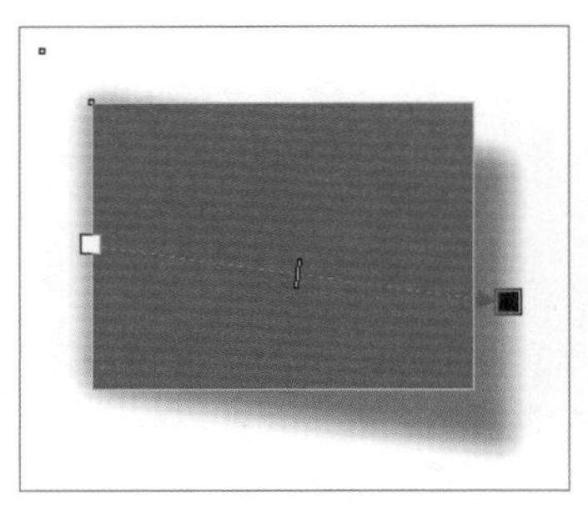
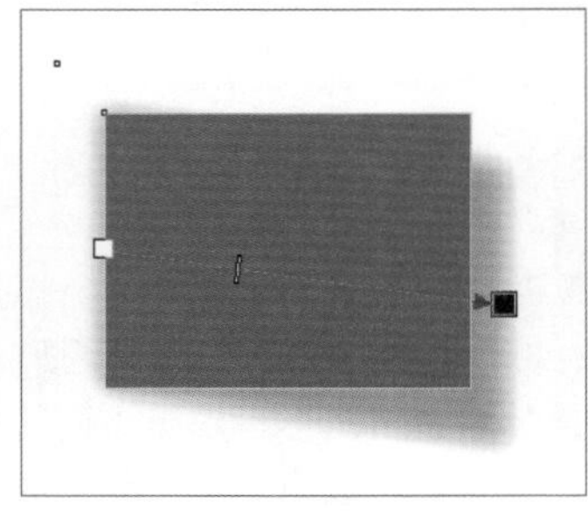
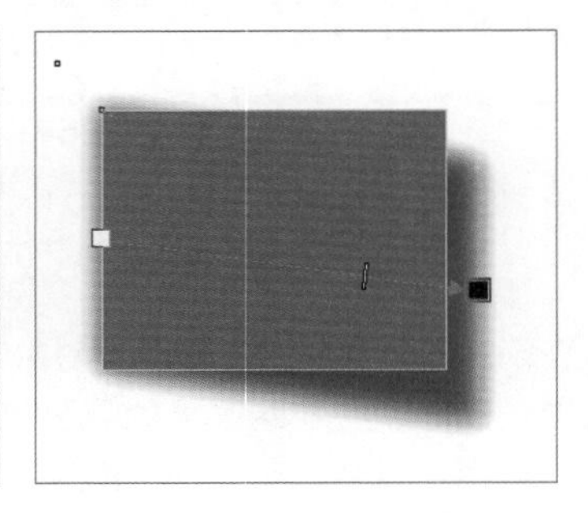

2. 调整阴影的颜色

对图形对象添加阴影效果后，还可通过在属性栏中的“阴影颜色”弹出式面板中对阴影颜色进行设置，改变阴影效果。在页面中绘制轮廓图形，如下左图所示，单击交互式阴影工具❏，在图形上单击并拖动鼠标，添加阴影效果，如下中图所示，此时可以看到，阴影颜色默认为黑色。在“阴影颜色”弹出式面板中单击红色色块，设置阴影颜色为红色，此时阴影效果发生变化，效果如下右图所示。

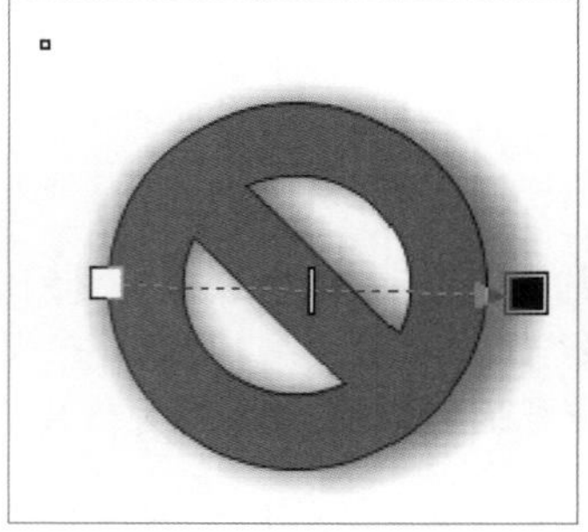
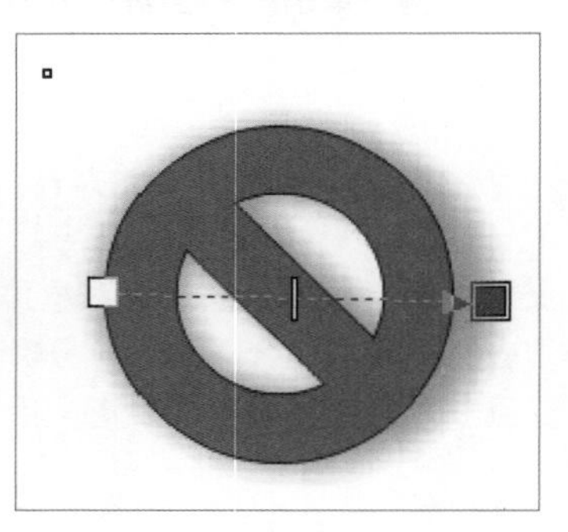

在设置图形对象阴影的“透明度操作”选项时，应将对象的阴影颜色混合到背景色中，以达到两者颜色混合的效果，产生不同的色调样式。其中包括“常规”、“添加”、“减少”、“差异”、“乘”、“除”、“如果更亮”、“如果更暗”等。下图所示为相同颜色下设置不同的“透明度操作”选项后的阴影效果。

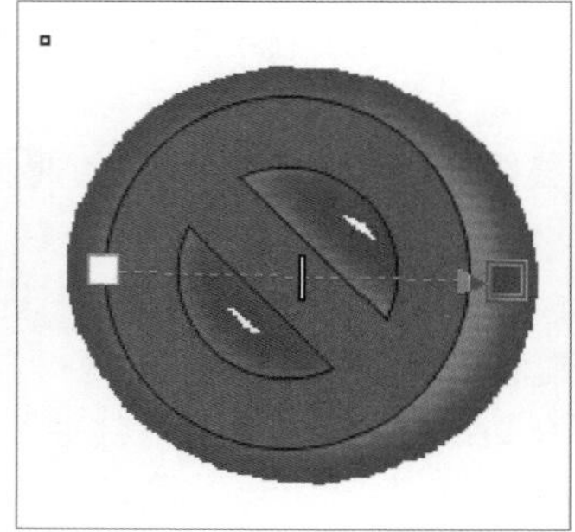
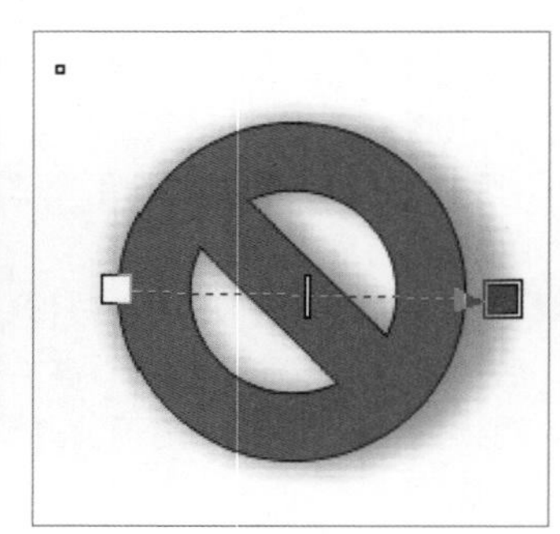

6.3 交互式轮廓图效果

用户通过交互式轮廓图工具可在图形对象的外部、中心添加不同样式的轮廓线，还可通过设置不同的偏移方向、偏移距离和轮廓颜色，为图形创建出不同的轮廓效果。使用交互式轮廓图工具可对图形对象的轮廓进行一些简单的调整和处理，使图形更具装饰效果。

单击交互式轮廓图工具，即可显示出该工具的属性栏，如下图所示。由于交互式特效工具的属性栏有部分选项相同，且前面对交互式阴影工具的属性栏有详细的介绍，因此这里仅对其中一些不同的、较为关键的选项进行介绍。

- 轮廓偏移的方向按钮组：该组中包含了“到中心”按钮、“内部轮廓”按钮、“外部轮廓”按钮。单击相应按钮，即可设置轮廓图的偏移方向。
- “轮廓图步长”数值框：用于调整轮廓图的步数。该数值的大小直接关系到图形对象的轮廓数，当数值设置合适时，可使对象轮廓达到一种较为平和的状态。
- “轮廓图偏移”数值框：用于调整轮廓图之间的间距。
- “轮廓图角”按钮组：在该组中包含了“斜接角”按钮、“圆角”按钮和“斜切角”按钮。单击相应按钮，可根据需要设置轮廓图的角类型。
- 轮廓色方向按钮组：在该组中包含了“线性轮廓色”按钮、“顺时针轮廓色”按钮和“逆时针轮廓色”按钮。单击相应按钮，可根据色相环中不同的颜色方向进行渐变处理。
- “轮廓色”下拉按钮：用于设置所选图形对象的轮廓色。
- “填充色”下拉按钮：用于设置所选图形对象的填充色。
- “最后一个填充挑选器”下拉按钮：该按钮在图形填充了渐变效果时方能激活，单击该按钮，即可在其中设置带有渐变填充效果图形的结束色。
- “对象和颜色加速”按钮：单击该按钮即可弹出选项面板，在其中可设置轮廓图对象及其颜色的应用状态。通过调整滑块左右方向，可以调整轮廓图的偏移距离和颜色。
- “清除轮廓”按钮：应用轮廓图效果之后，单击该按钮即可清除轮廓效果。

使用交互式轮廓图工具可为图形对象添加轮廓效果，同时还可设置轮廓的偏移方向，改变轮廓图的颜色属性，从而调整出不同的图形效果。下面将对其实际运用进行详细的介绍。

1. 调整轮廓图的偏移方向

通过在属性栏中单击轮廓偏移的方向按钮组中不同的方向按钮，即可对轮廓向内或向外的偏移效果进行掌控。

首先绘制出下左图所示的图形，单击交互式轮廓图工具，在其属性栏中单击“到中心”按钮，此时软件自动更新图形的大小，形成到中心的图形效果，如下中图所示。此时“轮廓图步长”数值框呈灰色状态，表示未启用。

单击“内部轮廓”按钮，激活“轮廓图步长”数值框，在其中可对步长进行设置，完成后按下Enter键确认，此时图形效果发生变化，如下右图所示。

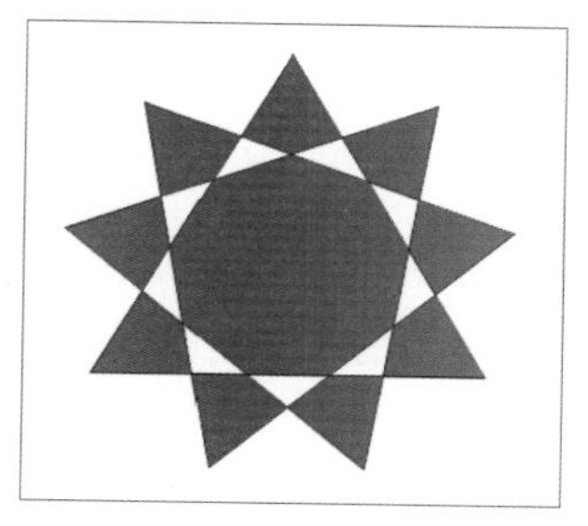

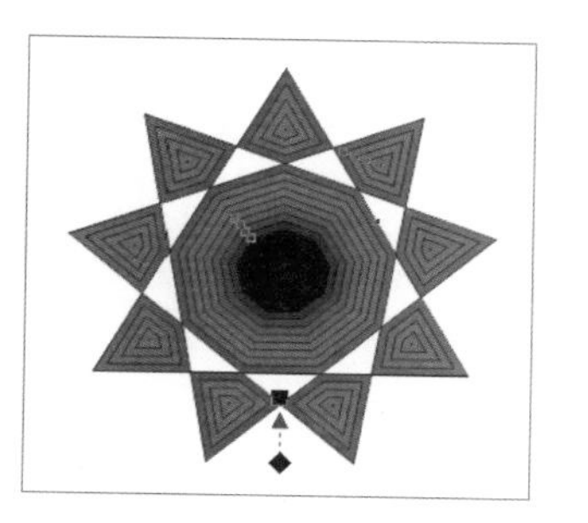

2. 调整轮廓图颜色

利用轮廓图工具调整图形对象的轮廓颜色，可通过应用属性栏中“轮廓色”弹出式面板中的选项和自定义颜色的方式来进行。

要自定义轮廓图的轮廓色和填充色，可通过直接在属性栏中更改其轮廓色和填充色的方式来调整，也可在调色板中调整对象的轮廓色和填充色，以更改对象轮廓色效果。而调整轮廓图颜色方向，则可通过单击属性栏中的“线性轮廓色”按钮、“顺时针轮廓色”按钮或“逆时针轮廓色”按钮来完成。下图所示为设置相同的轮廓色和填充色后，分别单击不同的方向按钮得到的效果。

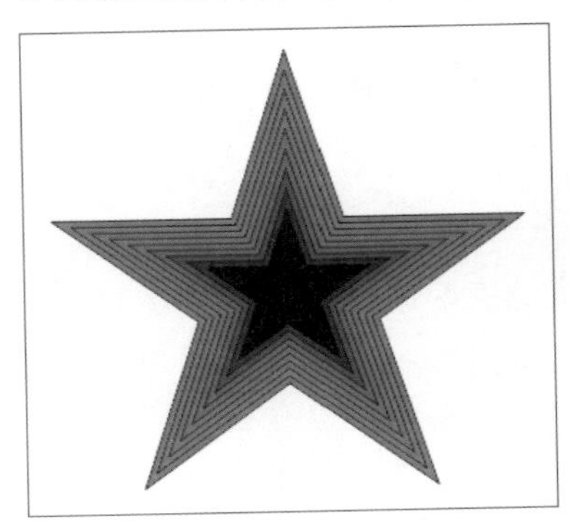

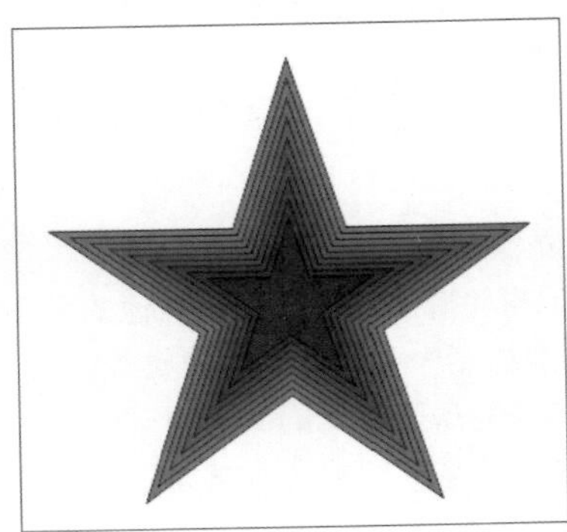

3. 加速轮廓图的对象和颜色

加速轮廓图的对象和颜色是调整对象轮廓偏移间距和颜色的效果。在交互式轮廓图工具的属性栏中单击“对象和颜色加速”按钮，弹出加速选项设置面板。默认状态下，加速对象及其颜色为锁定状态，即调整其中一项，另一项也会随之调整。

单击“锁定”按钮将其解锁后，可分别对“对象”和“颜色”选项进行单独的加速调整。下图所示分别为对“对象”和“颜色”选项进行同时调整以及单独调整后的图形效果。

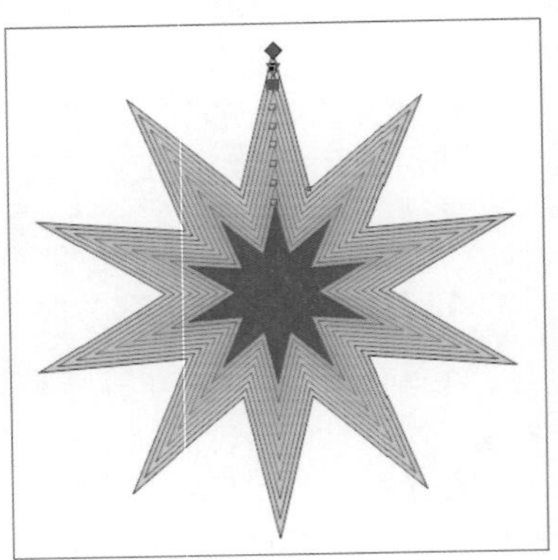

6.4 交互式调和效果

在交互式特效工具组中，除了交互式阴影工具外，其他交互式工具都对应有一个设置相关参数和选项的泊坞窗。同时，除了能在泊坞窗中对相应工具的参数和选项进行设置外，也可以在其相应的工具属性栏中进行设置。

1. 打开“调和”泊坞窗

执行“窗口>泊坞窗>效果>调和”命令，即可显示出“调和”泊坞窗，如下图所示。

从图中不难看出，在该泊坞窗中可分别针对调和的步长、旋转角度、加速对象、颜色的顺时针路径、拆分以及映射节点等进行调整。

需要强调的是，在未对图形进行交互式调和操作之前，“调和”泊坞窗中的“应用”、“重置”、“熔合始端”、“熔合末端”等按钮呈灰色显示，表示未被激活。只有在对图形对象运用交互式调和效果后，才能激活这些操作按钮。

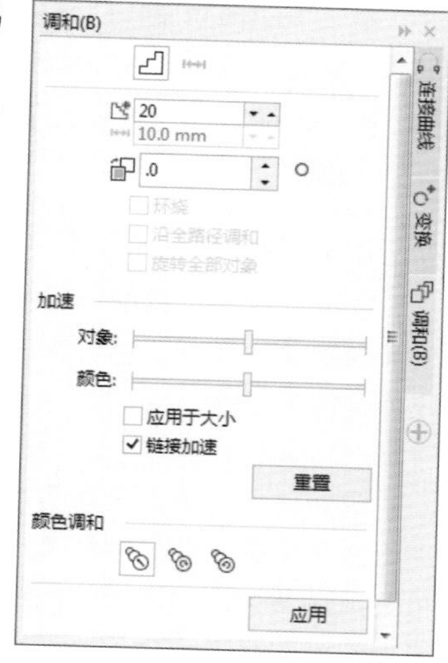

2. 认识交互式调和工具属性栏

单击交互式调和工具，即可显示出该工具的属性栏，如下图所示，其中包含对交互式调和工具进行设置的各种选项，以便让用户能够快速运用，下面分别对这些选项进行详细的介绍，为后面的学习打下基础。

- “预设”下拉列表框：从中可对软件预先设定好的选项进行选择运用。选择相应的选项后即可在一旁显示选项效果预览图，以便让用户对应用选项的图形效果一目了然，如右图所示。
- “调和对象”数值框：用于设置调和的步长数值，数值越大，调和后的对象步长越大，数量越多。
- “调和方向”数值框：用于调整调和对象后调和部分的方向角度，数值可以为正也可为负。
- “环绕调和”按钮：用于调整调和对象的环绕和效果。单击该按钮可对调和对象作弧形调和处理，要取消该调和效果，可再次单击该按钮。
- “调和类型”按钮组：其中包括了“直接调和”按钮、“顺时针调和”按钮和“逆时针调和”按钮。单击“直接调和”按钮，将以简单而直接的形状和渐变填充效果进行调和；单击“顺时针调和”按钮，将在调和形状的基础上以顺时针渐变色相的方式调和对象；单击“逆时针调和”按钮，将在调和形状的基础上以逆时针渐变色相的方式调和对象。

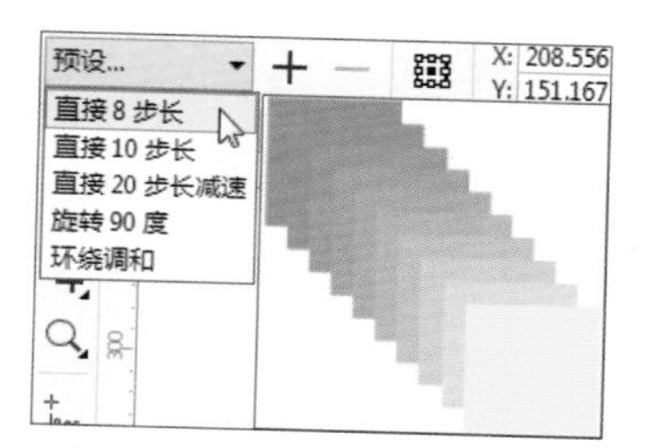

- “加速调和对象”按钮组：在该按钮组中包括了“对象和颜色加速”按钮和“调整加速大小”按钮。单击“对象和颜色加速”按钮，即可弹出加速选项面板，如右图所示。从中可对加速的对象和颜色进行设置，此时还可通过调整滑块左右方向，调整两个对象间的调和方向。
- “更多调和选项”按钮：单击该按钮则弹出相应的选项面板，在其中可对映射节点和拆分调和对象等进行设置。
- “起始和结束属性”按钮：用于选择调整调和对象的起点和终点。单击该按钮可弹出相应的选项面板，此时可显示调和对象后原对象的起点和终点；也可更改当前的起点或终点为其他新的起点或终点。
- “路径属性”按钮：调和对象以后，要将调和的效果嵌合于新的对象，可单击该按钮，在弹出的选项面板中选择“新路径”选项，单击指定对象即可将其嵌合到新的对象中。

预设...
直接 8 步长
直接 10 步长
直接 20 步长减速
旋转 90 度
环绕调和

- "复制调和属性" 按钮：可通过该按钮克隆调和效果至其他对象，复制的调和效果包括除对象填充和轮廓外的调和属性。
- "清除调和" 按钮：应用调和效果之后单击该按钮，可立即清除调和效果，恢复图形对象原有的效果。

3. 运用交互式调和工具

交互式调和工具的运用包括很多方面，最基本的是使用该工具进行图形的交互式调和，同时还可设置调和对象的类型，也可以设置加速调和，拆分调和对象，嵌合新路径等。下面分别对这些具体的运用操作进行详细的介绍。

(1) 调和对象

调和对象是该工具最基本的运用，选择需要进行交互式调和的图形对象，单击交互式调和工具，在图形上单击并拖动鼠标到另一个图形上，此时可看到形成的图形渐变效果，如下左图所示。释放鼠标即可完成这两个图形之间的图形渐变效果，在绘画页面可以看到，在经过交互式调和处理的图形上形成了重叠的过渡效果。

在调和对象之后，可在属性栏中设置调和的基本属性，如调和的步长、方向等，也可通过对原对象位置的拖动，让调和效果更多变。调整后得到的效果如下右图所示。

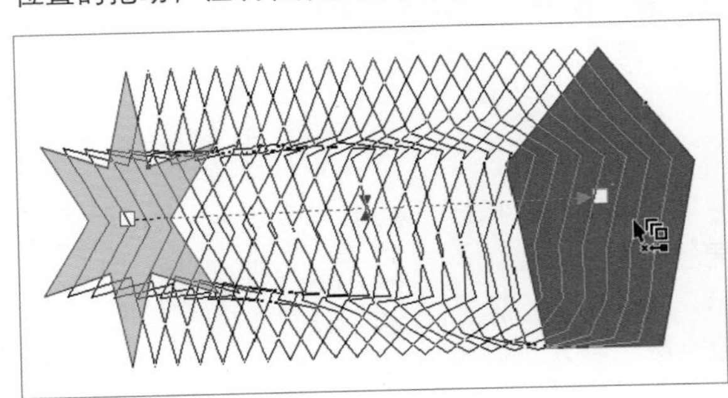
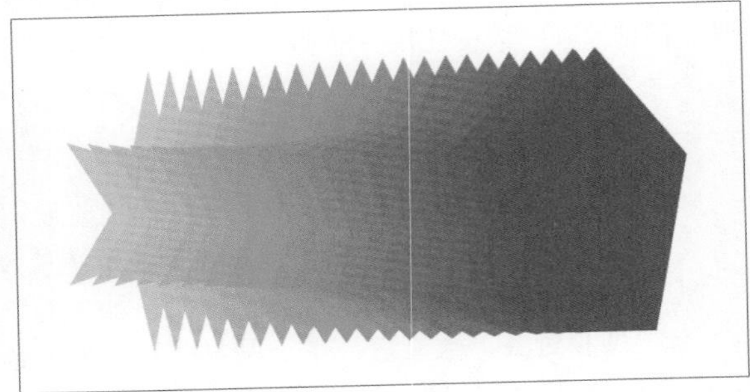

(2) 设置调和类型

对象的调整类型即调整时渐变颜色的方向。用户可通过在属性栏中的 "调和类型" 按钮组中单击不同调和类型按钮进行设置。

- 单击 "直接调和" 按钮，渐变颜色直接穿过调和的起始和终止对象。
- 单击 "顺时针调和" 按钮，渐变颜色顺时针穿过调和的起始对象和终止对象。
- 单击 "逆时针调和" 按钮，渐变颜色逆时针穿过调和的起始对象和终止对象。

下面两图所示分别为顺时针调和对象以及逆时针调和对象的效果。

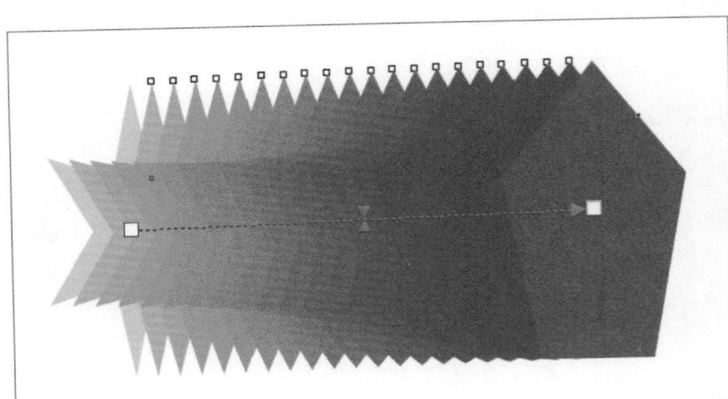
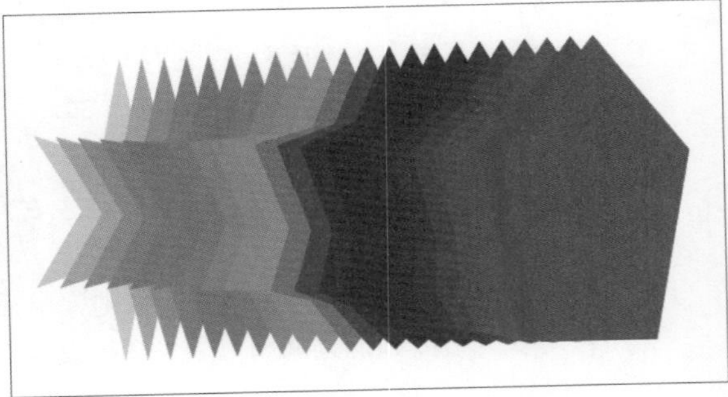

(3) 加速调和对象

加速调和对象是对调和之后的对象形状和颜色进行调整。单击 "对象和颜色加速" 按钮，在弹出的加速选项面板中显示了 "对象" 和 "颜色" 两个选项。在其中拖动滑块设置加速选项，即可让图像显示出不同的效果。此时直接在图像中对中心点的蓝色箭头进行拖动，也可设置调和对象的加速效果。下图所示分别为拖动“对象”和“颜色”加速选项滑块调整后的图形效果。

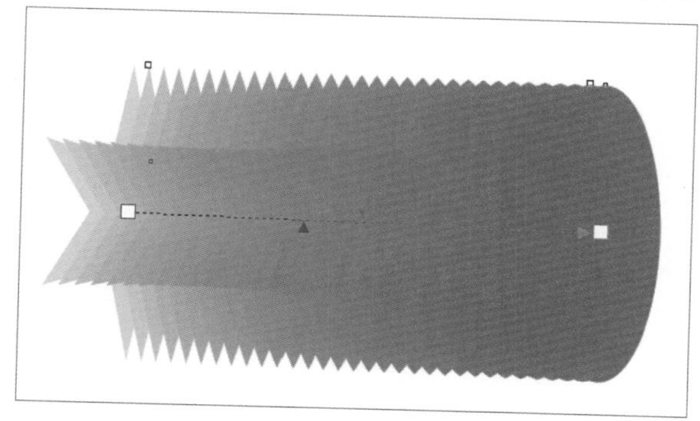

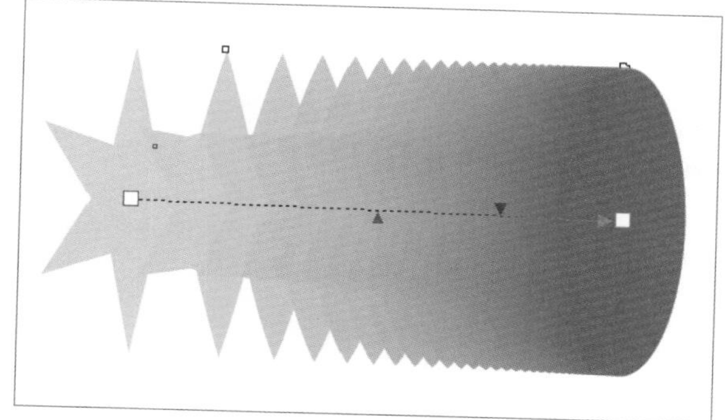

（4）拆分调和对象

拆分调和对象是将调和之后的对象从中间调和区域打断，作为调和效果的转折点，通过拖动该打断的调和点，可调整该调和对象的位置。调和两个对象之后，单击属性栏中的“更多调和选项”按钮，在弹出的面板中选择“拆分”选项，此时鼠标光标转变为拆分箭头状。在调和对象的指定区域单击，如下左图所示。此时拖动鼠标即可将拆分的独立对象进行位置调整，如下右图所示。

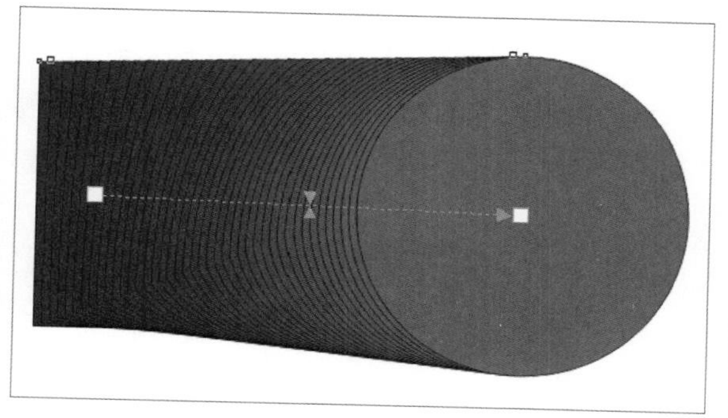

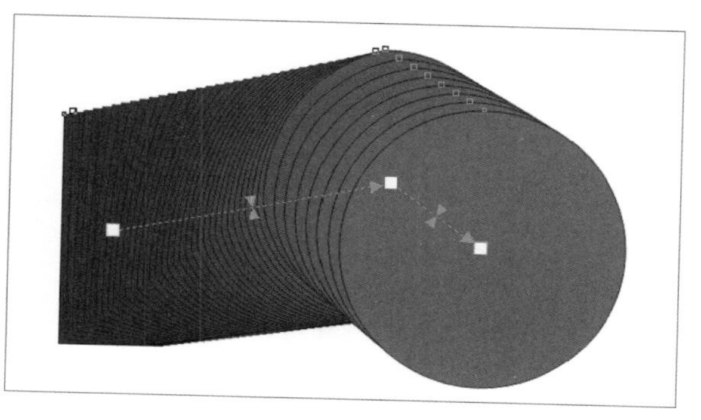

（5）嵌合新路径

嵌合新路径是将已运用调和效果的对象嵌入新的路径。简而言之，就是将新的图形作为调和后图形对象的路径，进行嵌入操作。

选择运用调和后的图形对象，单击属性栏中的“路径属性”按钮，在弹出的面板中选择“新路径”选项，将鼠标光标移动到新图形上，此时光标变为箭头形状，如下左图所示。在该图形上单击指定路径，此时调和后的图形对象将自动以该图形为新路径，执行嵌入操作，得到的效果如下右图所示。

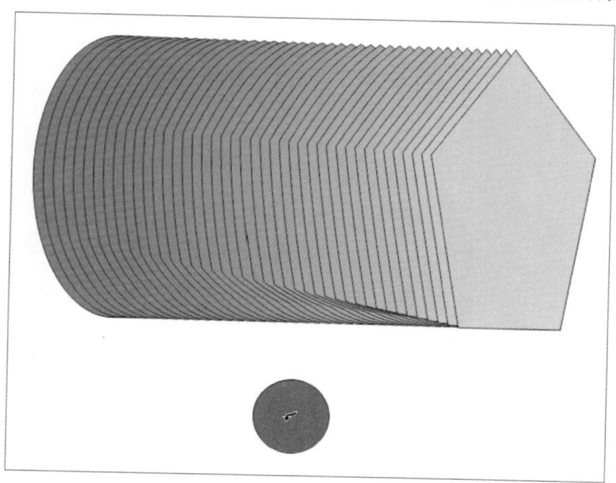

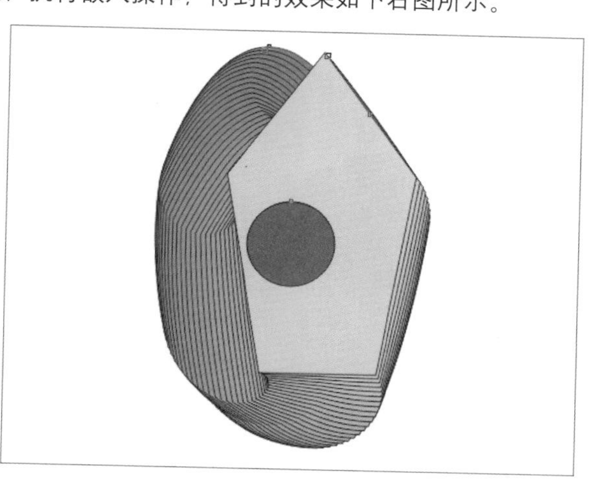

实例07 梦幻水晶

接下来将给用户讲解梦幻效果的水晶球的制作，通过对这张作品的循序渐进的绘制，可以学习到CorelDRAW X8常用高级工具和特效的实用技法。

步骤 01 画一个圆形，去掉轮廓属性，并填充颜色（R63、G106、B207），如下图所示。

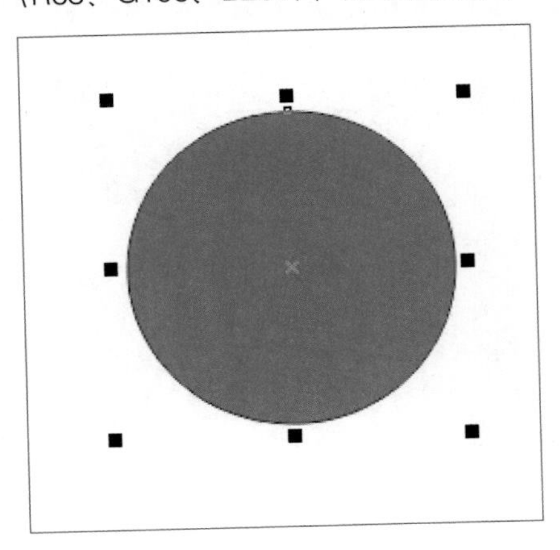

步骤 02 把这个圆复制一个，缩小压扁，填充颜色（R187、G255、B254），如下图所示。

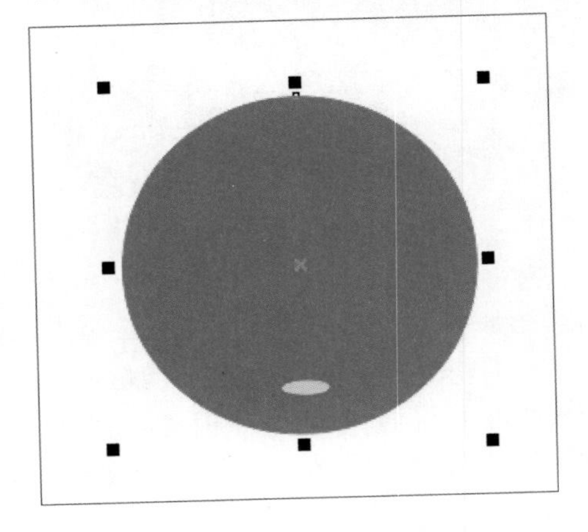

步骤 03 交互式调和前两步制作的两个圆形。在属性栏中将默认的20步改为40步，效果如下图所示。

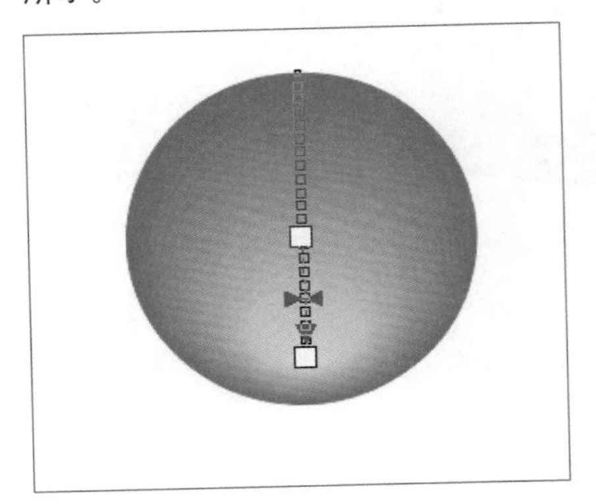

步骤 04 选择“视图>简单线框”命令，选中交互式调和控制对象的外圆，原地复制外圆。给复制的圆填充线性渐变，如下图所示。

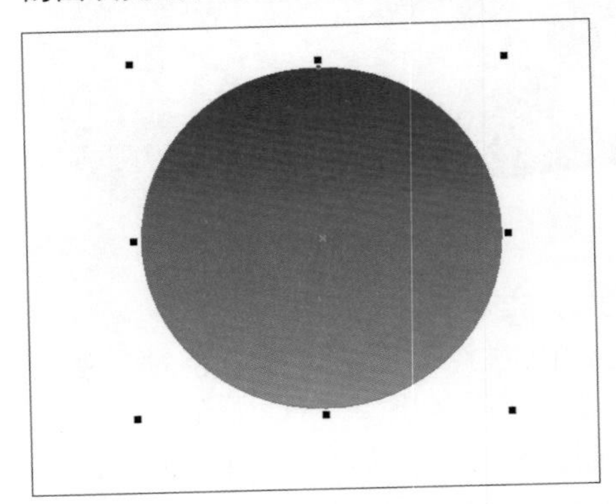

步骤 05 选择透明度工具，应用到圆上，并将透明样式改为辐射性，改变并增加控制点，如下图所示。

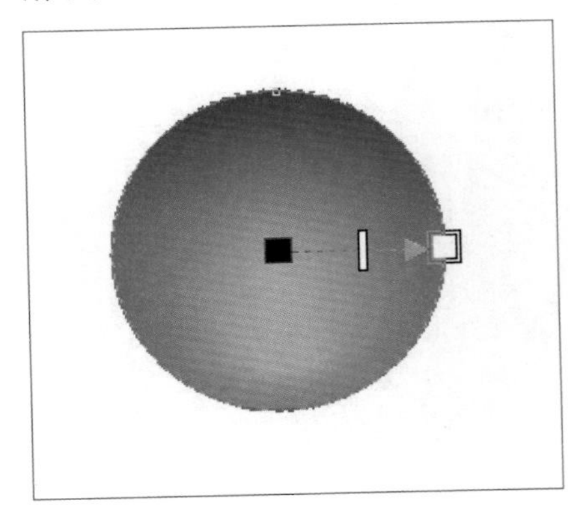

步骤 06 画一个倾斜的椭圆，保持细线轮廓，将椭圆转换为曲线，如下图所示。

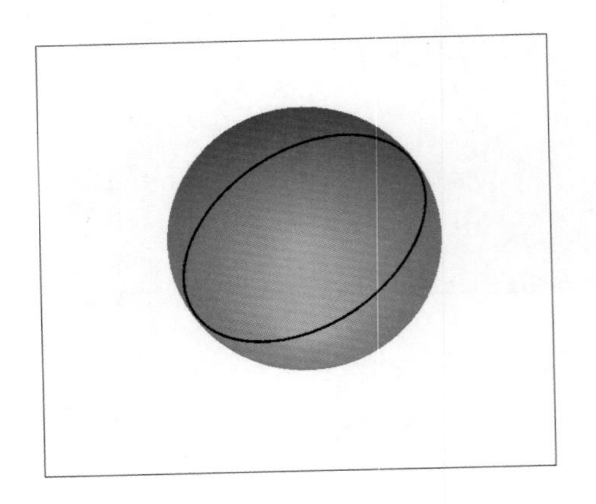

步骤 07 选择节点编辑工具，将下图所示的两个点打断，现在椭圆成为了独立的两半，用选择工具可以很容易验证这一结果。

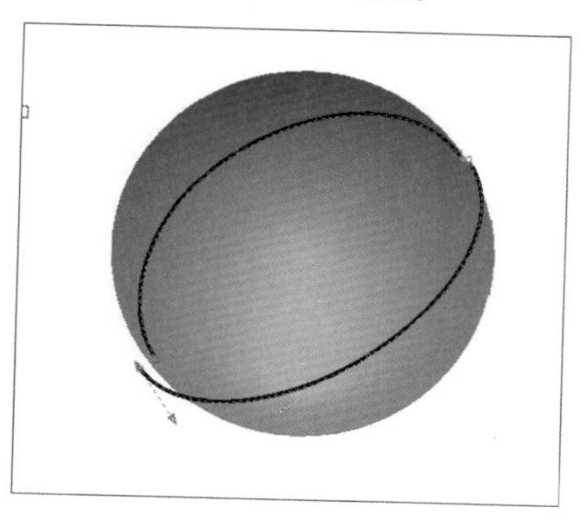

步骤 08 将左边的细长月牙形改为无轮廓、白色填充，右边的改为无轮廓、蓝色（R103、G147、B219）填充，如下图所示。

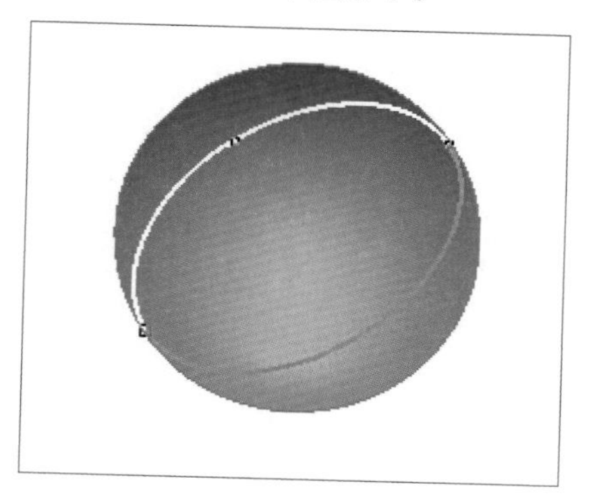

步骤 09 对上一步得到的两条曲线应用透明度工具，如下图所示。

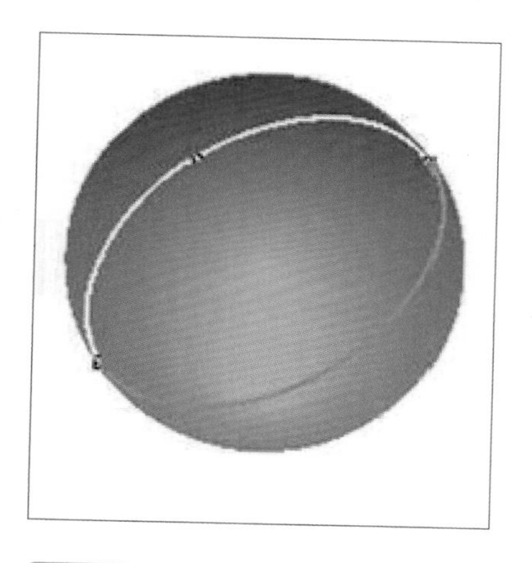

步骤 10 选中两条曲线，然后旋转复制两次，将三条白色的曲线放在三条蓝色曲线的前面，如下图所示。

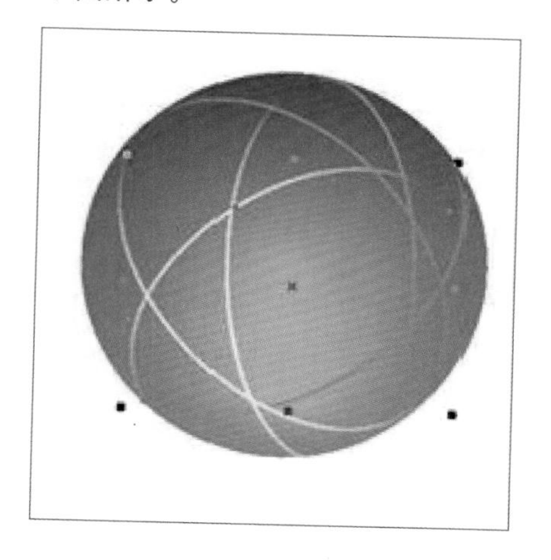

步骤 11 在白色“光子轨道”相交的地方画一个倾斜的无轮廓、白色填充椭圆，它的尺寸很小，效果如下图所示。

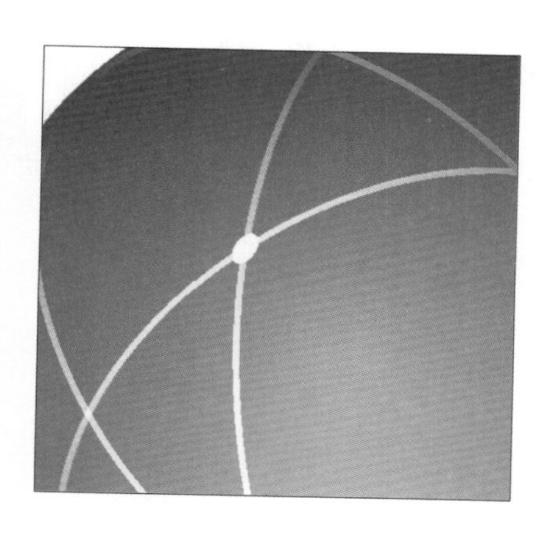

步骤 12 选择交互式阴影工具，在椭圆的中心部位开始，向外稍稍拉动一点距离。在属性栏上作如下调整：下拉阴影方向——向外；下拉阴影不透明度——100；下拉阴影羽化——100；下拉阴影颜色——白色。总共创建7个光点，最终效果如下图所示。

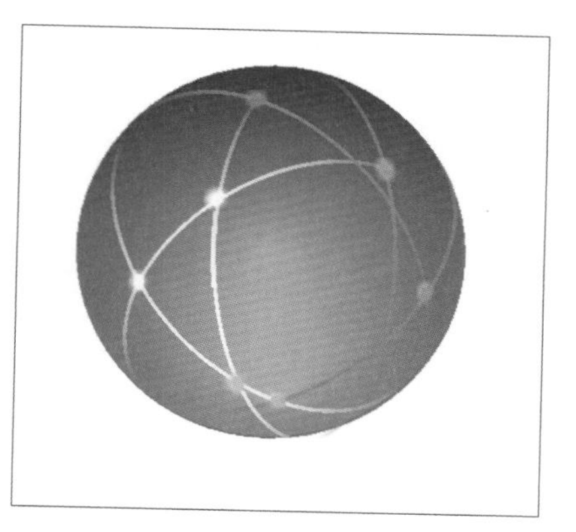

提示 颜色校准

“颜色校准”是CorelDRAW X8中非常重要的一个控制工具。通过它，可以根据需要来选择面向纸面输出还是Web发布。按下该按钮，此时为模拟打印和印刷效果，这也是CorelDRAW X8默认的设置；弹起时，则以鲜艳的屏幕色显示。在绘制任何图形文件前，都应该根据输出要求对其先行定义。

当画出的图形比较灰暗，没那么饱和时，很可能是因为CorelDRAW X8默认打开了“颜色校准”的原因。执行“工具>自定义”命令，找到“颜色校准”工具单击即可。

6.5 交互式变形效果

交互式变形可在更大程度上满足用户对复杂图形制作的需要，这也使作图更加多样和灵活。用户可单击交互式变形工具，在其属性栏中对相关参数进行设置。需要注意的是，在交互式变形工具的属性栏中，分别单击“推拉变形”按钮、“拉链变形”按钮和“扭曲变形”按钮，其属性栏也会发生相应的变化。

1. 推拉变形

单击交互式变形工具，在其属性栏中单击“推拉变形”按钮，即可看到如下图所示属性栏，下面对其中的选项进行介绍。

- “预设”下拉列表框：用于选择软件自带的变形样式，用户还可单击其后的“添加预设”按钮和“删除预设”按钮对预设选项进行调整。
- “添加新的变形”按钮：用于将各种变形的应用对象视为最终对象来应用新的变形。
- “推拉振幅”数值框：用于设置推拉失真的振幅。当数值为正数时，表示向对象外侧推动对象节点。当数值为负数时，表示向对象内侧推动对象节点。下图所示为推拉变形前和变形后的图片。

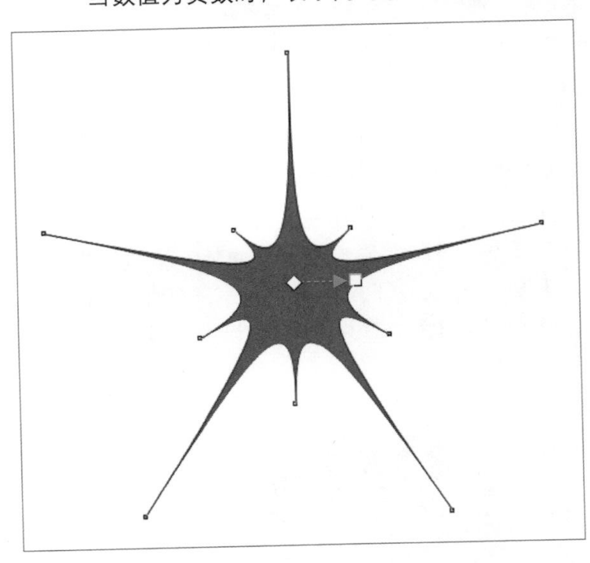

- “居中变形”按钮：单击该按钮，在图形上单击并拖动鼠标，即可让对象以中心为变形中心，拖动即可进行变形。

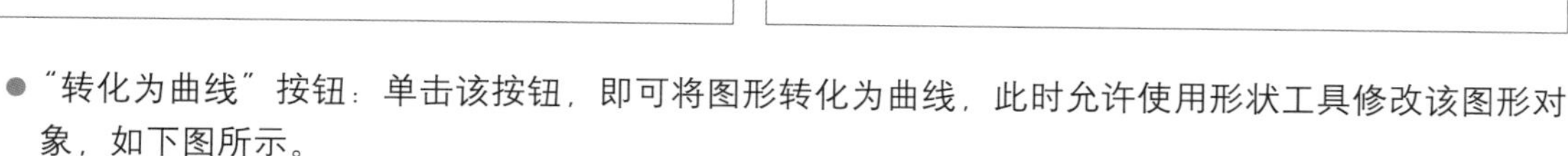

● “转化为曲线”按钮：单击该按钮，即可将图形转化为曲线，此时允许使用形状工具修改该图形对象，如下图所示。

● “复制变形属性”按钮：将文档中另一个图形对象的变形属性应用到所选对象上，如下图所示。

● “清除变形”按钮：在应用变形的图形对象上单击该按钮，即可清除变形效果。

推拉变形是对图形对象进行推拉式的变形，只能从左右方向对图形对象变形，从而得到推拉变形的效果。具体的操作方法举例讲解如下。

使用椭圆形工具○绘制一个圆形，如下左图所示，在交互式变形工具属性栏中单击“推拉变形”按钮⊕，在图形对象上单击并左右拖动鼠标以调整控制柄方向，此时释放鼠标即可应用推拉变形效果，如下中图所示。同时还可以在白色的中心点上单击并拖动鼠标，对图像的中心位置进行调整，使图像变换出更多的效果，如下右图所示。

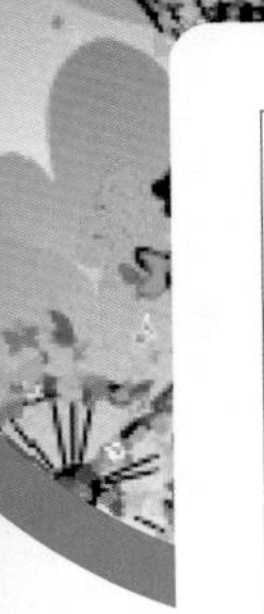

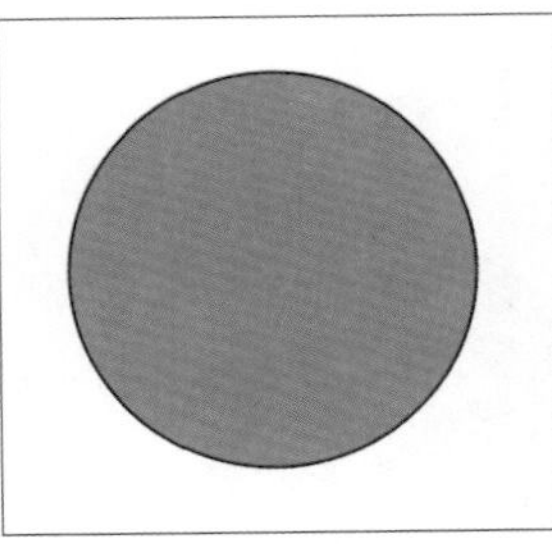

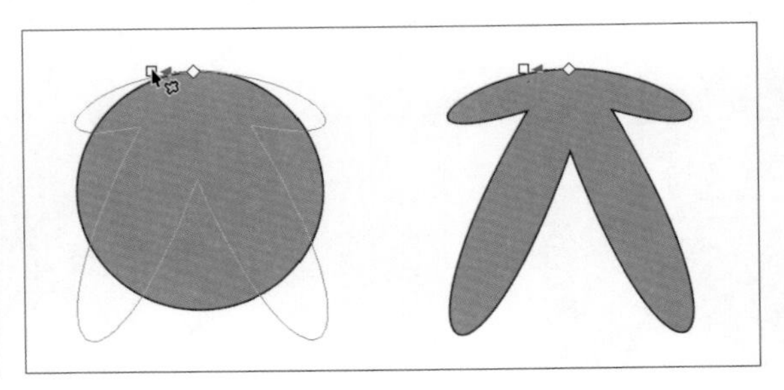

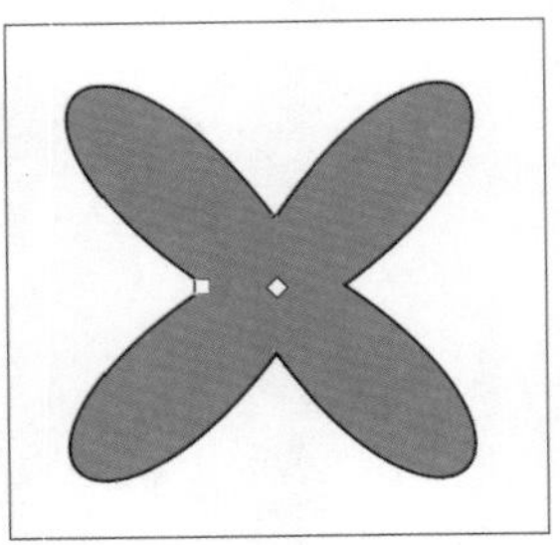

2. 拉链变形

在交互式变形工具属性栏中单击“拉链变形”按钮，即可看到其相应增加的选项，如下图所示。下面对其中的重要选项进行介绍。

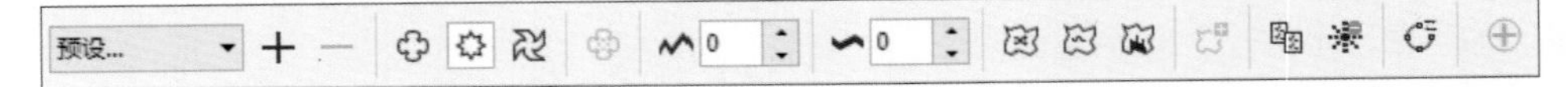

- “拉链振幅”数值框：用于设置拉链失真振幅，可选择0~100之间的数值，数字越大，振幅越大，同时通过在对象上拖动鼠标，变形的控制柄越长，振幅越大。下左图和下中图所示为不同拉链振幅值的效果图。
- “拉链频率”数值框：用于设置拉链失真频率。失真频率表示对象拉链变形的波动量，数值越大，其波动得越频繁，如下右图所示。

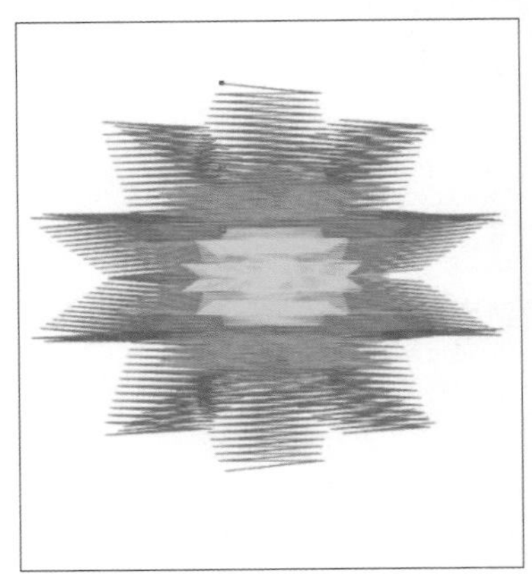

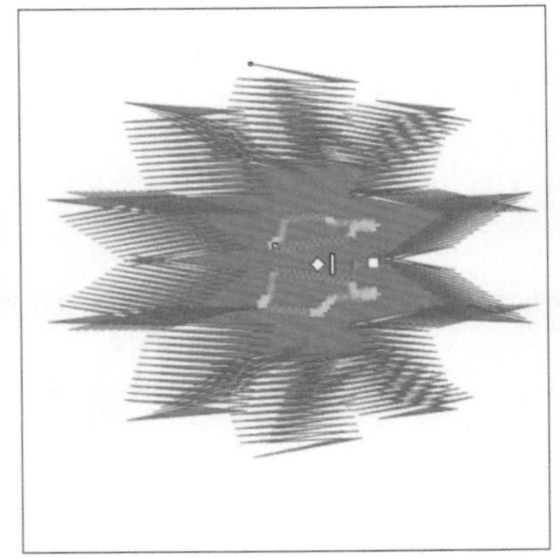

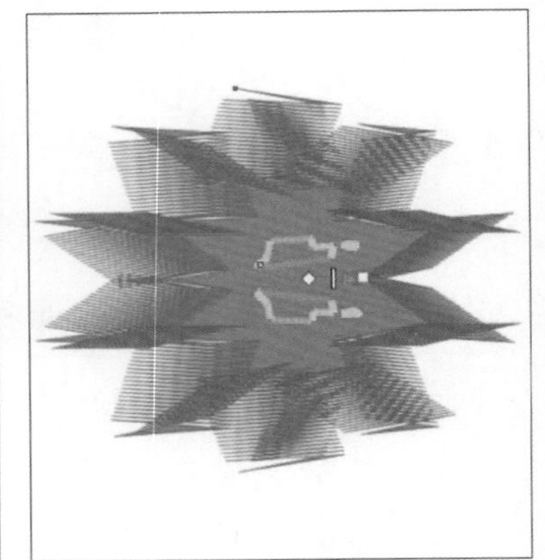

- “随机变形”按钮：用于使拉链线条随机分散，如下左图所示。
- “平滑变形”按钮：用于柔和处理拉链的棱角，如下中图所示。
- “局部变形”按钮：在拖动位置的对象区域上对准焦点，使其呈拉链条显示，如下右图所示。

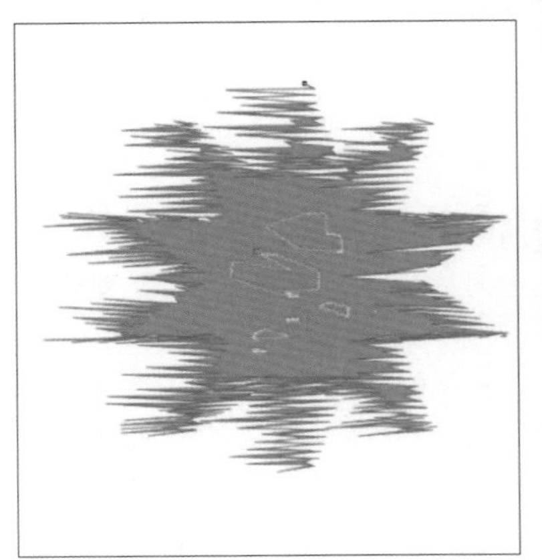

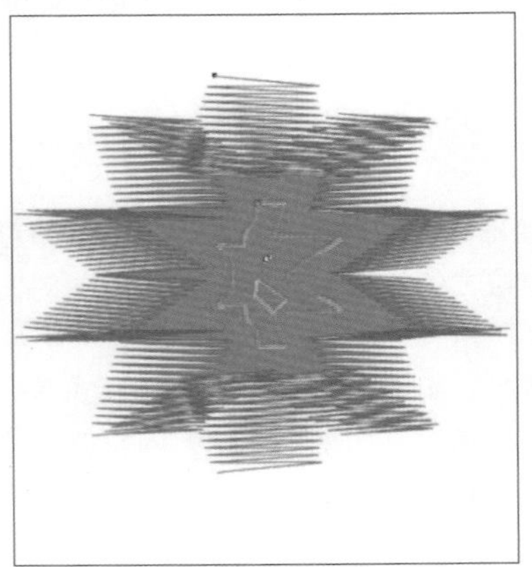

拉链变形是对图形对象进行拉链式的变形处理。制作拉链变形效果的操作方法举例讲解如下。

使用矩形工具绘制图形，如下左图所示，在交互式变形工具的属性栏中单击“拉链变形”按钮，切换至该变形效果的属性栏状态。在其中的“拉链振幅”和“拉链频率”数值框中设置相应的值后，在图形上单击并拖动鼠标，即可使图形按设定值进行变形，效果如下右图所示。

3. 扭曲变形

在交互式变形工具属性栏中单击“扭曲变形”按钮，即可看到其相应的选项，如下图所示，下面对其中的重要选项进行介绍。

- 旋转方向按钮组：包括“顺时针旋转”按钮和“逆时针旋转”按钮。单击不同的方向按钮后，扭曲的对象将以不同的旋转方向扭曲变形，如下图所示。

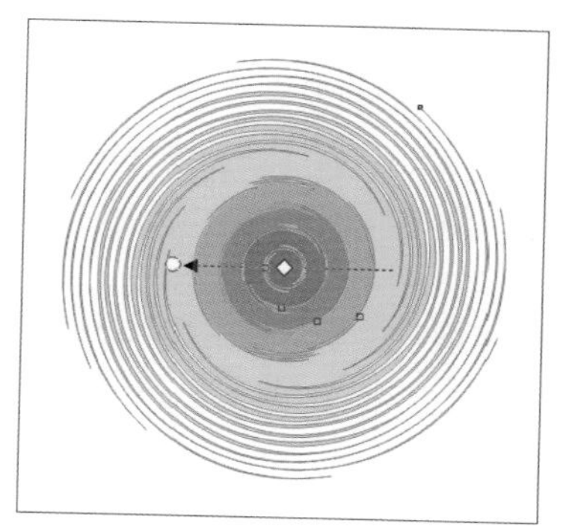

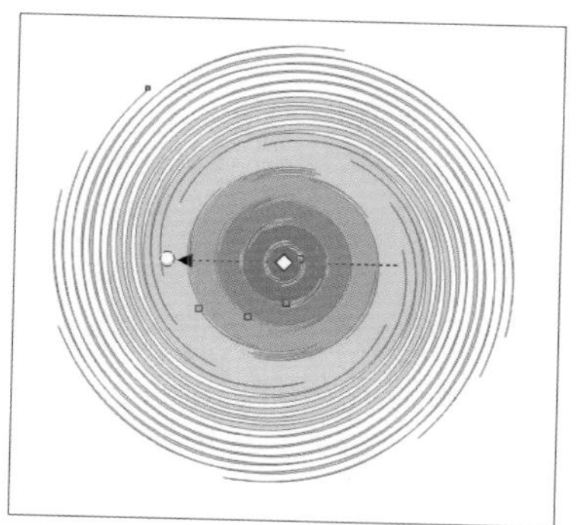

- “完全旋转”数值框：用于设置扭曲的旋转数以调整对象旋转扭曲的程度，数值越大，扭曲程度越强，如下左图所示。
- “附加角度”数值框：在旋转扭曲变形的基础上附加的内部旋转角度，即对扭曲后的对象内部做进一步的扭曲角度处理，如下右图所示。

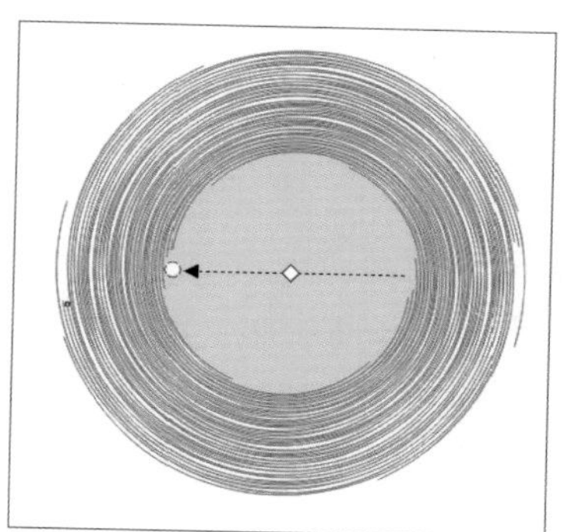

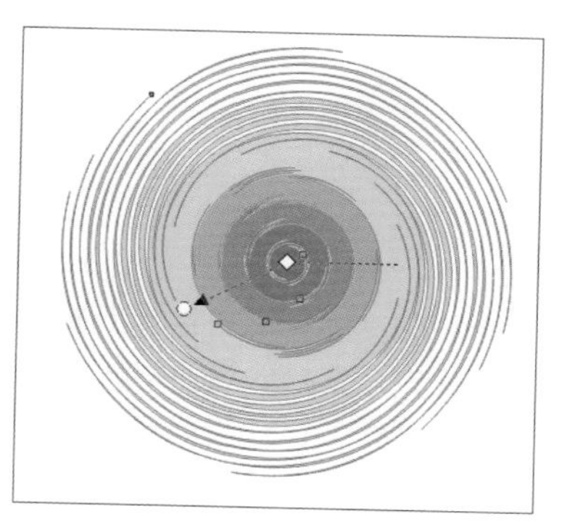

扭曲变形是对对象进行扭曲式的变形处理，制作扭曲变形效果的操作举例讲解如下。

使用星形工具绘制下左图所示的图形，在交互式变形工具的属性栏中单击"扭曲变形"按钮，切换至该变形效果的属性栏状态。然后通过在图形对象上单击并拖动鼠标以添加控制柄，如下中图所示，此时释放鼠标即可应用相应的扭曲变形效果，如下右图所示。

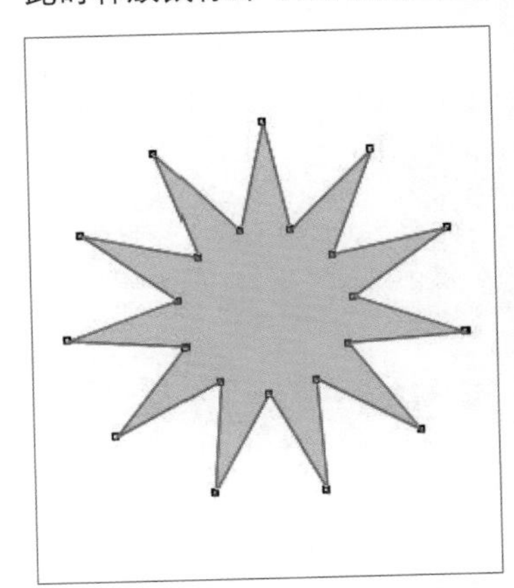

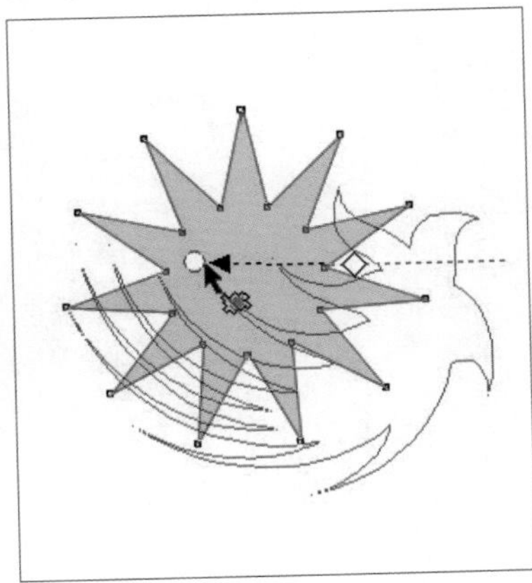

6.6 交互式封套效果

交互式封套效果是以封套的形式对对象进行变形处理，通过对封套的节点进行调整，可调整对象的形状轮廓，从而使图形变形更加规范，增加其适用范围。单击交互式封套工具，在其属性栏中可对图形的节点、封套模式以及映射模式等进行设置，如下图所示。下面对其中的选项进行介绍。

- "选取范围模式"下拉列表框：在其中包括"矩形"和"手绘"两种选取模式。选择"矩形"选项后拖动鼠标，以矩形的框选方式选择指定的节点；选择"手绘"选项后拖动鼠标，以手绘的框选方式选择指定的节点。
- 节点调整按钮组：在该按钮组中可以看到，包含了多种关于节点的调整按钮，此时的按钮与形状工具属性栏中的按钮功能相同。
- 封套模式按钮组：从左到右依次为"直线模式"按钮、"单弧模式"按钮、"双弧模式"按钮和"非强制模式"按钮，单击相应的按钮即可将封套调整为相应的形状，前3个按钮为强制性的封套效果，而"非强制模式"按钮则是自由的封套控制按钮。
- "添加新封套"按钮：用于对已添加封套效果的对象继续添加新的封套效果。
- "映射模式"下拉列表框：用于对对象的封套效果应用不同的封套变形效果。
- "保留线条"按钮：用于以较为强制的封套变形方式对对象进行变形处理。
- "复制封套属性"按钮：用于将应用在其他对象中的封套属性进行复制，进而应用到所选对象上。
- "创建封套自"按钮：用于将其他对象的形状创建为封套。

使用交互式封套工具可快速改变图形对象的轮廓效果。下面就对该工具的封套模式、映射模式的设置以及预设的运用进行详细的介绍。

1. 设置封套模式

在页面中绘制图形后，单击交互式封套工具。在属性栏中的封套模式按钮组中进行设置，单击相应的按钮，即可切换到相应的封套模式中。默认状态下的封套模式为非强制模式。其变化比较自由，且可以对封套的多个节点同时进行调整。其他强制性的封套模式是通过直线、单弧或双弧的强制方式对对象进行封套变形处理，且只能单独对各节点进行调整，以达到较规范的封套变形处理。

下图所示分别为在设置封套模式为“直线模式”、“单弧模式”和“双弧模式”下的调整效果。

2. 设置封套映射模式

设置封套的映射模式是指设置图形对象的封套变形方式。

在页面中绘制或打开图形，如下左图所示。通过在交互式封套工具属性栏的“映射模式”下拉列表框中分别选择“水平”、“原始”、“自由变形”和“垂直”选项，即可设置相应的映射模式。然后拖动节点即可对图形对象的外观形状进行变形调整。下中图和下右图所示分别为设置“水平”和“垂直”映射模式对图形对象进行调整后的效果。

提示 封套映射模式释义

在交互式封套工具的“映射模式”下拉列表中，“原始”、“自由变形”映射模式都是较为随意的变形模式，应用这两种封套映射模式，将对对象的整体进行封套变形处理。而“水平”封套映射模式是对封套节点水平方向上的图形进行变形处理。

3. 应用预设

使用交互式封套工具可以对图形对象进行任意调整。该操作除了能在其工具属性栏中进行外，也可以在“封套”泊坞窗中进行。

选择下左图所示的图形，执行“窗口>泊坞窗>效果>封套”命令，显示出“封套”泊坞窗。单击“添加预设”按钮，此时“封套”泊坞窗中显示出预设形状，用户可在其中选择合适的形状，然后单击“应用”按钮。这样即可自动对选择的图形应用封套效果，如下右图所示。

6.7 交互式立体化效果

交互式立体化工具是对平面的矢量图形进行立体化处理，使其形成立体效果。同时，还可对制作出的立体图形进行填充色、旋转透视角度和光照效果等的调整，从而让平面的矢量图形呈现出丰富的三维立体效果。下图所示为交互式立体化工具的属性栏。

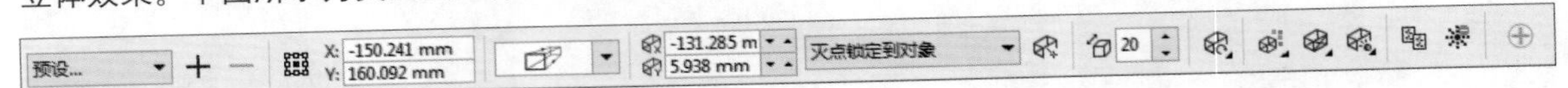

- “预设”下拉列表框：用于设置立体化对象的立体角度。
- “深度”数值框：用于调整立体化对象的透视深度，数值越大，则立体化的景深越大。
- “灭点坐标”数值框：用于确定立体化图形透视消失点的位置，可通过拖动立体化控制柄上的灭点以调整其位置。
- “灭点属性”下拉列表框：可锁定灭点即透视消失点至指定的对象，也可将多个立体化对象的灭点复制或共享。
- “页面或对象灭点”按钮：用于将图形立体化灭点的位置锁定到对象或页面中。
- “立体化旋转”下拉按钮：用于旋转立体化对象。
- “立体化颜色”下拉按钮：用于调整立体化对象的颜色，并为立体化对象设置不同类型的填充颜色。
- “立体化倾斜”下拉按钮：用于为立体化对象添加斜角立体效果并进行斜角变换的调整。
- “立体化照明”下拉按钮：用于根据立体化对象的三维效果添加不同的光源效果。

下面就对该工具的立体化类型、立体化方向、颜色、倾斜以及照明等功能的具体运用进行介绍。

1. 设置立体化类型

设置立体化对象的类型是指对图形对象的立体化方向和角度进行同步调整，也就是设置立体化的样式，可在属性栏的“立体化类型”下拉列表框中进行选择，同时还可结合“深度”数值框，对调整后图形对象的透视景深效果进行掌控。

绘制出下左图所示的矩形图形后，单击交互式立体化工具，在其工具属性栏中单击“立体化类型”下拉按钮，在弹出的选项中选择并应用不同角度的立体化效果，如下中图所示。此外，也可调节“深度”数值框，从而调整立体化对象的透视宽度，如下右图所示。

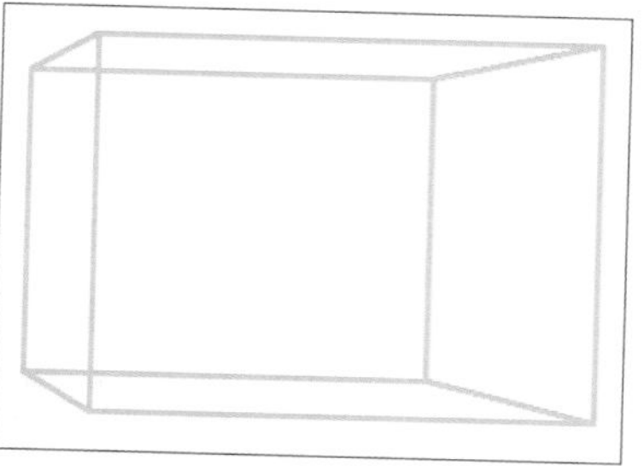

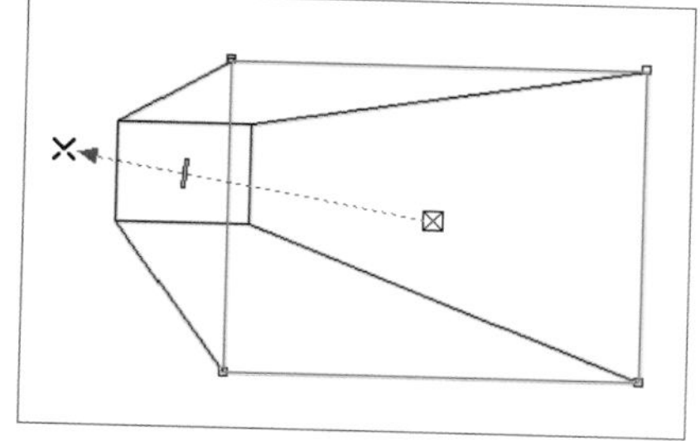

提示 调整透视效果的另一种方法

在交互式立体化工具的运用中，要调整对象的透视深度，还可在应用交互式立体化效果的同时拖动立体化控制柄中间的滑块，以调整其透视深度。

2. 调整立体化旋转方向

添加对象的立体化效果之后，可通过调整立体化对象的坐标旋转方向，以调整对象的三维角度。单击属性栏中的“立体的方向”按钮，在弹出的选项面板中拖动数字模型，即可调整立体化对象的旋转方向，如下图所示。

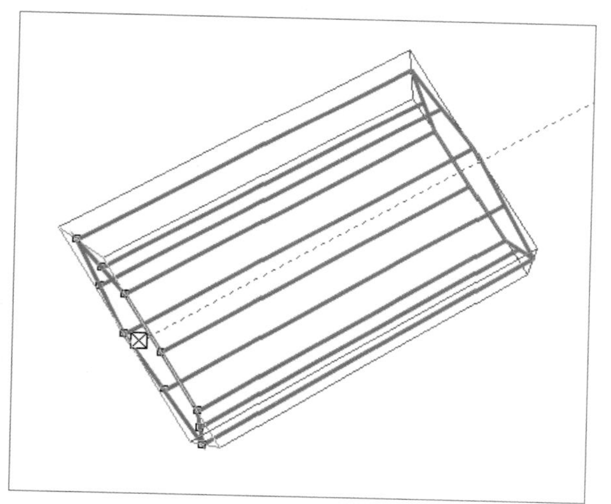

3. 调整立体对象的颜色

选择图形对象，在交互式立体化工具属性栏的“立体化颜色”下拉选项面板中单击“使用纯色”按钮。之后立体对象显示的颜色即为刚才在调色板中单击的颜色，如下面两图所示。

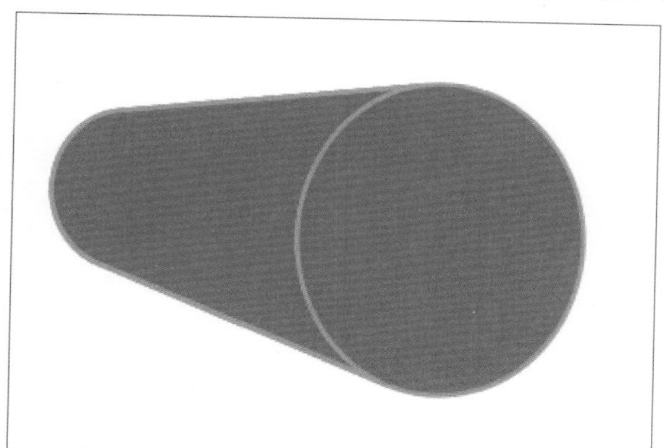

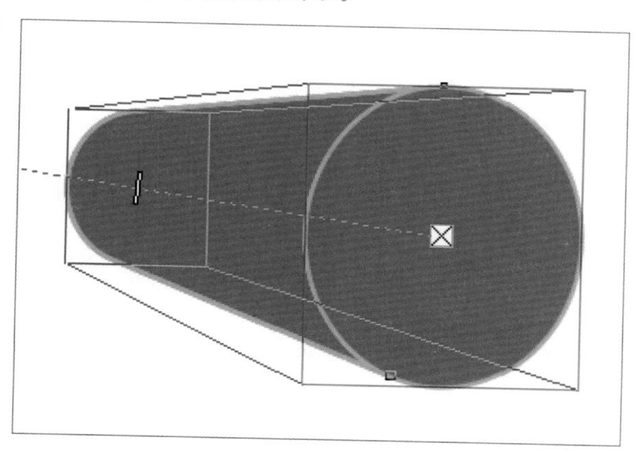

如果在颜色面板中单击“使用递减的颜色”按钮，即可切换到相应的面板中，分别单击“从”和“到”下拉按钮，为其设置不同的颜色，此时，图形的颜色随设置颜色的变换而变换。下图所示分别为使用不同的递减颜色的图形效果及其颜色面板设置。

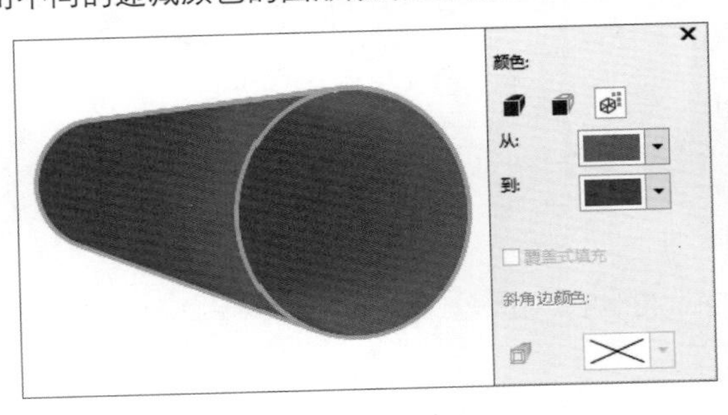

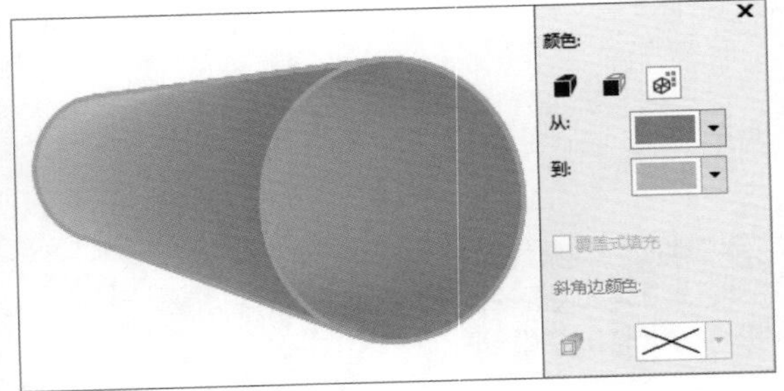

4. 调整对象的立体照明效果

调整立体化图形对象的照明效果是通过模拟三维光照原理，为立体化对象添加更为真实的光源照射效果，从而丰富图形的立体层次，赋予更真实的光源效果。

选择下左图所示的图形，使用交互式立体化工具，运用“立体右上”预设，为其制作出立体化图形效果，如下中图所示。在属性栏中单击“立体化照明”下拉按钮，在弹出的选项面板中可分别单击相应的数字按钮，添加多个光源效果。同时还可在光源网格中单击拖动光源点的位置，结合使用“强度”滑块调整光照强度，对光源效果进行整体控制。完成设置后，即可在页面中同步查看到应用光照效果的图形效果，如下右图所示。

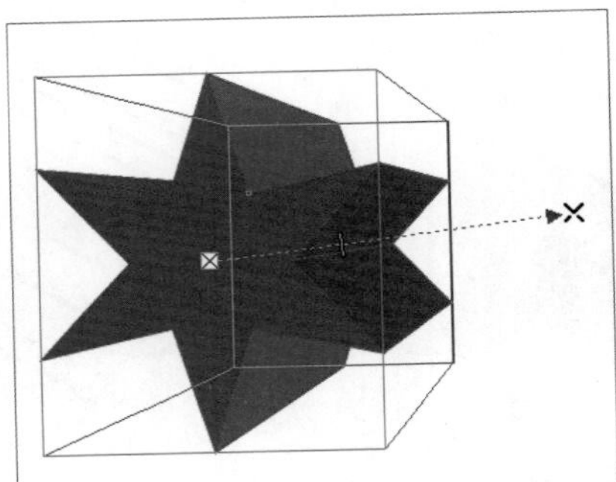

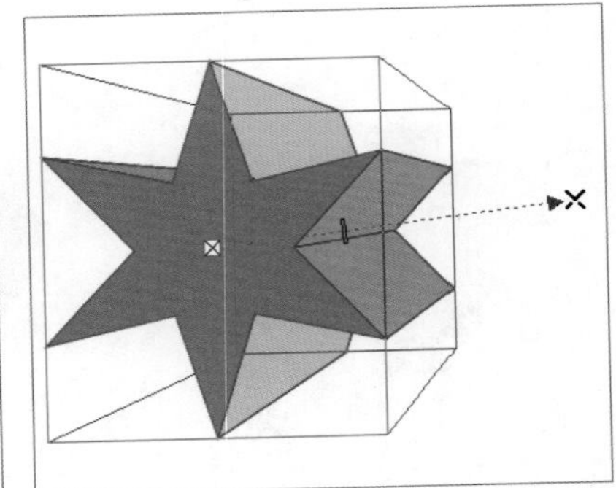

提示 调整照片颜色

在单击“立体化照明”按钮弹出的选项面板中，还可通过勾选或取消勾选“使用全色范围”复选框来调整立体化对象的颜色，即是否采用完全的色彩排列效果。

6.8 透明度工具

交互式透明效果不仅可以对矢量图形进行运用，还可以对位图图像进行运用，共包含6种透明度方式：无透明度、均匀透明度、渐变透明度、向量样式透明度、位图图样透明度、双色图样透明度。下面就先来认识一下这些透明度方式。

- 无透明度：单击此选项即删除透明度。此时属性栏中仅出现合并模式，即选择透明度颜色与下方颜色调和的方式。
- 均匀透明度：应用整齐且均匀分布的透明度。单击该选项后，可挑选透明度并设置透明度的值，还可指定透明度目标。
- 渐变透明度：应用不同不透明度的渐变。单击该选项会出现4种渐变类型：线性渐变、椭圆形渐变、锥形渐变、矩形渐变。选择不同的渐变类型，可应用不同的渐变效果。

- 向量样式透明度：应用向量图形透明度。单击该选项，在属性栏中可设置其合并模式、前景透明度、背景透明度、水平/垂直镜像平铺等。
- 位图图样透明度：应用位图图形透明度。其设置参数及样式的属性与向量样式透明度相似，在此不再介绍。
- 双色图样透明度：应用双色图样透明度。其设置参数及样式的属性与向量样式透明度、位图图样透明度相似，在此不再具体介绍。

使用透明度工具可快速赋予矢量图形或位图图像透明效果，下面将对该工具的具体使用方法进行介绍。

1. 调整对象透明度类型

调整对象透明度类型是指通过设置对象的透明状态以调整其透明效果。具体方法是：在页面中绘制图形，单击透明度工具，在其属性栏的“透明度类型”下拉列表框中选择相应的选项，即可对图形对象的透明度进行默认的调整，若此时默认的调整效果还不是非常满意，可通过在“透明中心点”和“角度和边界”数值框中设置中心点的位置及透明的角度和边界效果。值得注意的是，这些操作也可直接在图形对象中通过拖动白色的中心点和箭头图标调整。

如下三图所示分别为运用“无透明度”、“线性渐变”、“矩形渐变”3种不同的透明度类型的图形效果。此时也可看到，结合对中心点和角度的调整，能让图形呈现出更多不同程度的透明效果。

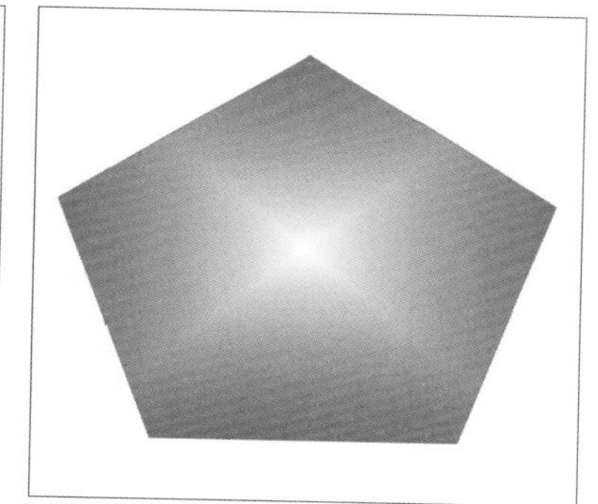

2. 调整透明对象的颜色

要调整设置透明效果的图形对象的颜色，可通过直接调整图形对象的填充色和背景色来实现，同时也可在透明度工具属性栏的“透明度操作”下拉列表框中设置相应的选项，从而通过调整其图形对象颜色与背景颜色的混合关系，产生新的颜色效果。

选择下左图所示的图形对象，并为其添加“圆锥”类型透明效果，如下右图所示，然后在“透明度操作”下拉列表框中选择相应的选项来改变颜色。

相同的透明度类型和参数下，在“透明度操作”下拉列表框中分别选择“差异”、“饱和度”和“绿”选项的图形效果如下图所示。

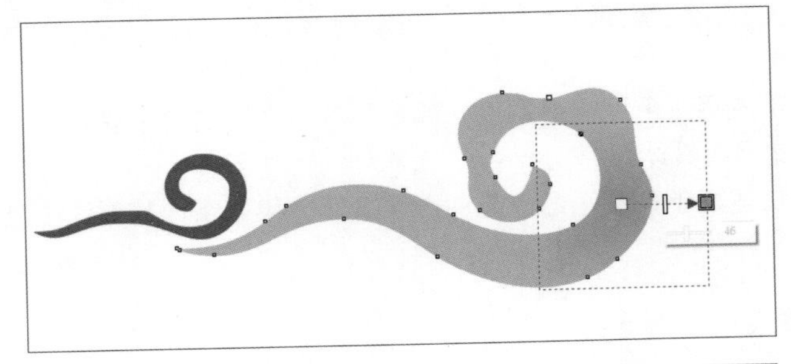

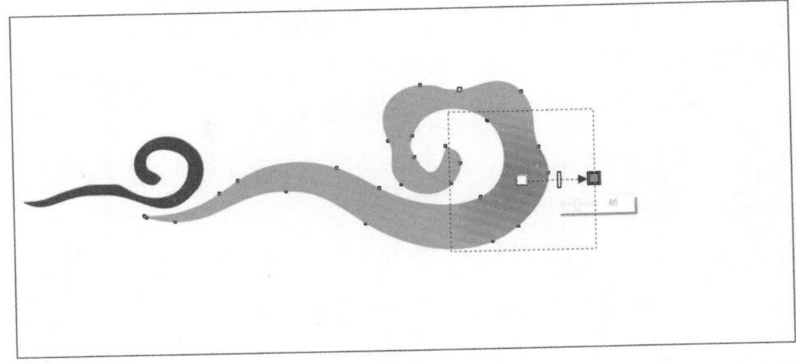

实例08 饮料海报设计

步骤 01 启动CorelDRAW X8，执行“文件>新建”命令，新建一个空白文档并设置其尺寸为210mm×285mm，如下图所示。

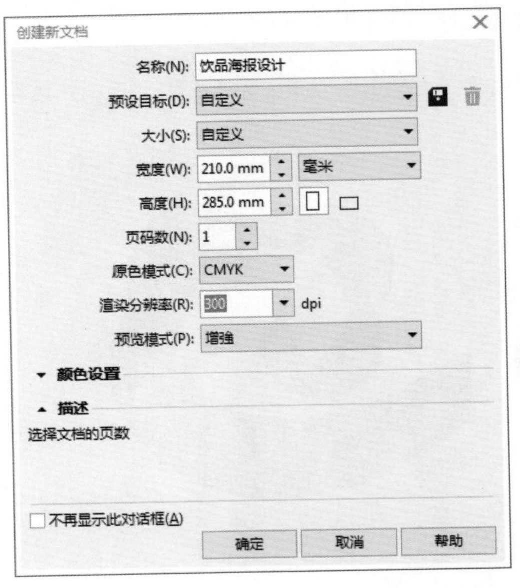

步骤02 执行“文件>导入”命令，导入本章素材文件“纹理背景.jpg”，在属性栏中调整其大小与页面相同，如下图所示。

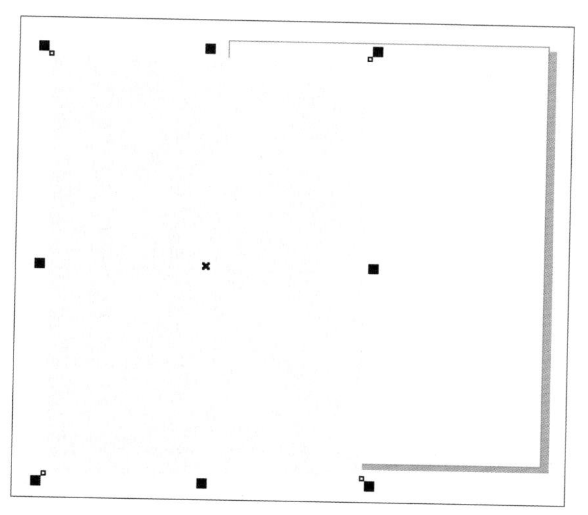

步骤03 执行“窗口>泊坞窗>对齐与分布”命令，设置素材图像与页面水平居中对齐、垂直居中对齐，如下图所示。

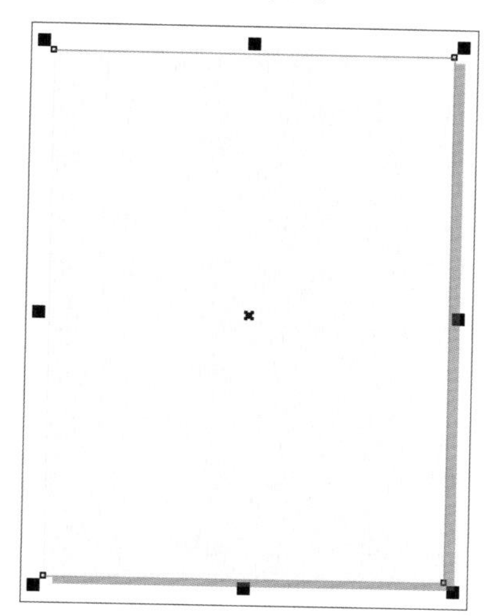

步骤04 使用工具箱中的钢笔工具绘制水滴的路径，绘制效果如下图所示。

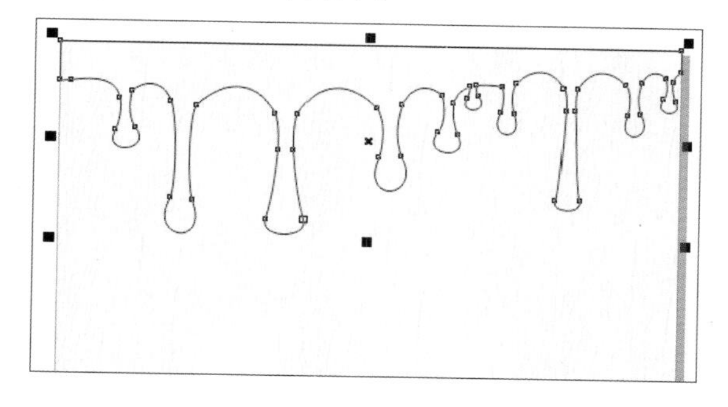

步骤05 按快捷键Shift+F11打开“编辑填充”对话框，设置填充颜色为黄色，如下图所示。

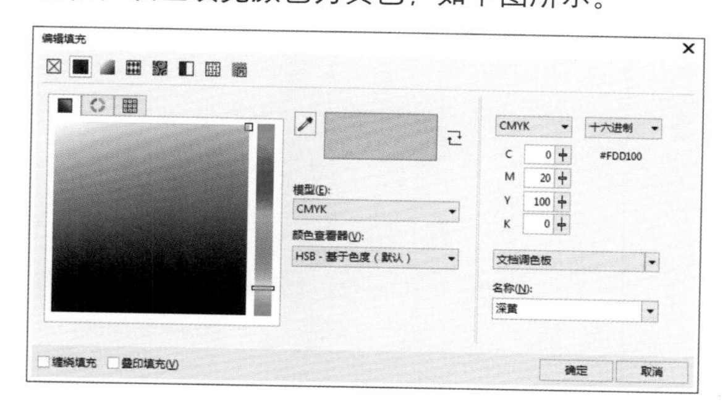

步骤06 选择工具箱中的透明度工具，在属性栏中设置其透明度为50，效果如下图所示。

步骤07 使用直线工具在页面左侧绘制两条直线，执行“窗口>泊坞窗>对象属性”命令，设置轮廓颜色为褐色（C41、M51、Y52、K1）、轮廓宽度为1mm，如下图所示。

步骤08 选中左侧直线，在“对象属性”泊坞窗中设置线条样式为虚线，效果如下图所示。

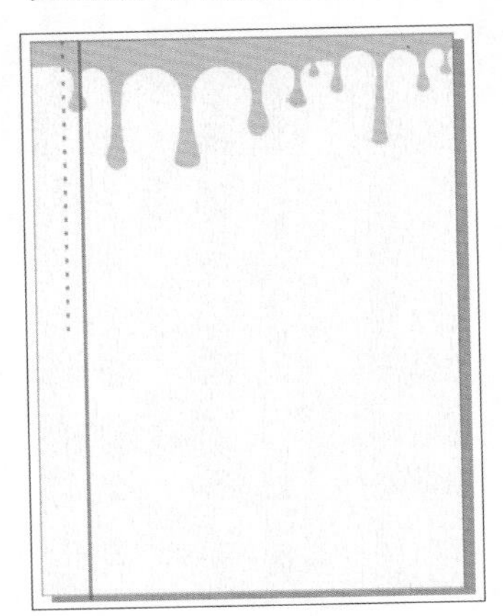

步骤09 使用文本工具输入文字内容，设置字体为汉仪细圆简、字号为48.5pt，设置字体颜色为褐色（C41、M51、Y52、K1），如下图所示。

步骤10 使用选择工具选中文字，在属性栏中设置旋转角度为270°，并调整其位置，如下图所示。

步骤11 使用文本工具输入文本内容，设置字体为本墨陈黑、字号为149pt，设置字体颜色为褐色（C41、M51、Y52、K1），调整透明度为80，如下图所示。

步骤12 使用文本工具分别输入海报主题的文字，设置字体为方正综艺简体、字号为62.5pt，并分别设置相应颜色，调整至合适位置，如下图所示。

步骤13 使用矩形工具在海报主题文字上绘制矩形图形，如下图所示。

步骤14 按住Shift键加选下方的“夏”字，执行“对象>造形>移除前面对象”命令，移除效果如下图所示。

步骤15 使用同样方法制作海报主题的其他部分，移除效果如下图所示。

步骤16 使用文本工具输入宣传语与符号，在“对象属性”泊坞窗中设置字符中的字体、字号、字体颜色，如下图所示。

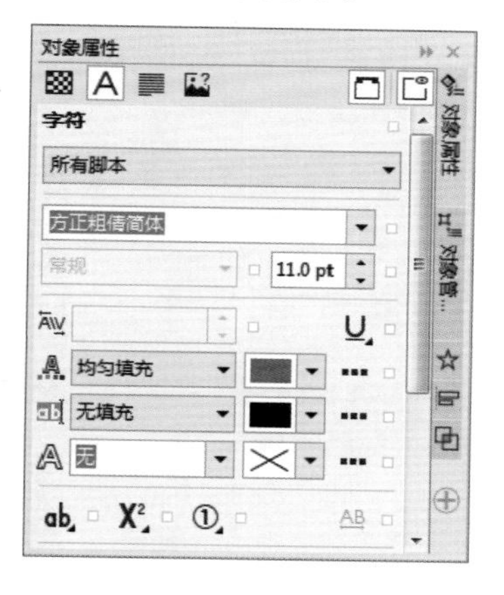

步骤17 在段落中设置字间距为310%，设置完成调整其与页面水平居中对齐，如下图所示。

步骤18 使用文本工具输入宣传语英文，在“对象属性”泊坞窗中设置字体为本墨陈黑、字号为8pt，再将字体颜色设置为褐色（C41、M51、Y52、K1），如下图所示。

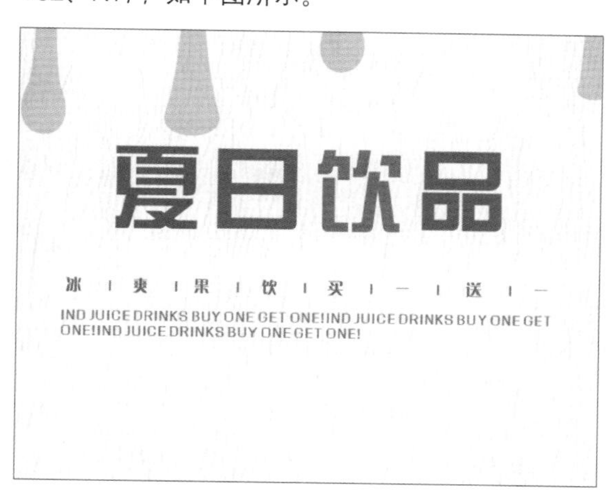

步骤19 使用矩形工具绘制矩形框，设置轮廓宽度为0.75mm、轮廓颜色为橄榄绿（C47、M37、Y99、K3），如下图所示。

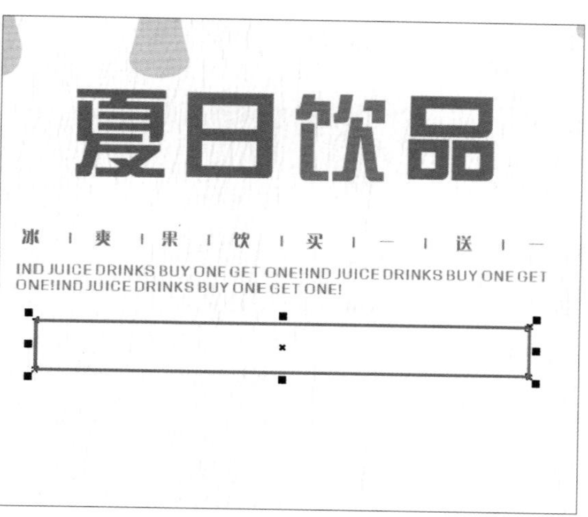

步骤20 继续使用矩形工具绘制矩形，按快捷键Shift+F11设置填色为橄榄绿（C47、M37、Y99、K3），设置其与页面居中对齐，如下图所示。

步骤21 使用文本工具输入文本内容，设置字体为本墨陈黑、字号为19.5pt，如下图所示。

步骤22 执行“文件 > 导入”命令，导入素材“饮料.png”，调整其大小与位置，如下图所示。

步骤23 使用矩形工具在页面中绘制一个尺寸为202mm×277mm的矩形，设置其轮廓宽度为8mm、轮廓颜色为黄色（C2、M17、Y75、K0），调整其大小与位置，如下图所示。

6.9 其他效果

在CorelDRAW X8中，除了能使用工具箱中的交互式特效工具为图像对象添加特殊的效果之外，还可以通过“添加透视”命令以及“透镜”、“斜角”泊坞窗进行特殊效果的添加和制作，从而丰富图像效果。

6.9.1 透视点效果

透视点效果是在图形的绘制和编辑过程中经常用到的操作，广泛运用于建筑效果图、产品包装效果图以及书籍装帧设计效果图的制作中。通过添加透视点功能可调整图形对象的扭曲度，从而使对象产生近大远小的透视关系。

选择下左图所示的图形对象，执行“效果>添加透视”命令，此时在图形对象周围会出现具有透视感的红色虚线网格，如下左图所示。按住Ctrl键的同时拖动虚线网格的控制柄，将其调整到合适的位置后释放鼠标左键，如下右图所示。

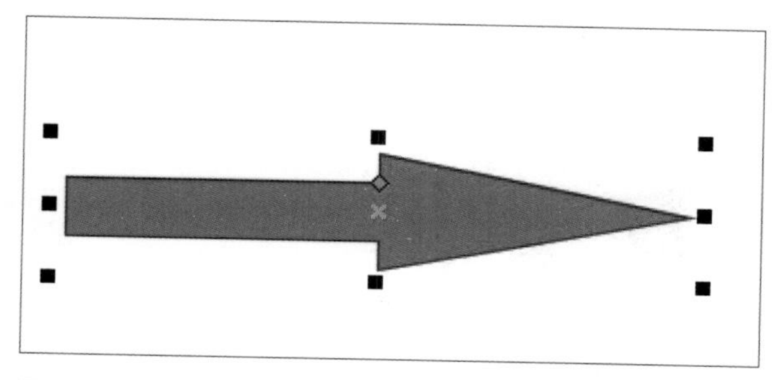

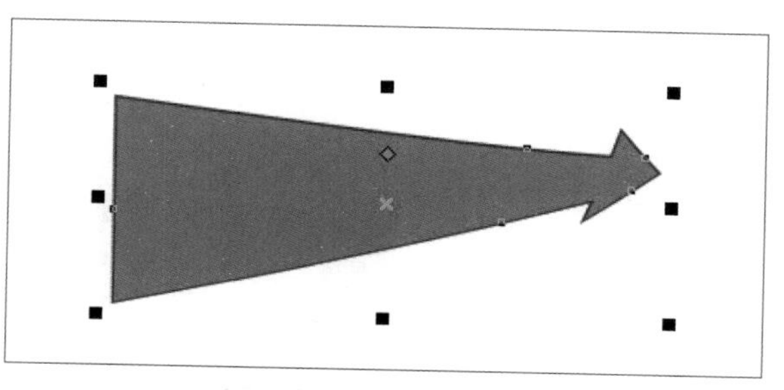

提示 使用透视点效果时的注意事项

在CorelDRAW X8中，透视点效果只能应用在独立的图形对象上，在独立群组中可以添加透视点并进行调整操作，但在同时选择多个图形对象的情况下则不能使用该功能。

6.9.2 透镜效果

通过“透镜”泊坞窗可以为图形对象添加不同类型的透镜效果，在调整对象的显示内容时，也可调整其色调效果。

执行“窗口>泊坞窗>透镜”命令，即可打开“透镜”泊坞窗，如下图所示，当未应用任何透镜效果时，“透镜”泊坞窗中的预设选项显示为灰色未激活状态，且在预览窗口不显示任何透镜效果。

当在“透镜类型”下拉列表框中选择一个透镜选项后，此时泊坞窗中则显示出使用透镜的示意图效果，同时也激活了相关选项，下面对其选项进行介绍。

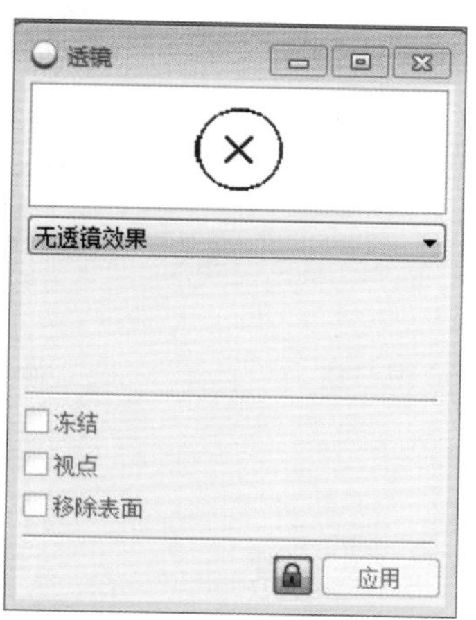

- 预览窗口：当在页面中绘制或打开图形后，此时在其中以简洁的方式显示出当前所选图形对象所选择的透镜类型的作用形式。
- “透镜类型”下拉列表框：用于设置透镜类型，如变亮、颜色添加、色彩限度、自定义彩色图、鱼眼以及线框等类型。选择不同的透镜类型，会提供相对应的设置选项。
- “冻结”复选框：勾选该选项，将冻结透镜对象和另一个对象的相交区域，冻结对象后移动对象至其他地方，最初应用透镜效果的区域也会显示为相同的效果。
- “视点”复选框：勾选该选项，即使背景对象发生变化也会动态维持视点。
- “移除表面”复选框：勾选该选项，移除透镜对象和另一个对象不相叠的区域，从而使无重叠区域不受透镜的影响，此时被透镜所覆盖的区域不可见。
- “应用”按钮和“解锁”按钮：这两个按钮之间有一定的联系，在未解锁的状态下，可直接应用对象的任意透镜效果。而单击“解锁”按钮后，“应用”按钮将被激活。此时若更改了相应选项设置，只有单击“应用”按钮，才能应用到对象中。

透镜效果的添加方法极为简单，在图形中选择需要添加透镜效果的图形对象，如下左图所示，在“透镜”泊坞窗中的“透镜类型”下拉列表框中选择合适的类型，并在其面板中设置相应的参数，完成后单击“应用”按钮，此时在图形中即可查看应用相应透镜后的效果，如下右图所示。

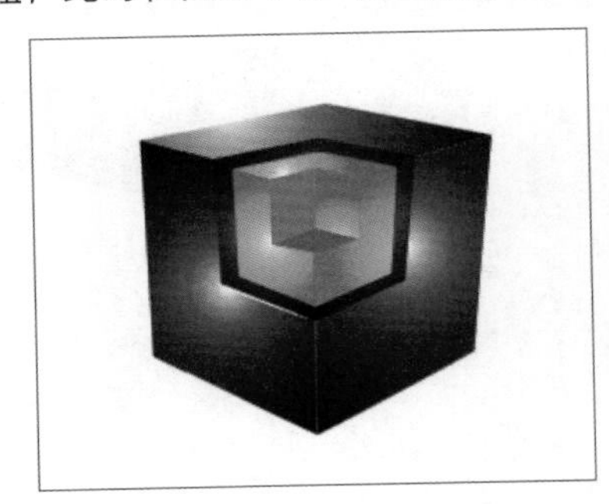
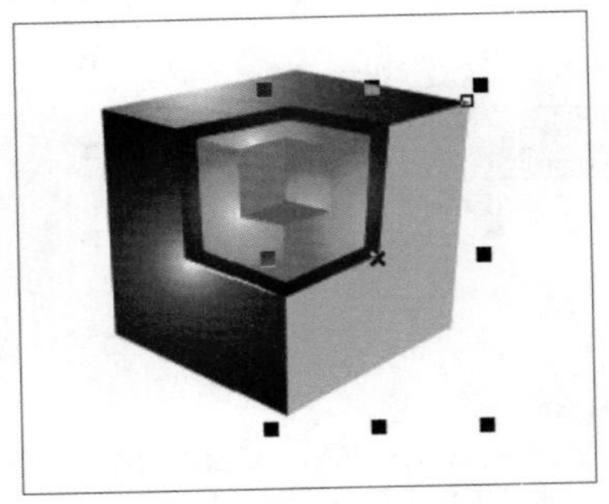

需要说明的是，透镜效果只能对矢量图形对象使用，对位图则无法使用该功能。

6.9.3 斜角效果

在“斜角”泊坞窗中，可对图形对象进行立体化处理，也可进行平面化样式处理。

执行“窗口>泊坞窗>斜角”命令，即可打开“斜角”泊坞窗，如下图所示。要设置并应用“斜角”泊坞窗，需要选择一个已经填充颜色的图形对象，才能激活相应的灰色选项，下边对其中的选项进行介绍。

- “样式”下拉列表框：可以从中选择为对象添加的不同的斜角样式。
- “斜角偏移”选项组：用于设置为对象添加斜角之后的斜角在对象中的位置和状态。
- “阴影颜色”下拉按钮：用于对对象的斜角的阴影颜色进行设置。
- “光源控件”选项组：用于设置光源的颜色、强度、方向和高度。
- “应用”按钮：单击该按钮即可应用设置。

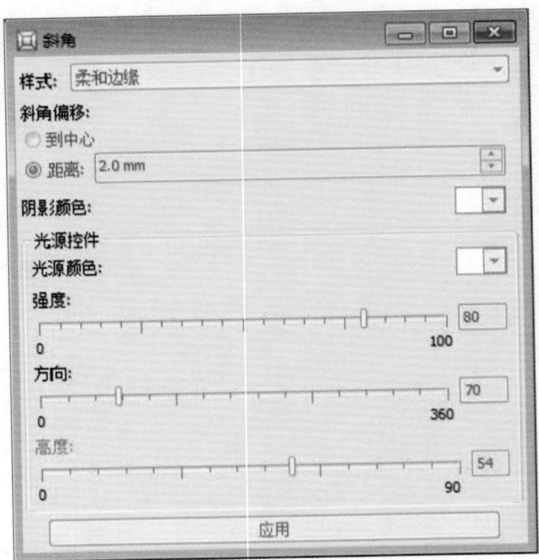

提示 光源控制

更改"光源颜色"后，将以该颜色调和至斜角对象的光源颜色中。其中，"强度"选项可增强光照的明暗对比强度，数值越大，对比越强；"方向"选项可调整光源的照射方向；"高度"选项可调整光照的敏感平滑度，数值越大，其光源高度越低，效果越平滑。

为图形对象添加斜角效果是指在一定程度上为图形对象添加立体化效果或浮雕效果，同时还可对应用斜角效果后的对象进行拆分。

选择下左图所示的图形，执行"窗口>泊坞窗>斜角"命令，打开"斜角"泊坞窗。在"样式"下拉列表框中选择"柔和边缘"选项，选择"距离"单选按钮后设置距离参数，同时对阴影颜色和光源颜色进行设置。完成后单击"应用"按钮，即可看到图形的斜角效果，如下中图所示。

此外，若选择"到中心"单选按钮，保持其他颜色和参数不变，再次单击"应用"按钮，则图像效果发生了变化，如下右图所示。

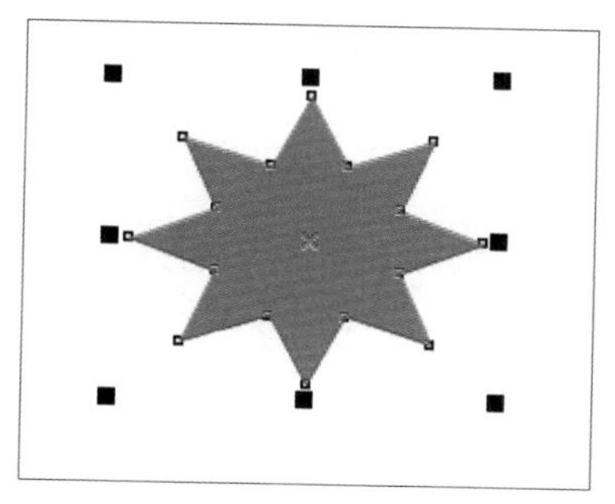

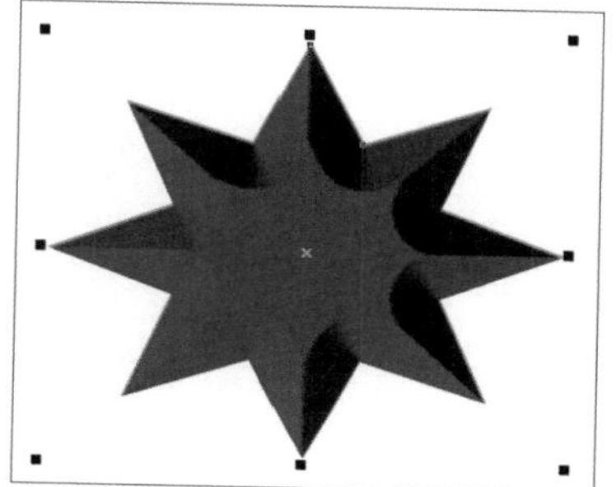

知识延伸：复制和克隆效果

复制和克隆效果可以理解为一个图形应用另一个图形的属性效果，是比较常用的操作。在前面对交互式特效类的7种工具属性栏的介绍中，都有一个复制相应属性的按钮，使用该按钮即可进行复制对象属性的操作，这里还可通过执行"效果>复制效果"或"效果>克隆效果"命令来进行。下面对复制和克隆效果进行系统的介绍。

1. 复制对象效果

首先选择需要进行复制的图形对象，执行"效果>复制效果"命令，在其子菜单中选择相应的命令。将鼠标光标移向要复制效果的图形对象上，此时光标变为箭头形状，如下左图所示，此时单击即可为对象应用复制的属性。

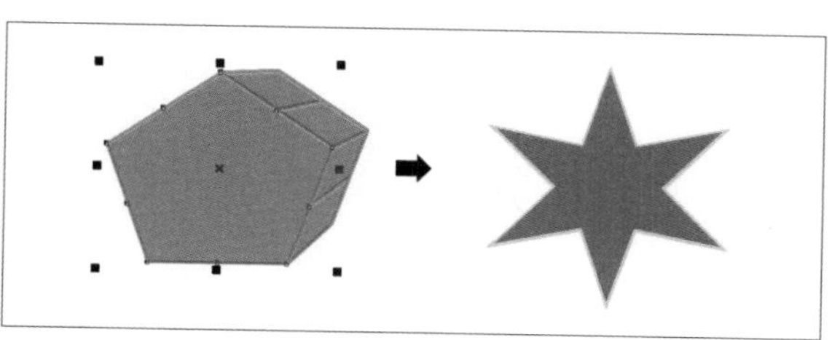

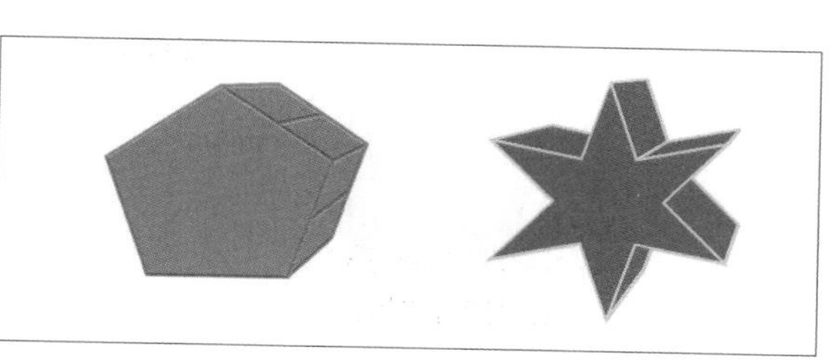

2. 克隆对象效果

与复制对象效果一样，克隆对象效果也是将一个图形对象的特殊效果或属性应用到另一个图形对象中。不同的是，此时选择图形对象后执行的是"效果>克隆效果"命令。下图所示分别为显示出可克隆对象的箭头图标和克隆后的图形效果。

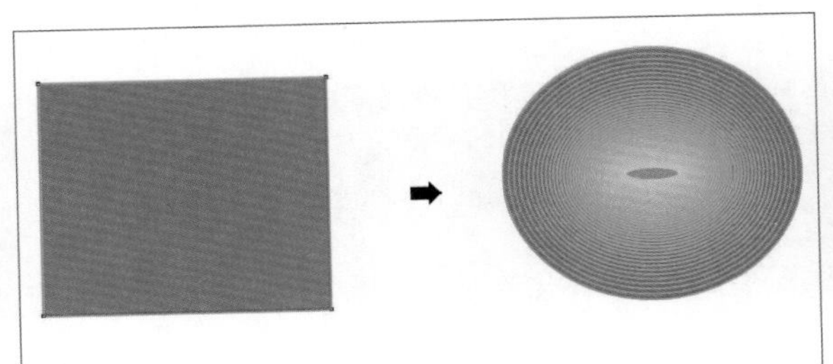

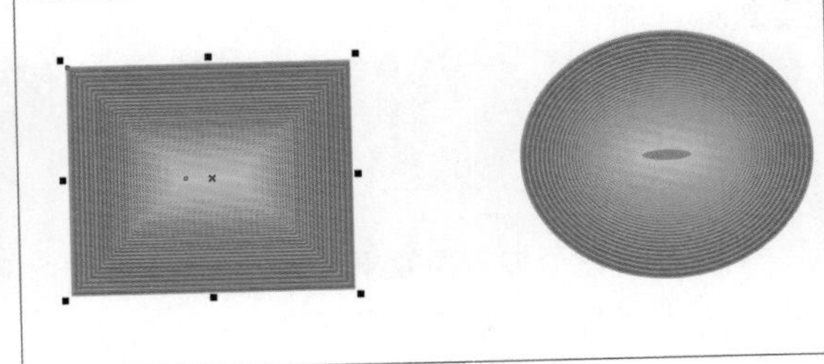

上机实训：房地产宣传广告

下面将利用所学知识练习制作房地产宣传广告，具体操作步骤如下。

步骤 01 执行“文件>新建”命令，新建一个空白文档并设置其尺寸为285mm×420mm，如下左图所示。双击工具箱中的矩形工具，生成一个与文档同大的矩形框，如下右图所示。

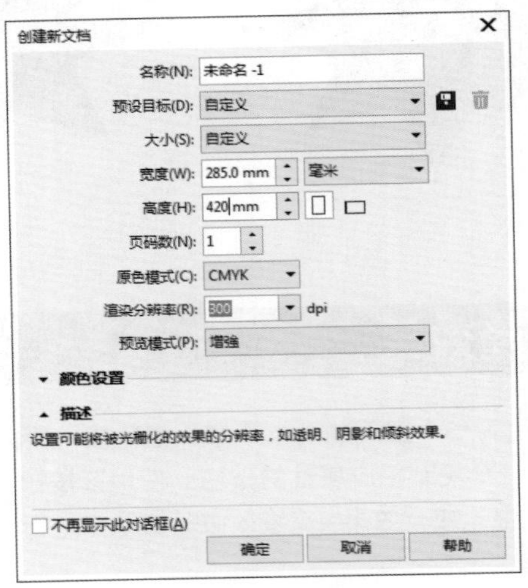

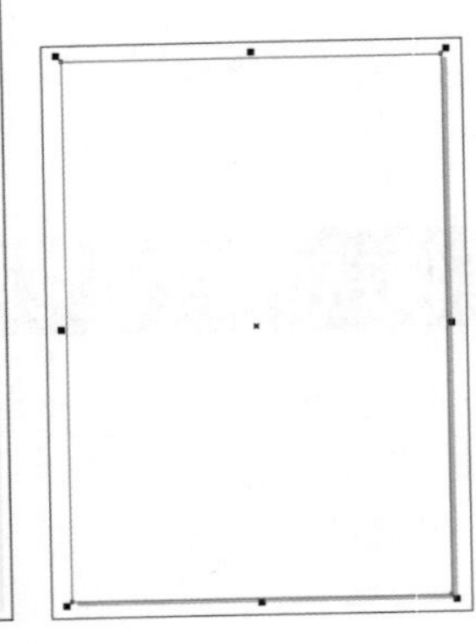

步骤 02 按快捷键Shift+F11，填充颜色为蓝色（C55、M0、Y5、K0），使用鼠标右键单击调色板中的☒图标，去除轮廓线，锁定对象，如下图所示。

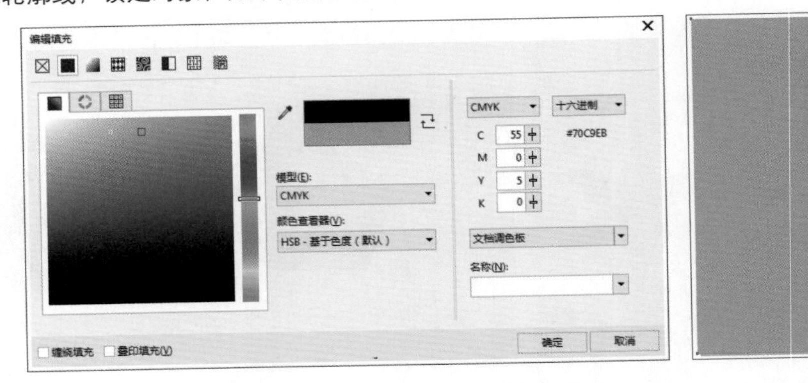

步骤 03 使用矩形工具在文档中绘制一个矩形，在属性栏中设置其尺寸为0.8mm×13mm，设置填充色为黑色并去除轮廓线，如下图所示。

步骤 04 执行“对象>对齐和分布”命令，设置其与页面顶端对齐，并在属性栏中设置其X值为256mm，如下图所示。

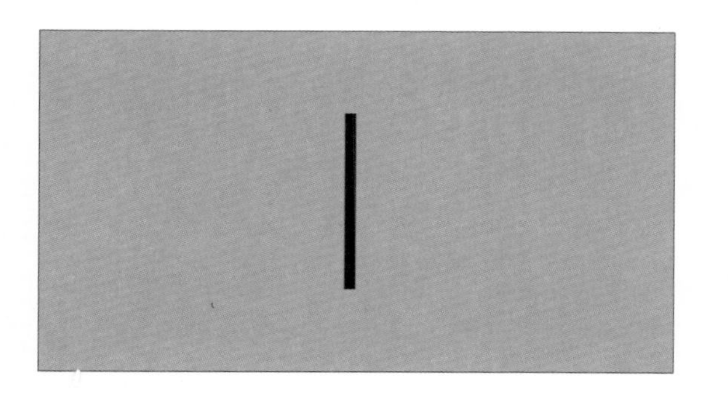

步骤 05 按快捷键Ctrl+C复制，按快捷键Ctrl+V粘贴，在属性栏中更改其高度为27mm，并调整至合适位置，如下图所示。

步骤 07 执行“窗口>泊坞窗>对象属性”命令，在“对象属性”泊坞窗中设置转角为圆角、端点为圆角端点，效果如下图所示。

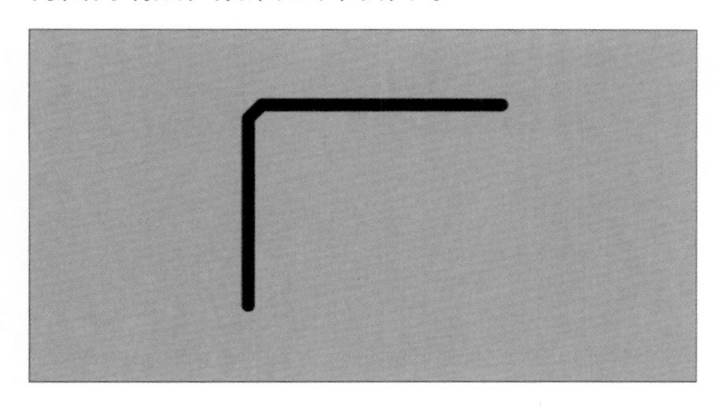

步骤 09 继续使用同样的方法，绘制字母F的剩余部分及其他的英文字母，如下图所示。

步骤 06 使用2点线工具，绘制字母F的一部分，然后在属性栏中设置轮廓宽度为0.15mm，如下图所示。

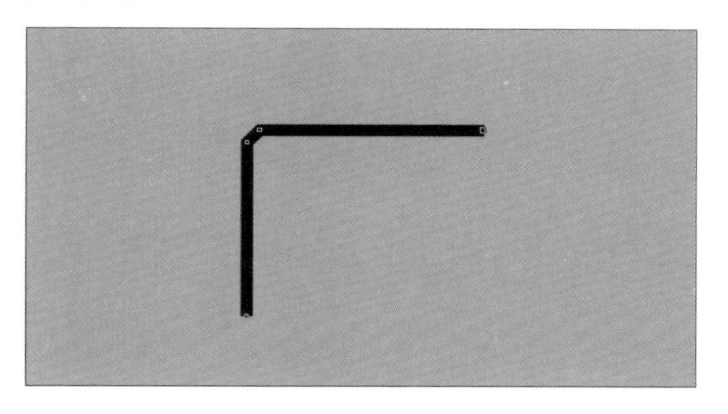

步骤 08 执行“对象>将轮廓转换为对象”命令，然后按快捷键Shift+F11，设置填充色为蓝绿色（C96、M73、Y48、K18），如下图所示。

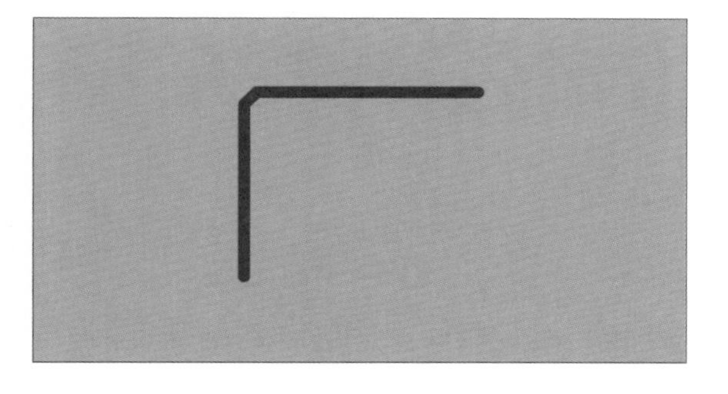

步骤 10 使用文本工具，输入文本内容，设置颜色为蓝绿色（C96、M73、Y48、K18）、字体为方正黑体简体、字号为7.5pt、字符间距为100%，如下图所示。

步骤 11 使用文本工具分别输入两句宣传语，设置字体为本墨成黑、字号为76pt，颜色分别为红色（C35、M100、Y100、K0）与深蓝（C96、M73、Y48、K18），调整其字符间距为-29%，如下图所示。

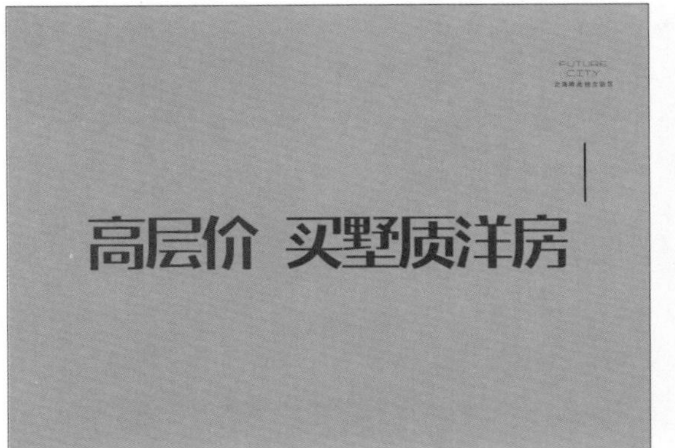

步骤 12 使用椭圆形工具，按住Ctrl键绘制正圆，设置填色为无、轮廓线为红色（C35、M100、Y100、K0），并在“对象属性”泊坞窗中设置其轮廓宽度为0.7mm，如下图所示。

步骤 13 使用矩形工具在正圆上方绘制矩形，调整合适大小及位置，如下图所示。

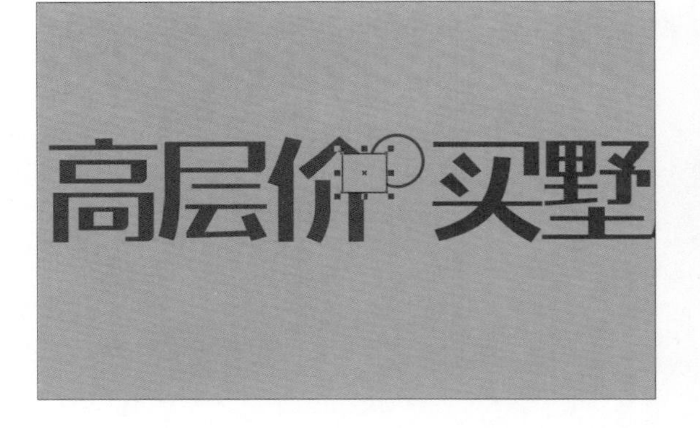

步骤 14 选中矩形，执行“对象>将轮廓转换为对象”命令，按住Shift键加选下方圆形边框，执行“对象>造形>移除前面对象”命令，效果如下图所示。

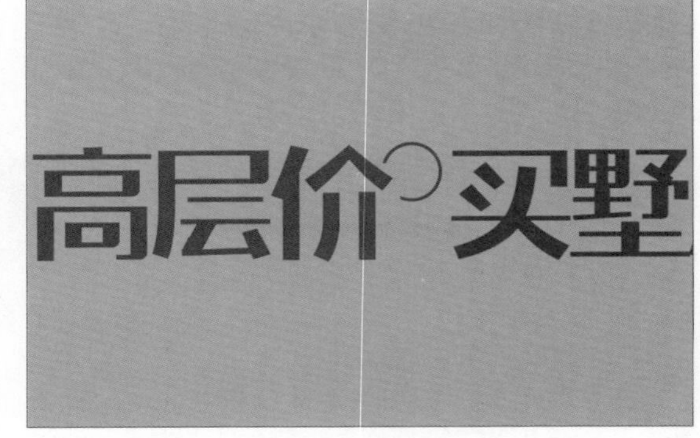

步骤 15 下面制作标签，使用矩形工具绘制矩形，设置其颜色为红色（C0、M100、Y60、K10），并设置其与页面水平居中对齐，如下图所示。

步骤 16 绘制一个较小的矩形，并使用钢笔工具绘制一个三角形，设置填色为黑色，如下图所示。

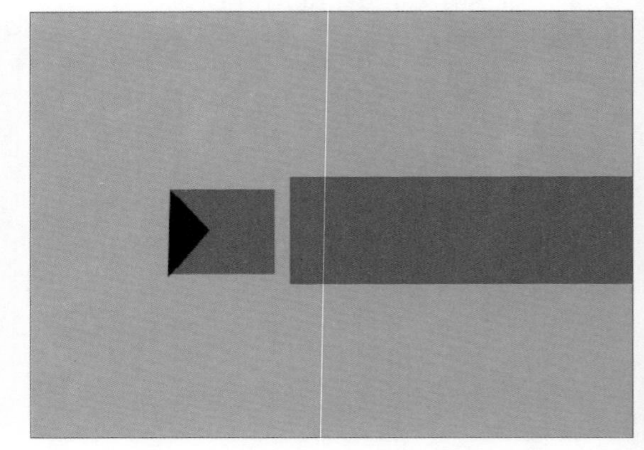

步骤 17 再次绘制一个较小的矩形，并使用钢笔工具绘制一个三角形，设置填色为黑色，加选下方矩形，执行“对象>造形>移除前面对象”命令，如下图所示。

步骤 18 复制左侧图形至矩形右侧，并在属性栏中设置其旋转角度为180°，如下图所示。

步骤 19 使用文本工具在矩形上方输入文字内容，设置字体、字号，并设置其颜色为白色，调整至合适位置，如下图所示。

步骤 20 使用椭圆形工具绘制两个同心圆，并设置其填色为无、轮廓线颜色为深蓝（C96、M73、Y48、K18）、轮廓线宽度为0.2mm，如下图所示。

步骤 21 选中两个同心圆，对其进行编组，并复制出3个相同的图形，调整至合适位置，如下图所示。

步骤 22 使用文本工具输入宣传信息，设置字体为方正细圆简体、字号为17pt，并设置字体颜色为深蓝（C100、M85、Y45、K15），注意调整字符间距，如下图所示。

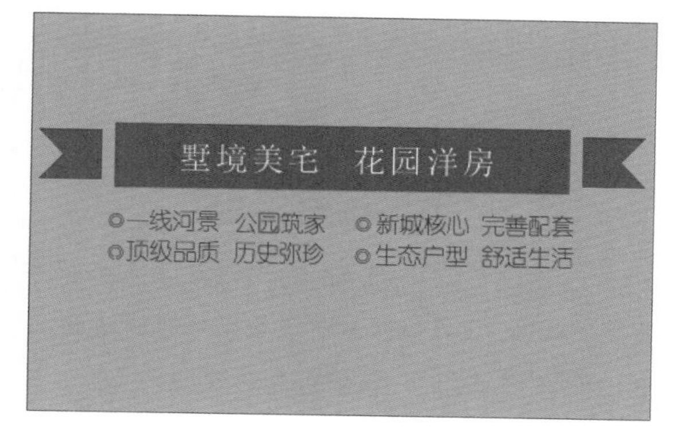

步骤23 执行“文件>导入”命令，导入本章素材文件“白云.png”，并调整其大小及位置，如下图所示。

步骤24 执行“文件>导入”命令，导入本章素材文件“岛屿.png”，并调整其大小及位置，如下图所示。

步骤25 执行“文件>导入”命令，导入本章素材文件“热气球.png”，并调整其大小及位置，如下图所示。

步骤26 执行“文件>导入”命令，导入本章素材文件“纹理.jpg”，并调整其大小及位置，如下图所示。

步骤27 使用直线工具绘制斜线，设置斜线轮廓宽度为0.25mm，将其复制并调整至合适的位置，如下图所示。

步骤28 使用椭圆形工具绘制两个正圆，上方椭圆设置0.2mm的轮廓线，且轮廓线颜色与下方背景颜色相同，将其复制并移动至合适位置，如下图所示。

步骤 29 使用文本工具输入宣传信息，设置字体、字号，字体颜色设为深蓝，调整至合适位置，如下图所示。

步骤 31 使用椭圆形工具绘制正圆，设置颜色为深蓝，去除轮廓线。使用文本工具在圆中输入字母A，设置字体、字号，文字颜色设为与背景相同，如下图所示。

步骤 33 使用矩形工具，在文档右下角绘制地图线条，其中横条尺寸为62mm × 1.5mm，竖条尺寸为1.5mm × 29mm，如下图所示。

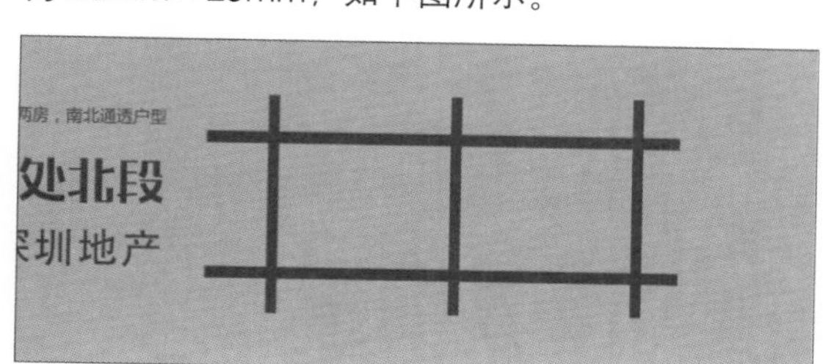

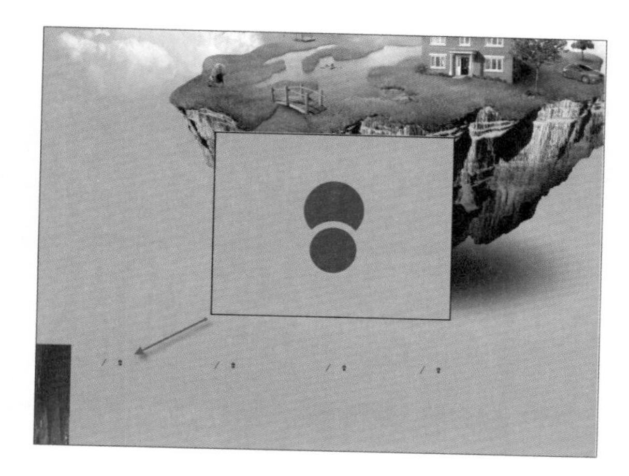

步骤 30 使用2点线工具，按住Shift键，绘制两条直线，并设置其线条样式为虚线、轮廓宽度为0.25mm、轮廓线颜色为深蓝，如下图所示。

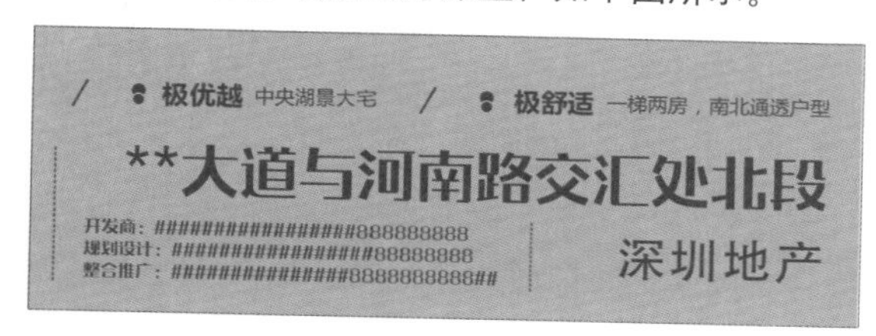

步骤 32 复制上方制作完成的图案至“深圳地产”文字左侧，如下图所示。

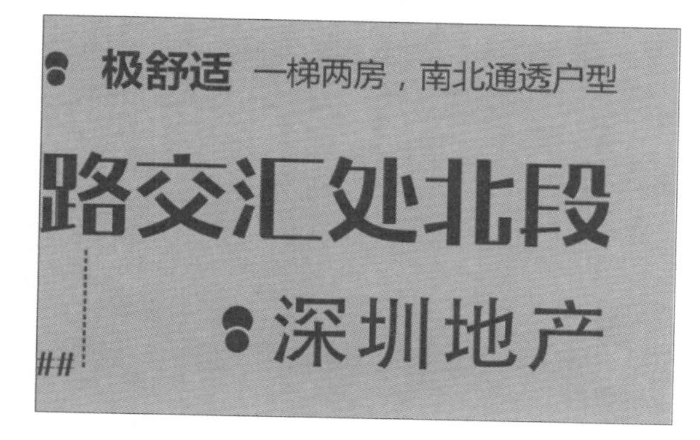

步骤 34 使用多边形工具，在属性栏中设置其边数为6，绘制完成后调整尺寸为2.7mm × 2.7mm、轮廓线为2.5mm，设置填色与背景色相同、轮廓色为深蓝，调整至直线交界处，如下图所示。

步骤35 复制上一步绘制的图形并调整至合适位置，使用文本工具输入地图内容，注意区分字体、字号，字体颜色统一为蓝色，如下图所示。

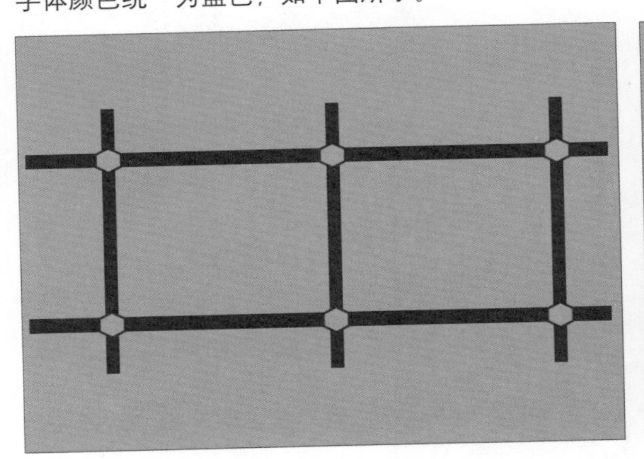

步骤36 使用椭圆形工具绘制正圆，设置填色为深蓝、描边为无，复制并调整至合适位置，如下图所示。

步骤37 使用矩形工具在“东郡公园”的下方绘制一个矩形，设置填色为深蓝、轮廓线为无，如下图所示。

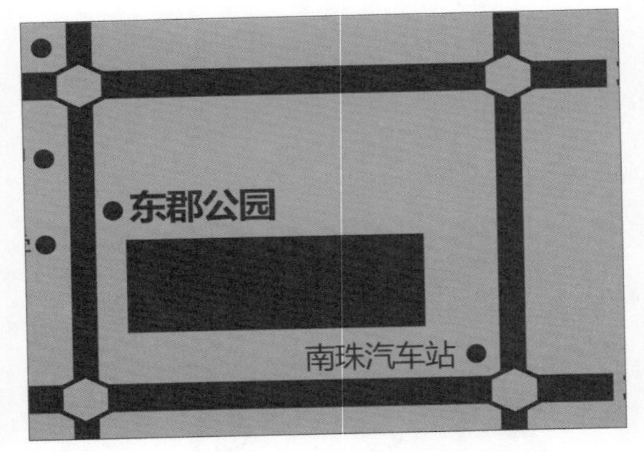

步骤38 使用文本工具在矩形上方输入房地产名称“未来城”，设置字体、字号，颜色与背景颜色相同，如下图所示。

步骤39 使用2点线工具，绘制一条垂直转角线，设置填色为背景色、轮廓宽度为3.5mm，如下图所示。

步骤40 使用2点线工具，绘制一条垂直转角虚线，设置填色为深蓝、轮廓宽度为0.08mm，如下图所示。

步骤41 使用多边形工具，在属性栏中设置边数为3，绘制一个正三角形，设置其填色为深蓝，旋转其角度，调整其位置，如下图所示。

步骤42 最终制作完成的房地产宣传广告效果如下图所示。

课后练习

1. 选择题

（1）交互式调和工具不能应用于________对象。

A. 透镜　　B. 群组　　C. 立体　　D. 阴影

（2）交互式工具包括________种工具。

A. 5　　B. 6　　C. 7　　D. 9

（3）以下的工具中________是交互式工具。

A. 缩放　　B. 移动　　C. 填充　　D. 透视点

（4）打开“调和”泊坞窗的快捷键是________。

A. Ctrl+E　　B. Ctrl+B　　C. Ctrl+F9　　D. Ctrl+F3

（5）交互式填充工具的作用是________。

A. 填充渐变颜色　　B. 填充纹理　　C. 填充单色　　D. 填充各种颜色和图案

2. 填空题

（1）交互式变形效果分为3种类型，即________、________、________。

（2）在交互式封套的映射选项中，有4种不同的映射形状，除了默认的自由变形、水平、垂直外，还有________。

（3）封套是指可以设置在对象周围以改变对象形状的闭合形状，它由________相连的线段组成。一旦将它应用到对象，就可以移动节点来改变对象的形状。

（4）透镜效果是指通过改变对象外观或改变________的方式所取得的特殊效果，而不改变对象实际属性。

（5）执行“效果>透镜”命令或者按下快捷键________，就可以打开“透镜”泊坞窗。

3. 操作题

结合实例07“梦幻水晶”的制作，利用之前的知识，用户可自由发挥制作下图所示的内容。

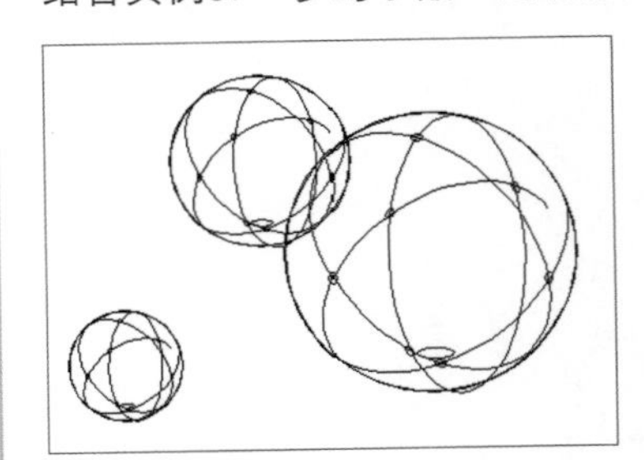

Chapter 07 处理位图图像

本章概述

位图图像的处理是CorelDRAW X8强大功能的一种体现，将矢量图和位图有机地结合在一起，将不必在两种软件中来回切换，大大方便了用户的操作。本章针对位图和矢量图的转换以及位图的编辑等知识进行介绍，以求让读者掌握多方面知识，并能更确切地了解其实际的使用方法。

核心知识点

❶ 位图的导入和转换
❷ 位图的编辑
❸ 位图的色彩调整

7.1 位图的导入和转换

位图的导入和转换是CorelDRAW X8的核心功能，通过本章的讲解，用户将对位图有更深入的了解，接下来将详细介绍位图的导入和转换。

7.1.1 导入位图

位图图像较为特别，不能使用CorelDRAW X8中的“打开”命令将其打开，只能使用“导入”命令将其导入到工作界面中。CorelDRAW X8提供3种导入位图图像的方法，分别是使用“文件>导入”命令导入，使用快捷键Ctrl+I导入和使用标准工具栏中的按钮导入。

7.1.2 调整位图大小

调整位图大小，只需使用选择工具选择位图，然后将鼠标指针放置在图像周围的黑色控制点上，接着单击并拖动图像即可调整位图的大小；另一种方式是直接选择位图后，在选择工具属性栏中直接输入图像的宽度和高度，按下Enter键确认即可改变位图的大小。

7.2 位图的编辑

位图的编辑是位图学习的重点，掌握后用户可以更加灵活地调整位图，从而方便作图。下面将详细介绍位图编辑的内容。

7.2.1 裁剪位图

位图也可以进行裁切，有两种方法可快速达到想要的效果。一是直接使用裁剪工具裁剪位图。另一种方法是选择位图图像，如下左图所示，单击形状工具，此时图像周围出现节点；通过转换节点等编辑操作即可调整位图形状，形状外的图像将自动进行裁切，得到的效果如下右图所示。

7.2.2 矢量图与位图的转换

在CorelDRAW X8中，矢量图和位图是可以进行相互转换的。将矢量图转换为位图后，可为其应用一些如调和曲线、替换颜色等只针对位图图像的颜色调整命令，从而让图像效果更真实。将位图转换为矢量图，则可以保证图像效果在打印过程中不变形。下面介绍矢量图和位图的相互转换方法。

1. 矢量图转换为位图

打开或绘制好矢量图形，执行“位图>转换为位图”命令，即可打开“转换为位图”对话框，如右图所示。在其中可对生成位图的分辨率、光滑处理、透明背景等进行设置，完成后单击“确定”按钮，即可将矢量图转换为位图。

转换为位图
分辨率(E): 300 dpi
颜色
颜色模式(C): CMYK色（32位）
递色处理的(D)
总是叠印黑色(Y)
选项
光滑处理(A)
透明背景(T)
未压缩的文件大小: 17.4 MB
确定 取消 帮助

将矢量图转换为位图后，即可对其执行相应的调整操作，如颜色转换等，使图像效果发生较大的改变。

2. 位图转换为矢量图

位图转换为矢量图有多种模式可供用户选择使用。在CorelDRAW X8中，导入位图后选择该图像，在选择工具属性栏中单击“描摹位图”按钮，弹出菜单，在其中有“快速描摹”、“中心线描摹”和“轮廓描摹”三个命令。在“中心线描摹”和“轮廓描摹”命令下还有多个子命令，用户可根据需求进行设置。

“快速描摹”命令没有参数设置对话框，选择该选项后软件自动执行转换。而选择“徽标”、“剪贴画”等命令，则会打开PowerTRACE对话框，在其中可对细节、平滑以及是否删除原始图像进行设置。下图所示分别为原位图图像以及通过快速描摹方式转换的矢量图效果。

7.3 快速调整位图

要对位图的颜色进行调整，可使用软件自带的颜色调整命令。这些调整命令可以是“自动调整”命令、“图像调整实验室”命令以及“矫正图像”命令，它们没有收录在“效果>调整”命令中，但却能快速地对位图颜色进行调整。

7.3.1 应用“自动调整”命令

“自动调整”命令是软件根据图像的对比度和亮度进行快速的自动匹配，让图像效果更清晰分明。该命令没有参数设置对话框，只需选择位图图像后执行“位图>自动调整”命令，即可自动调整图像颜色。下面两幅图像分别为原图像和使用“自动调整”命令调整后的位图效果。

7.3.2 “图像调整实验室”命令

运用“图像调整实验室”命令，可快速调整图像的颜色，该命令在功能上集图像的色相、饱和度、对比度、高光等调色命令于一体，可同时对图像进行多方面的调整。“图像调整实验室”命令的使用方法是选择位图图像，如下左图所示，执行“位图>图像调整实验室”命令，打开“图像调整实验室”对话框，在其右侧栏中拖动滑块设置参数，以调整图像颜色，完成后单击“确定”按钮即可，得到的效果如下右图所示。

在调整过程中若对效果不是很满意，还可在“图像调整实验室”对话框中单击“重置为原始值”按钮，快速地将图像返回原来的颜色状态，以便对其进行再次调整。

7.3.3 “矫正图像”命令

使用“矫正图像”命令，可快速矫正构图上有一定偏差的位图图像，该命令是对旋转和裁剪功能的一种集合，将这两种操作放在一起进行处理，并可对效果进行实时预览，使对图像的调整更为准确，同时也提高了处理速度。

实例09 快速矫正图像构图

下面将介绍如何快速矫正图像的构图。

步骤01 执行“文件>打开”命令或按下快捷键Ctrl+O，打开图形，如下图所示。

步骤02 选择位图图像后执行“位图>图像调整实验室”命令，打开“图像调整实验室”对话框，如下图所示。

步骤 03 在其中拖动滑块调整参数，完成后单击“确定”按钮，适当调整位图图像的颜色和明度效果，如下图所示。

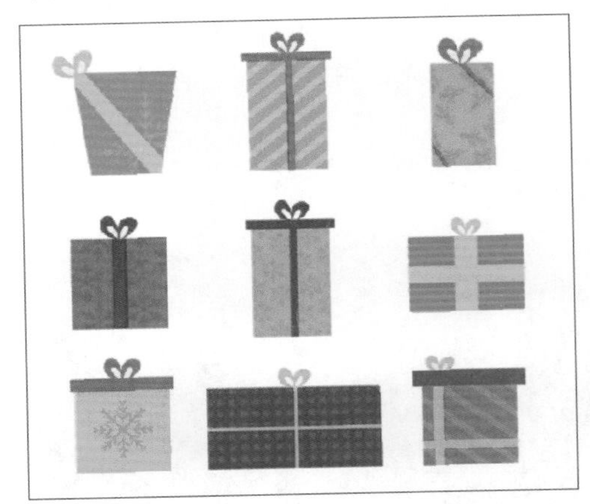

步骤 05 在“矫正选项”栏中拖动滑块调整旋转图像的参数，可以看到在图像预览框中的网格可以辅助用户纠正图像的旋转角度，如下图所示。

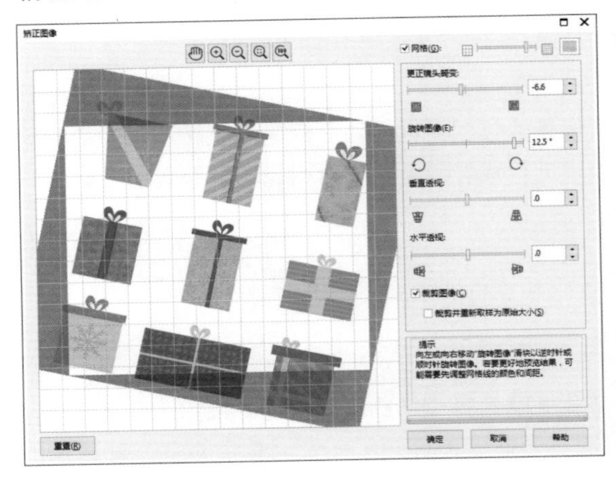

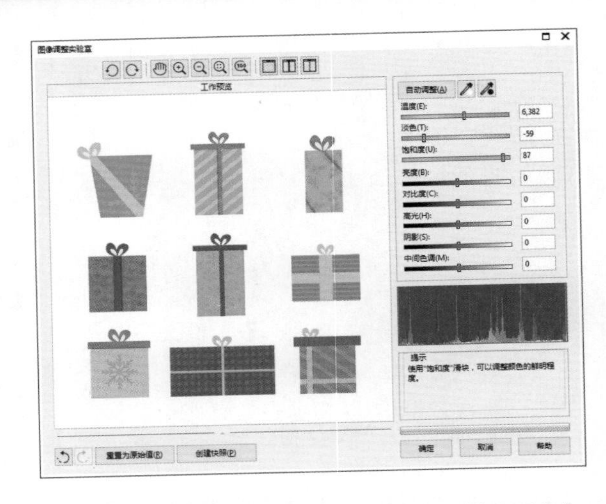

步骤 04 选中位图图像，执行“位图>矫正图像”命令，打开“矫正图像”对话框，如下图所示。

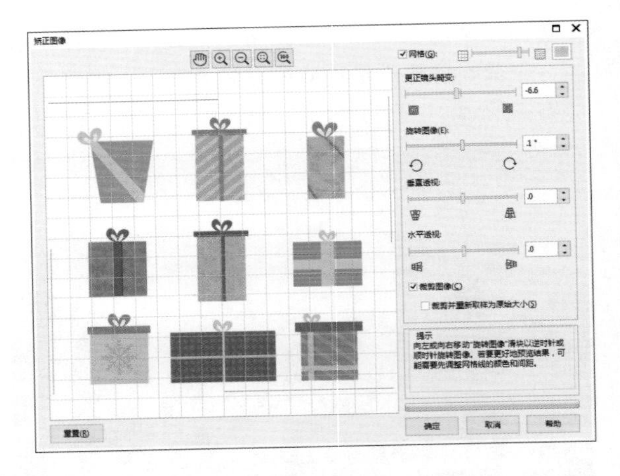

步骤 06 调整完成后单击“确定”按钮，这样就可以在一定程度上纠正图像的构图效果，如下图所示。

7.4 位图的色彩调整

位图图像的颜色调整除了通过“自动调整”、“图像调整实验室”以及“矫正图像”这些命令外，最主要的还是通过软件提供的系列调整命令进行。应用系列的调整命令可快速改变位图图像的颜色、色调、亮度、对比度，让图像效果更符合使用环境，同时还可让位图图像显示出不同的效果。与此同时，还可结合“变换”和“校正”命令中的子命令，对图像的颜色进行特殊的效果处理。

7.4.1 命令的应用范围

在CorelDRAW X8中的调整命令会因为针对的对象不同而有所区别，若是对位图图像进行调整，则能激活所有调整命令，而若是针对矢量图，则部分调整命令会呈灰色显示，表示不可用。

7.4.2 调和曲线

使用“调和曲线”命令，可以通过控制单个像素值精确地调整图像中的阴影、中间值和高光的颜色，从而快速调整图像的明暗关系。其方法是选择位图图像，如下左图所示，执行“效果>调整>调和曲线”命令，打开“调和曲线”对话框。接着在其中单击添加锚点，拖动锚点调整曲线。完成后单击“确定”按钮应用调整，其效果如下右图所示。

提示 分通道调和曲线

在打开的“调和曲线”对话框中，还可在“活动通道”下拉列表框中分别选择“红”、“绿”和“蓝”三个选项，同时在曲线框中拖动并调整曲线，这样能分别针对图像的3个通道进行颜色的调整。

7.4.3 亮度/对比度/强度

亮度是指图像的明暗关系。对比度表示图像中明暗区域里最暗与最亮之间不同亮度层次的差异范围。强度则是执行对比度和亮度的程度。使用“亮度/对比度/强度”命令，可以调整所有颜色的亮度以及明亮区域与暗调区域之间的差异。其方法是选择位图图像，执行“效果>调整>亮度/对比度/强度”命令，打开“亮度/对比度/强度”对话框。在其中拖动滑块即可调整相应参数，完成后单击“确定”按钮即可。

7.4.4 颜色平衡

使用“颜色平衡”命令，可在图像原色的基础上根据需要添加其他颜色，或通过增加某种颜色的补色，以减少该颜色的数量，从而改变图像的色调，达到纠正图像中偏色或只做出某种色调的图像的目的。其操作方法是，选择位图图像，如下左图所示，执行“效果>调整>颜色平衡”命令或按下快捷键Ctrl+Shift+B，打开“颜色平衡”对话框，在其中拖动滑块设置参数。完成后单击“确定”按钮即可调整图像，得到的效果如下右图所示。

提示 **预览窗口和预览按钮的关系**

在使用系统调整命令时，若此时在相应的参数设置对话框中通过单击左上角的按钮打开了图像预览窗口，则单击“预览”按钮即可在预览窗口中看到图像调整后的效果，而在页面中的图像则保持原有效果不变。若没有打开对话框中的预览窗口，则单击“预览”按钮后在页面中看到相应的调整效果。

7.4.5 替换颜色

使用“替换颜色”命令，可改变图像中部分颜色的色相、饱和度和明暗度，从而达到改变图像颜色的目的。该命令是针对图像中某个颜色区域进行调整的，其操作方法是：选择图像，如下左图所示，执行“效果>调整>替换颜色”命令，打开“替换颜色”对话框。在“原颜色”和“新建颜色”下拉列表框中对颜色进行设置。此时单击吸管按钮，可在图像中吸取原颜色或是替换颜色，增加调整的自由度。完成颜色的设置后，在“颜色差异”栏中拖动滑块调整参数，单击“确定”按钮，即可替换颜色，得到的效果如下右图所示。

知识延伸：通道混合器的应用

使用“通道混合器”命令，可将图像某个通道中的颜色与其他通道的颜色进行混合，使图像产生混合叠加的合成效果，从而起到调整图像色彩的作用。在实际应用中，使用“通道混合器”命令，可快速调整图像的色相，赋予图像不同的风格。

通道混合器的应用过程如下：

选择下左图所示的图像，执行“效果>调整>通道混合器”命令，打开“通道混合器”对话框。从中可对输出通道以及各种颜色进行选择，并结合滑块调整参数，让调整更多样化，完成后单击“确定”按钮确认调整，此时得到的效果如下右图所示。

上机实训：卡通形象设计

下面结合所学知识来进行卡通形象的设计，具体步骤如下。

步骤 01 运用之前制作云状图形的方法，制作出卡通头像的外部轮廓，效果如下图所示。

步骤 02 按快捷键Shift+F11，打开“编辑填充”对话框，设置填充颜色，如下图所示。

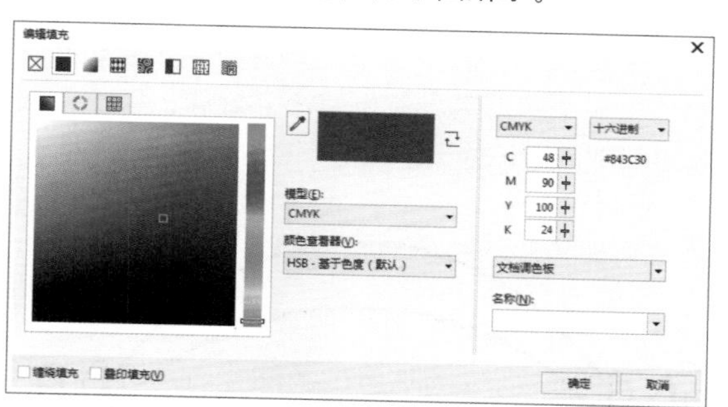

步骤 03 填充颜色后的效果如下图所示。

步骤 04 使用椭圆形工具绘制两个椭圆形，并叠加在一起，如下图所示。

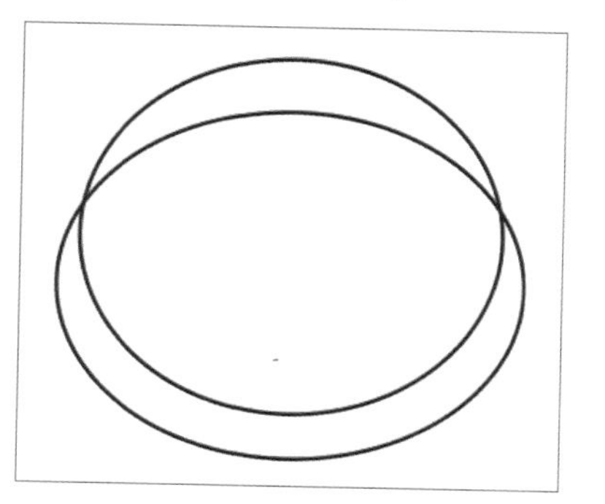

步骤 05 使用下面的椭圆形修剪上面的椭圆形，得到一个新的图形，如下图所示。

步骤 06 执行“窗口>泊坞窗>圆角/扇形角/倒棱角”命令，打开对应的泊坞窗。使用形状工具框选左侧的节点，在泊坞窗中设置圆角半径为4px，具体设置如下图所示。

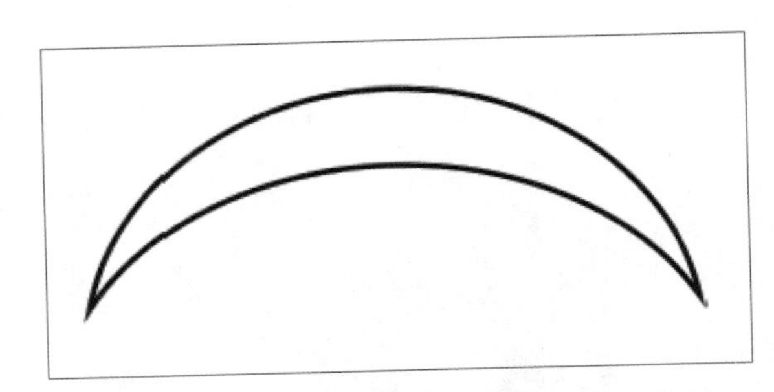

步骤 07 单击“应用”按钮后的效果如下图所示。

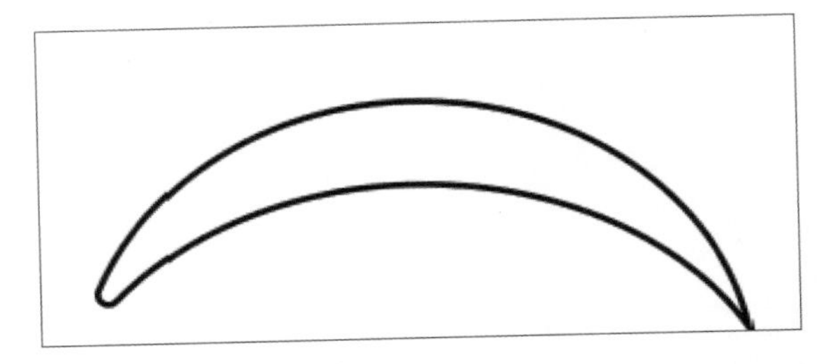

步骤 09 运用同样的方法和原理，使用椭圆形工具、修剪和“圆角/扇形角/倒棱角”泊坞窗功能，制作出一个图形后，复制缩小、旋转、镜像，制作出如下图所示的图形。

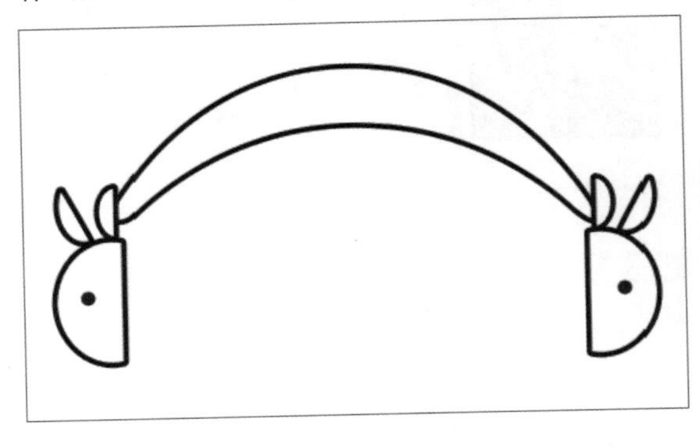

步骤 11 使用钢笔工具绘制脸部轮廓，并填充颜色，效果如右图所示。

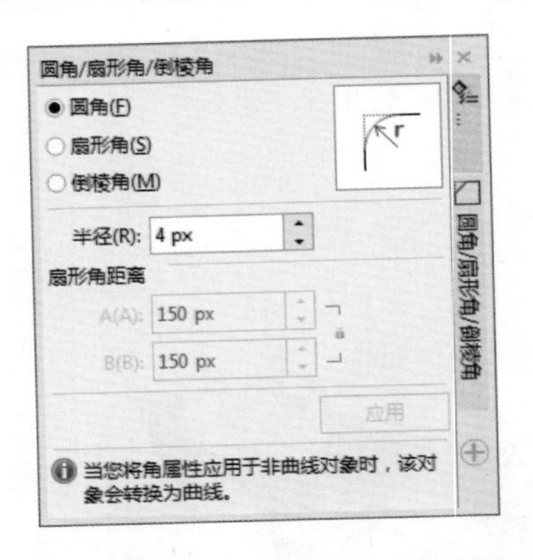

步骤 08 使用同样的方法将右侧的尖角调整为圆角，效果如下图所示。

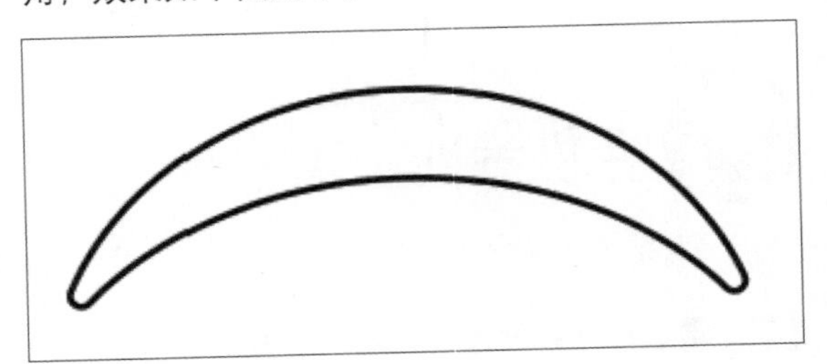

步骤 10 使用钢笔工具绘制轮廓并填色，与之前绘制的图形组合，效果如下图所示。

步骤12 继续完善绘制脸部细节。使用手绘工具绘制眼睛和鼻子的线条。按F12键，分别设置角和线条端头为圆角模式，效果如右图所示。

步骤13 使用椭圆形工具绘制圆形，使用交互式阴影工具添加投影效果，并设置投影颜色，效果如下图所示。

步骤14 使用选择工具单击阴影效果，按快捷键Ctrl+K打散。执行“位图>转换为位图”命令，将阴影再次转换为图像，最后缩小复制两个，放在脸部两侧，效果如下图所示。

步骤15 复制脸部轮廓，缩小后填充颜色（C0、M15、Y20、K0），并置于下层，效果如下图所示。

步骤16 使用矩形工具、椭圆形工具和圆角功能绘制图形其他部分，效果如下图所示。

课后练习

1. 选择题

（1）位图的最小组成单位是________。

A. 10个像素　　B. 二分之一个像素

C. 一个像素　　D. 四分之一个像素

（2）安装CorelDRAW X8后，在软件工作区中双击一幅位图，结果是________。

A. 没反应

B. 位图转换成矢量图

C. 位图转入Corel PHOTO-PAINT中进行编辑

D. 显示位图编辑菜单

（3）在CorelDRAW中可以转换为位图的色彩模式包含________种。

A. 5　　B. 6

C. 7　　D. 8

（4）在CorelDRAW中执行“转换为位图”命令会造成________。

A. 分辨率损失　　B. 图像大小损失

C. 色彩损失　　D. 什么都不损失

2. 填空题

（1）位图的最小单位是________。

（2）对矢量对象应用透镜效果时，透镜本身变成________。

（3）一般静态数字图像可以分成________和________两种类型。

（4）将矢量图转换为位图后，文件可能会________、________。

（5）如果要创建用于因特网的图像，应选用的标尺单位是________。

3. 操作题

快速调整图像色彩：导入位图，执行“效果>调整>高反差”命令，在打开的“高反差”对话框中进行设置即可，参考图如下。

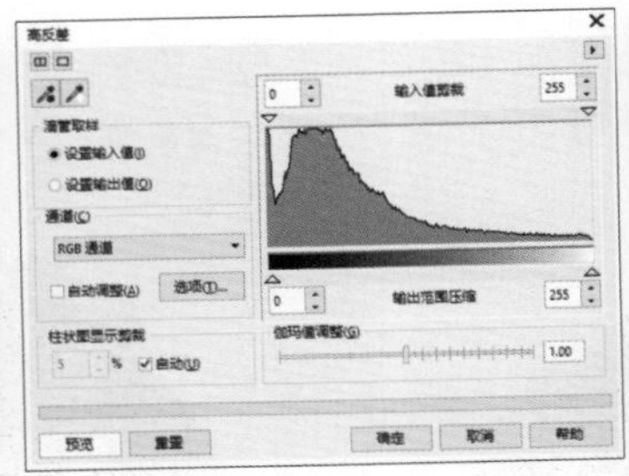

Chapter 08 应用滤镜特效

本章概述

本章针对CorelDRAW中各类滤镜的功能和应用操作进行介绍，将较为特殊的三维滤镜提出，作为一个独立小节介绍，并分别对软件中如艺术笔触、模糊、创造性、扭曲等9类滤镜组中的滤镜进行了功能介绍和图例效果展示。用户通过本章知识的学习，能对滤镜有更深入的认识。

核心知识点

❶ 认识CorelDRAW中的各类滤镜
❷ 认识模糊滤镜组中滤镜的功能
❸ 掌握三维效果滤镜的功能
❹ 掌握艺术笔触滤镜组中滤镜的功能
❺ 认识扭曲滤镜组中滤镜的功能

8.1 认识滤镜

简单来讲，滤镜的功能就类似于相机中各种特殊的镜头，通过对不同镜头的运用，能拍出不同效果的照片。滤镜也一样，使用不同的滤镜，能快速赋予图像不同的效果，这一功能不论是在Photoshop还是CorelDRAW中都适用。需要注意的是，CorelDRAW中的滤镜只针对位图图像进行效果的处理。

8.1.1 内置滤镜

在CorelDRAW X8中，为用户提供了70多种不同特性的效果滤镜，由于这些滤镜是软件自带的，因此也称为内置滤镜，收录在“位图”菜单中，只需单击该菜单即可查看。

同时，软件对这些滤镜进行了归类，将功能相似的滤镜归入到一个滤镜组中，包括“三维效果”、“艺术笔触”、“模糊”、“相机”、“颜色转换”、“轮廓图”、“创造性”、“扭曲”、“杂点”、“鲜明化”等几大类。每一类即一个滤镜组，每个滤镜组中还包含了多个滤镜效果命令，将鼠标光标在该滤镜组上稍作停留，即可显示出该组的相应滤镜，下图所示分别为应用“碳化笔”、“蜡笔画”、“梦幻色调”滤镜的效果。每种滤镜都有各自的特性，用户可根据实际情况进行灵活运用。

8.1.2 滤镜插件

在CorelDRAW X8中，除了可以使用软件自带的内置滤镜外，系统还支持第三方提供的滤镜（称为插件，表示需要在软件中进行插入才能使用）。这类插件多是外挂厂商出品的适应该软件的效果滤镜，非常实用，能快速制作出一些特殊的效果。使用前都需要进行安装，方法比较简单，可根据不同外挂滤镜文件格式进行安装。

用户在对插件进行安装时，应根据该插件相应的安装提示，将其安装到系统盘\Program Files\Corel\Plugins目录下。这些插件在安装完成后必须重新启动电脑。执行“位图>插件”命令，选择安装的滤镜后，即可展开相应的滤镜子菜单对滤镜命令进行运用。

8.2 精彩的三维滤镜

在CorelDRAW X8的所有滤镜组中，由于“三维效果”滤镜组较为特殊，这里将其提出，单独作为一个小节，以便进行更为详细的介绍。执行“位图>三维效果”命令，在弹出的菜单中即可查看该组的滤镜，包括了“三维旋转”、“柱面”、“浮雕”、“卷页”、“透视”、“挤远/挤近”和“球面”7种滤镜，使用这些滤镜能让位图图像呈现出三维变换效果，下面分别进行介绍。

8.2.1 三维旋转

使用“三维旋转”滤镜可以使平面图像在三维空间内进行旋转。其方法是选择位图图像，如下左图所示，执行“位图>三维效果>三维旋转”命令，弹出“三维旋转”对话框，可在对话框的数值框中输入相应的数值，也可直接在左下角的三维效果中单击并拖动进行效果的调整，完成后单击“确定”按钮应用该滤镜，其效果如下右图所示。

提示 滤镜参数设置

CorelDRAW X8中，滤镜虽然种类较多，但应用滤镜的操作却较为相似。只需在界面中选择位图图像，然后在菜单栏中打开“位图”菜单，在其中选择滤镜组，再在滤镜组中选择相应的滤镜命令，接着在弹出的参数设置对话框中进行相关的设置，完成后单击“确定”按钮即可。

8.2.2 浮雕

使用“浮雕”滤镜可快速将位图制作出类似浮雕的效果，其原理是通过勾画图像的轮廓和降低周围色值，进而产生视觉上的凹陷或凸出效果，形成浮雕感。在CorelDRAW中制作浮雕效果时，还可根据不同的需求设置浮雕颜色、深度等。

其具体操作方法是：选择位图图像，如下左图所示，执行“位图>三维效果>浮雕”命令，打开“浮雕”对话框，在其中调整合适的预览窗口，此时还可选中“原始颜色”单选按钮，进行参数设置。

预览效果后，单击“确定”按钮应用该滤镜，此时经过调整后出现的是一种类似锐化的效果，如下右图所示。

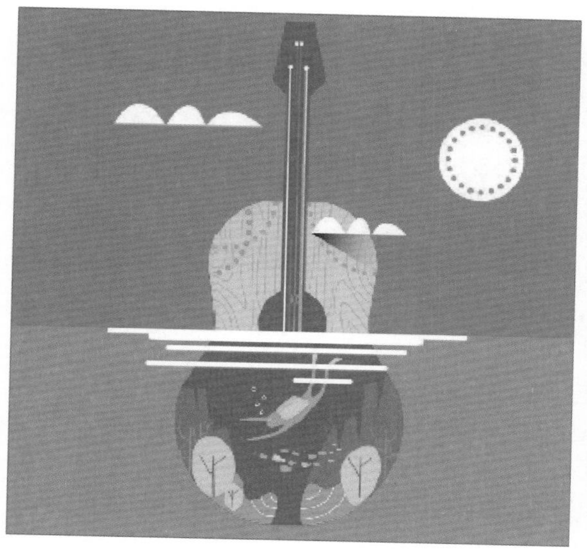

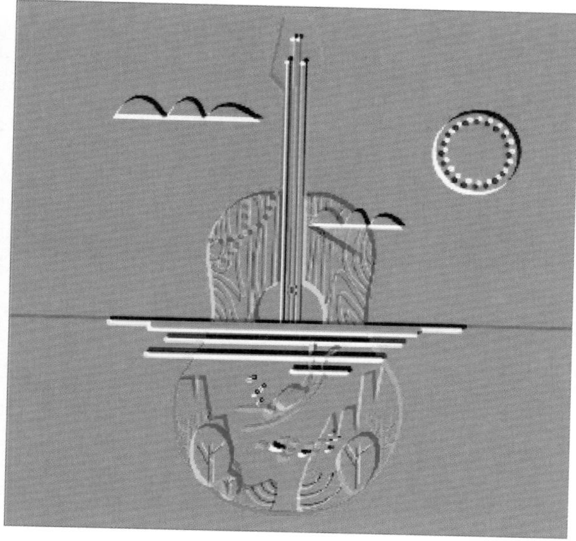

8.2.3 卷页

卷页效果是指在图像的4个边角边缘形成的内向卷曲的效果。使用“卷页”滤镜可快速制作出卷页效果，在排版过程中经常使用此功能制作出丰富的版面效果。

应用“滤镜”的方法是，选择位图图像，如下左图所示，执行“位图>三维效果>卷页”命令，打开“卷页”对话框，在其中单击左侧的方向按钮即可设置卷页方向，同时还可通过点选“不透明”和“透明的”单选按钮，对卷页的效果进行设置。另外，还可结合“卷曲”和“背景”下拉按钮对卷曲部分和背景颜色进行调整。单击吸管按钮可在图像中取样颜色，此时的卷页颜色以吸取的颜色进行显示。完成相关设置后进行预览，若效果满意，则单击“确定”按钮应用该滤镜，得到的效果如下右图所示。

8.2.4 透视

透视是一个相对的空间概念，它用线条显示物体的空间位置、轮廓和投影，形成视觉上的空间感。使用“透视”滤镜可快速赋予图像三维的景深效果，从而调整其在视觉上的空间效果。

应用“透视”滤镜的方法是，选择位图图像，如下左图所示，执行“位图>三维效果>透视”命令，打开“透视”对话框。在其中可看到，透视效果有“透视”和“切变”两种透视类型，此时点选相应的单选按钮即可进行应用。要改变图像的透视效果，可通过在左下角的方框图中调整4个节点以改变位图的三维效果。完成设置后进行预览，效果合适后单击“确定”按钮应用该滤镜，效果如下右图所示。

8.2.5 挤远/挤近

挤远效果是指使图像产生向外凸出的效果，挤近效果是指使图像产生向内凹陷的效果。使用“挤远/挤近”滤镜可以使图像相对于中心点，通过弯曲挤压图像，从而产生向外凸出或向内凹陷的变形效果。该滤镜的使用方法是，选择位图图像，如下左图所示，执行“位图>三维效果>挤远/挤近”命令，打开“挤远/挤近”对话框，在其中拖动“挤远/挤近”栏的滑块或在文本框中输入相应的数值，即可使图像产生变形效果。当数值为0时，表示无变化；当数值为正数时，将图像挤远，形成凹陷效果；当数值为负数时，将图像挤近，形成凸出效果。完成后单击“确定”按钮应用该滤镜，效果如下右图所示。

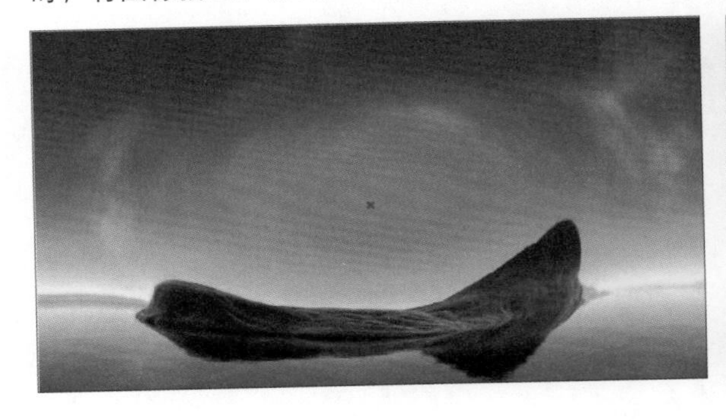

8.2.6 球面

球面指以球心为顶点，在球表面切割等于球半径的平方面积，对应的立体角为球面弧度。CorelDRAW的球面滤镜效果指在图像中形成平面凸起，模拟出类似球面效果。

8.3 其他滤镜组

本节将对CorelDRAW中的多个滤镜组进行系统介绍，其中包括“艺术笔触”、“模糊”、 “颜色转换”、“轮廓图”、“创造性”、“扭曲”、“杂点”、“鲜明化”等。

8.3.1 艺术笔触

使用“艺术笔触”滤镜组中的滤镜可对位图图像进行艺术加工，赋予图像不同的绘制画风格效果。该滤镜组中包含了“炭笔画”、“单色蜡笔画”、“蜡笔画”、“立体派”、“印象派”、“调色刀”、“彩色蜡笔画”、“钢笔画”、“点彩派”、“木版画”、“素描”、“水彩画”、“水印画”以及“波纹纸画”14种滤镜。下面分别对其功能进行介绍。

- 炭笔画：使用该滤镜，可以制作出类似使用炭笔在图像上绘制出来的图像效果，多用于对人物图像或照片进行艺术化处理。

- 单色蜡笔画、蜡笔画以及彩色蜡笔画：这3种滤镜都为蜡笔效果，使用这几种滤镜都能快速将图像中的像素分散，模拟出蜡笔画的效果。
- 立体派：使用该滤镜，可以将相同颜色的像素组成小颜色区域，从而让图像形成带有一定油画风格的立体派图像效果。
- 印象派：使用该滤镜，可以将图像转换为小块的纯色，创建类似印象派作品的效果。下面第一、二幅图像所示分别为原图和应用"印象派"滤镜后的效果。
- 调色刀：使用该滤镜，可以使图像中相近的颜色相互融合，减少了细节以产生写意效果。下面第三幅图像所示为应用"调色刀"滤镜后的图像效果。
- 钢笔画：使用该滤镜，可为图像创建钢笔素描绘图的效果。下面第四幅图像所示为应用"钢笔画"滤镜后的图像效果。

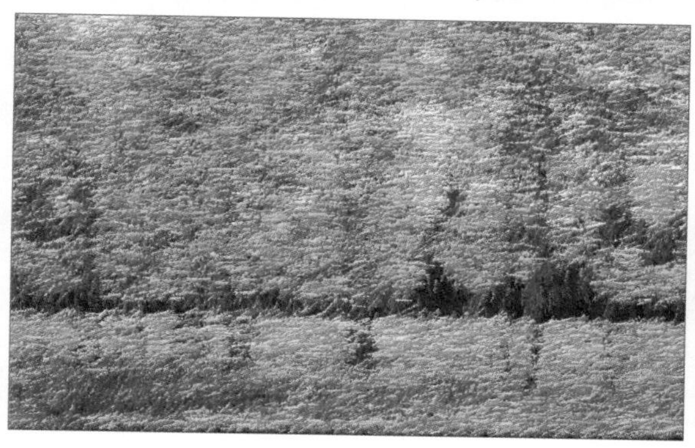

- 点彩派：使用该滤镜，可以快速赋予图像一种点彩画派的风格。
- 木版画：使用该滤镜，可以使图像产生类似由粗糙剪切的彩纸组成的效果，使得彩色图像看起来像由几层彩纸构成，从而让效果就像刮涂绘画得到的效果一样。
- 素描：使用该滤镜，可以使图像产生素描绘画的手稿效果。
- 水彩画：使用该滤镜，可以描绘出图像中景物形状，同时对图像进行简化、混合、渗透，进而使其产生水彩画的效果。
- 水印画：使用该滤镜，可以为图像创建水彩斑点绘画的效果。
- 波纹纸花：使用该滤镜，可以使图像看起来好像绘制在带有底纹的波纹纸上。

8.3.2 模糊

使用"模糊"滤镜中的滤镜，可以对位图图像中的像素进行模糊处理。执行"位图>模糊"命令，在弹出的子菜单中可以看到，该滤镜中包含了"定向平滑"、"高斯式模糊"、"锯齿状模糊"、"低通滤波器"、"动态模糊"、"放射式模糊"、"平滑"、"柔和"以及"缩放"9种滤镜。这些滤镜能矫正图像，体现图像柔和效果，合理运用还能表现多种动感效果，下面分别对其滤镜的功能进行介绍。

- 定向平滑：使用该滤镜，可在图像中添加微小的模糊效果，使图像中渐变的区域变得平滑。
- 高斯式模糊：使用该滤镜，可根据半径的数据使图像按照高斯分布变化快速地模糊图像，产生良好的朦胧效果。
- 锯齿状模糊：使用该滤镜，可为图像添加细微的锯齿状模糊效果。值得注意的是，该模糊效果不是非常明显，需要将图像放大多倍后才能观察出其变化效果。
- 低通滤波器：使用该滤镜，可以调整图像中尖锐的边角和细节，让图像的模糊效果更柔和，形成一种朦胧的模糊效果。
- 动态模糊：使用该滤镜，可以模仿拍摄运动物体的手法，通过使像素进行某一方向上的线性位移产生运动模糊效果。
- 放射式模糊：该滤镜可使图像产生从中心点放射的模糊效果。中心点处的图像效果不变，离中心点越远，模糊效果越强烈。
- 平滑：使用该滤镜，可以减小相邻像素之间的色调差别，使图像产生细微的模糊变化。
- 柔和：使用该滤镜，可以使图像产生轻微的模糊效果，但不会影响图像中的细节。
- 缩放：使用该滤镜，可以使图像中的像素从中心点向外模糊，离中心点越近，模糊效果越弱。

提示 模糊滤镜应用条件

在模糊滤镜组中，“定向平滑”、“放射性模糊”、“柔和”、“缩放”等滤镜可以应用于除48位的RGB、16位灰度、调色板和黑白模式之外的图像。

8.3.3 颜色转换

使用“颜色转换”滤镜组中的滤镜，可为位图图像模拟出一种胶片印染效果，且不同的滤镜制作出的效果也不尽相同。

该滤镜组中包含了“位平面”、“半色调”、“梦幻色调”和“曝光”4种滤镜，这些滤镜能转换像素的颜色，形成多种特殊效果。执行“位图>颜色转换”命令，在弹出的子菜单中可以看到相应的滤镜，如下图所示。

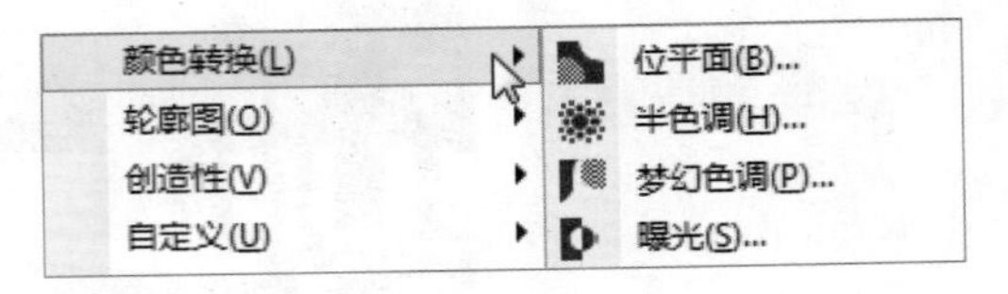

下面分别对该组中滤镜的功能进行介绍。

- 位平面：使用该滤镜，可以将图像中的颜色减少到基本RGB颜色，使用纯色来表现色调，这种效果适用于分析图像的渐变。
- 半色调：使用该滤镜，可以为图像创建彩色的版色效果，图像将由用于表现不同色调的一种不同大小的原点组成，在参数对话框中，可调整“青”、“品红”、“黄”和“黑”选项的滑块，以指定相应颜色的筛网角度，下面第一、二幅图分别为原图像和应用“半色调”滤镜后的效果。
- 梦幻色调：使用该滤镜，可以将图像中的颜色转换为明亮的电子色，如橙青色、酸橙绿等。在参数设置对话框中，调整“层次”选项的滑块可改变梦幻效果的强度。该数值越大，颜色变化效果越强；数值越小，则越使图像色调更趋于一个色调中。应用“梦幻色调”滤镜后的图像效果如下面第三幅图所示。
- 曝光：使用该滤镜，可以使图像转换为类似照相中的底片效果。在其参数设置对话框中，拖动“层次”选项滑块可改变曝光效果的强度。应用曝光滤镜后的效果如下面第四幅图所示。

8.3.4 轮廓图

使用“轮廓图”滤镜组中的滤镜，可以跟踪位图图像边缘，以独特的方式将复杂图像以线条的方式进行表现。在轮廓图滤镜中包含了“边缘检测”、“查找边缘”、“描摹轮廓”3种滤镜命令。

- 边缘检测：使用该滤镜，可以快速找到图像中各种对象的边缘。在其参数设置对话框中可对背景以及检测边缘的灵敏度进行调整。
- 查找边缘：使用该滤镜，可以检测图像中对象的边缘，并将其转换为柔和的或者尖锐的曲线，这种效果也适用于高对比度的图像，在参数设置对话框中，点选“软”单选按钮可使其产生平滑模糊的轮廓线，点选“纯色”单选按钮可使其产生尖锐的轮廓线。下图所示分别为原图像和使用“查找边缘”滤镜后的图像效果。

- 临摹轮廓：使用该滤镜，以高亮级别0～255设定值为基准，跟踪上下端边缘，将其作为轮廓进行显示，这种效果最适用于包含文本的高对比度位图。

8.3.5 创造性

使用“创造性”滤镜组中的滤镜，可以将图案转换为各种不同的形状和纹理。该滤镜组中包含了“工艺”、“晶体化”、“织物”、“框架”、“玻璃砖”、“儿童游戏”、“马赛克”、“粒子”、“散开”、“茶色玻璃”、“彩色玻璃”、“虚光”、“旋涡”、“天气”14种滤镜。下面分别对其功能进行介绍。

- 工艺：使用该滤镜，可以用拼图板、齿轮、弹珠、糖果、瓷砖以及筹码等样式改变图像的效果。在参数设置对话框中选择样式后，调整“大小”选项的滑块可以改变工艺品图块的大小，调整“完成”选项的滑块可设置对话框中选择的样式，调整“亮度”选项的滑块可改变光线的强弱。下面左侧两幅图所示分别为原图像和应用“工艺”滤镜后的效果。
- 晶化体：使用该滤镜，可将图像转换为类似放大观察水晶时的细致块状效果。在参数设置对话框中，调整“大小”选项的滑块可改变水晶碎块的大小。应用“晶化体”滤镜后的图像效果如下面第三幅图所示。

● 织物：使用该滤镜，可以用刺绣、地毯勾织、彩格被子、珠帘、丝带以及拼纸等样式为图像创建不同织物底纹效果。应用“织物”滤镜后的图像效果如下面第四幅图所示。

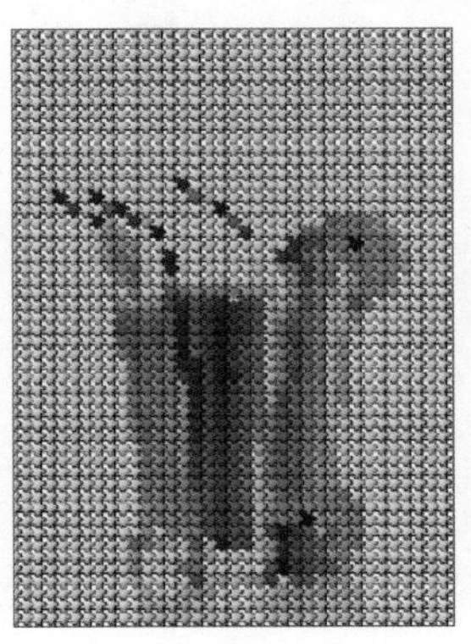
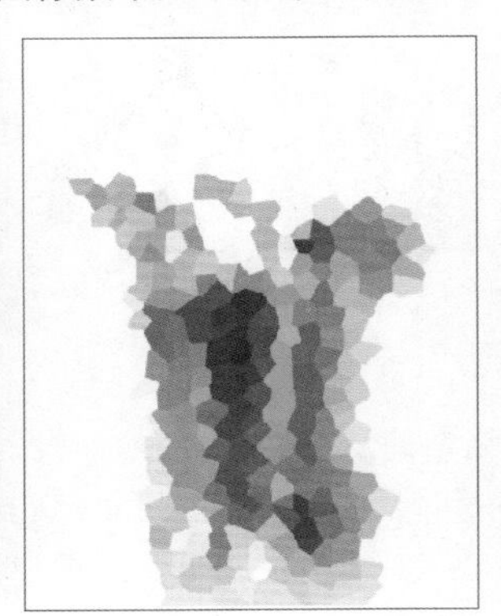
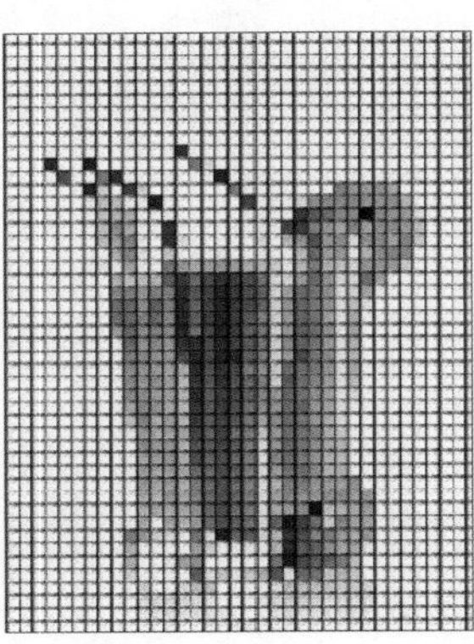

● 框架：使用该滤镜，可以将图像装在预设的框架中，形成一种画框的效果。下面左侧两幅图所示分别为原图像和应用“框架”滤镜后的效果。

● 玻璃砖：使用该滤镜，可以使图像产生透过厚玻璃块所看到的效果。在参数设置对话框中，可同时调整“块宽度”和“块高度”选项的滑块，以便制作出均匀的砖形图案。应用“玻璃砖”滤镜后的图像效果如下面第三幅图所示。

● 儿童游戏：使用该滤镜，可以将图像转换为有趣的形状。在参数设置对话框中的“游戏”下拉列表框中，可以选择不同的形状。

● 马赛克：使用该滤镜，可以将原图像分割为若干个颜色块。在参数设置对话框中，调整“大小”选项的滑块可以改变颜色的大小；在背景色下拉列表中可以选择背景颜色；若勾选“虚光”复选框，则可在马赛克效果上添加一个虚光框架。应用“马赛克”滤镜后的图像效果如下面第四幅图所示。

● 粒子：使用该滤镜，可为图像添加星形或者气泡状的微粒效果，调整“粗细”选项的滑块可以改变星形或者气泡的大小，调整“密度”选项的滑块可以改变星形或者气泡的密度，在数值框中可以设置光线的角度。下面最左侧的两幅图所示分别为原图像和应用“粒子”滤镜后的效果。

● 散开：使用该滤镜，可将图像中的像素散射，产生特殊的效果，在参数设置对话框中，调整“水平”选项的滑块可改变水平方向的散开效果，调整“垂直”选项的滑块可改变垂直方向的散开效果。应用“散开”滤镜后的图像效果如下面第三幅图所示。

● 茶色玻璃：使用该滤镜，可在图像上添加一层彩色，类似透过彩色玻璃所看到的图像效果。

● 彩色玻璃：使用该滤镜得到的效果与结晶效果相似，但它可以设置玻璃之间边界的宽度和颜色。在参数设置对话框中，调整“大小”选项的滑块可以改变玻璃块的大小，调整“光源强度”选项的滑块可以改变光线的强度。应用“彩色玻璃”滤镜后的图像效果如下面第四幅图所示。

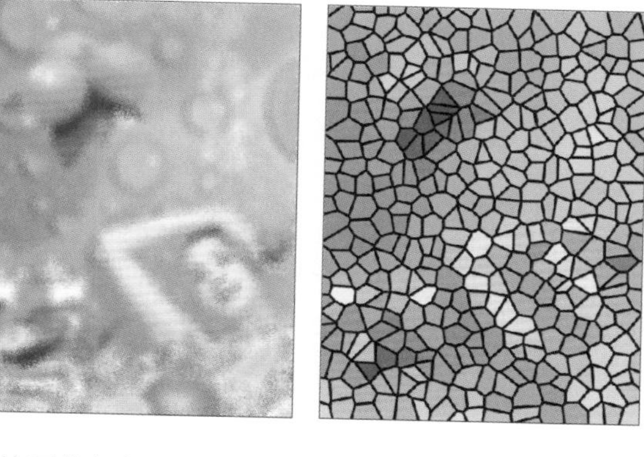

- 虚光：使用该滤镜，可在图像中添加一个边框，使图像根据边框向内产生朦胧效果。同时，还可对边缘的形状、颜色等进行设置。下面最左侧两幅图所示分别为原图像和应用“虚光”滤镜后的效果。
- 漩涡：使用该滤镜，可使图像绕指定的中心产生旋转效果。在其参数设置对话框的“样式”下拉列表框中，可选择不同的旋转样式。应用“漩涡”滤镜后的图像效果如下面第三幅图所示。
- 天气：使用该滤镜，可在图像中添加雨、雪、雾等自然效果。在参数对话框的“预报”栏中可选择雨、雪或者雾效果。若单击“随机化”按钮，则可使雨、雪、雾等效果随机变化。应用“天气”滤镜后的图像效果如下面第四幅图所示。

实例10 添加模糊边框效果

本实例将结合使用多种滤镜为图像添加模糊边框的效果，具体操作步骤如下。

步骤 01 执行“文件>打开”命令或按下快捷键 Ctrl+O，打开一张位图图像，如下图所示。

步骤 02 选择位图图像，按快捷键Ctrl+C复制，按快捷键Ctrl+V粘贴，快速在原位复制出一个位图图像，并自动选择最上层的这个位图图像。此时可在“对象管理器”泊坞窗中查看选择的位图图像，如下图所示。

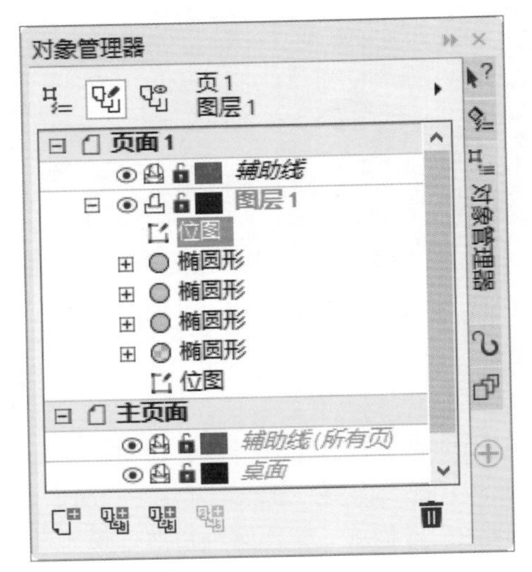

步骤 03 执行“位图>创造性>框架”命令，打开“框架”对话框，如下图所示。

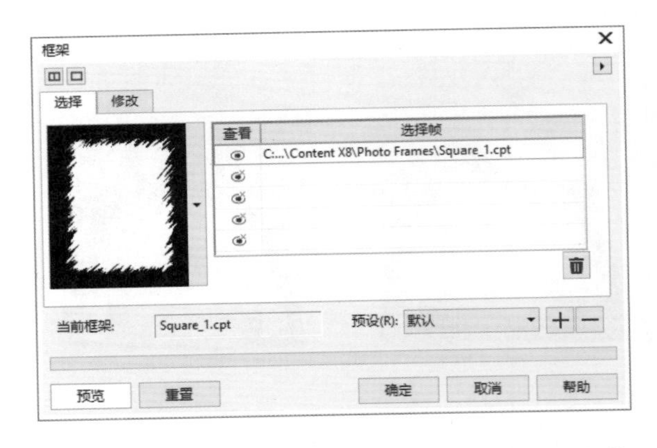

步骤 04 在其中设置颜色为红色，并拖动滑块调整其不透明和缩放等参数，设置完成后单击“确定”按钮，如下图所示。

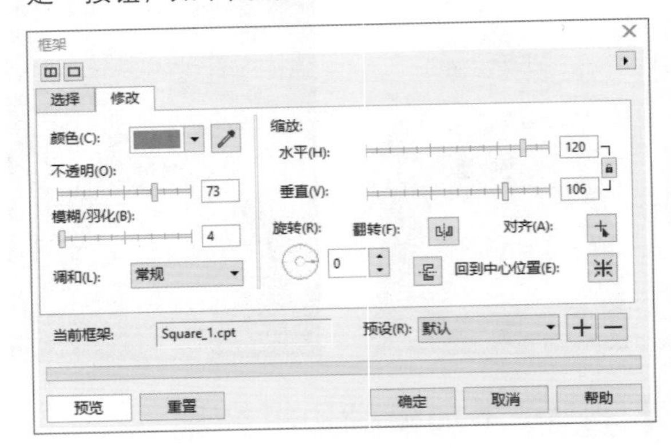

步骤 05 此时可以看到，图像上添加了一圈红色的效果，如下图所示。

步骤 06 此时继续选择上面这层位图图像，执行“位图>模糊>高斯式模糊”命令，打开“高斯式模糊”对话框，如下图所示。

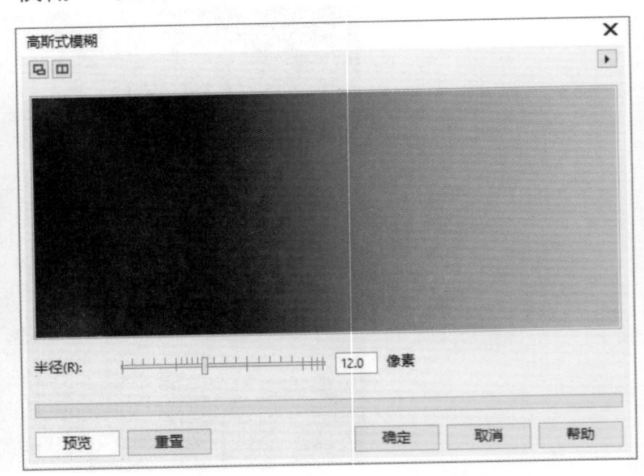

步骤 07 调整出图像预览窗口后拖动滑块设置半径参数，完成后单击“确定”按钮，此时可以看到，为图像添加了模糊效果，让图像变得较为朦胧，如下图所示。

步骤 08 再次选择上层的位图图像，单击透明度工具，在其属性栏中设置相应的透明度类型，如下图所示。

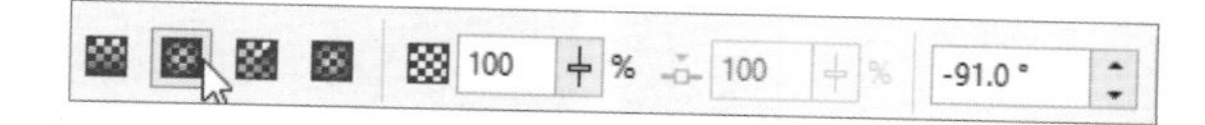

步骤 09 在图像中拖动调整透明效果，使其在中间区域部分显示出底层清晰的图像，从而为图像添加了模糊边框的效果，如下图所示。

步骤 10 最终效果如下图所示。

8.3.6 扭曲

使用“扭曲”滤镜组中的滤镜，可以通过不同的方式对位图图形中的像素进行扭曲，从而改变图像中像素的组合情况，制作出不同的图像效果。该滤镜组中包含了“块状”、“置换”、“偏移”、“像素”、“龟纹”、“旋涡”、“平铺”、“湿笔画”、“涡流”和“风吹效果”10种滤镜。下面分别对其功能进行介绍。

- 块状：使用该滤镜，可使图像分裂为若干小块，形成拼贴镂空效果。在参数设置对话框中“未定义区域”栏的下拉列表框中可设置图块之间空白区域的颜色。下左图和下中图所示分别为原图像和应用“块状”滤镜后的效果。
- 置换：使用该滤镜，可在两个图像之间评估像素颜色的值，并根据置换图改变当前图像的效果。
- 偏移：使用该滤镜，可按照指定的数值偏移整个图像，并按照指定的方法填充偏移后留下的空白区域。应用“偏移”滤镜后的效果如下右图所示。

- 像素：使用该滤镜可将图像分割为正方形、矩形或者射线的单元。可以选择“正方形”或者“矩形”单选按钮创建夸张的数字化图像效果，或者选择“射线”单选按钮创建蜘蛛网效果。下面最左侧两幅图所示分别为原图像和应用“像素”滤镜后的效果。
- 龟纹：该滤镜是通过为图像添加波纹产生变形效果。
- 旋涡：使用该滤镜，可使图像按照指定的方向、角度和旋涡中心产生旋涡效果。应用“旋涡”滤镜后的效果如下面第三幅图所示。
- 平铺：使用该滤镜，可将图像作为平铺块平铺在整个图像范围中，多用于制作纹理背景效果。应用“平铺”滤镜后的图像效果下面第四幅图所示。

 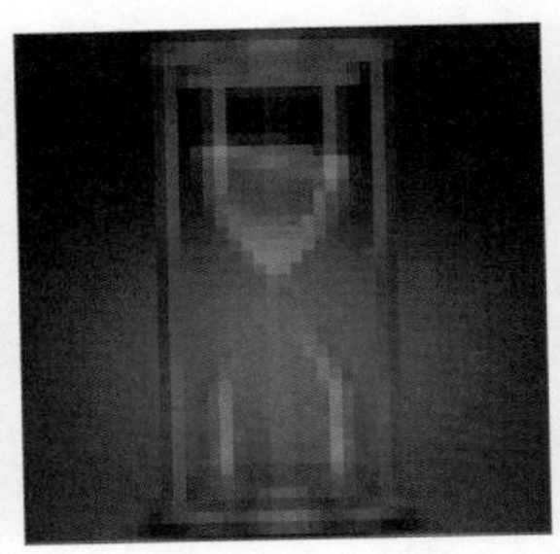  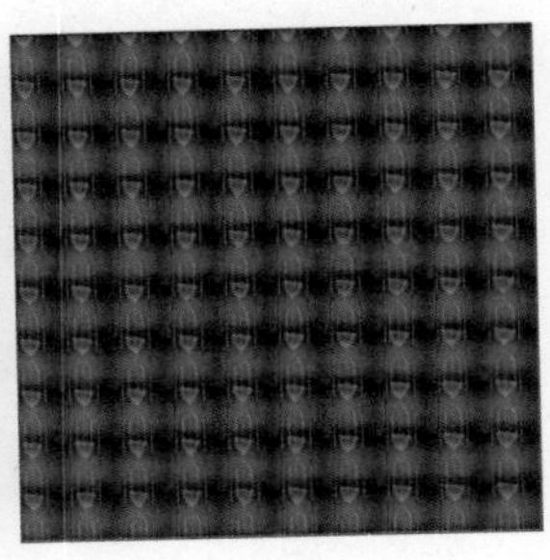

- 湿笔画：使用该滤镜，可使图像产生一种类似于油画未干透，看起来颜料有种流动感的效果。在其参数设置对话框中，调整“湿润”选项的滑块可设置水滴颜色的深浅。当其数值为正数时，可产生浅色的水滴；当其数值为负值时，可产生深色的水滴。下左图和下中图所示分别为原图像和应用“湿笔画”滤镜后的效果。
- 涡流：使用该滤镜，可为图像添加流动的涡旋图案。在其参数设置对话框的“样式”下拉列表框中，可对样式进行选择，可以使用预设的涡流样式，也可以自定义涡流样式。
- 风吹效果：使用该滤镜，可在图像上制作出物体被风吹动后形成的拉丝效果。在其参数设置对话框中，调整“浓度”选项的滑块可设置风的强度，调整“不透明”选项的滑块可改变效果的不透明程度。应用“风吹效果”滤镜后的效果如下右图所示。

8.3.7 杂点

使用“杂点“滤镜组中的滤镜，可在位图图像中添加或去除杂点。该滤镜组中包含了“添加杂点”、“最大值”、“中值”、“最小值”、“去除龟纹”和“去除杂点”6种滤镜。下面分别对其功能进行介绍，同时结合应用相应滤镜后的图像进行效果展示。

- 添加杂点：使用该滤镜，可为图像添加颗粒状的杂点，让图像呈现出做旧的效果。下面最左侧两幅图所示为应用“添加杂点”滤镜前后的效果。

- 最大值：该滤镜根据位图最大值颜色附近的像素颜色值调整像素的颜色，以消除图像中的杂点。应用“最大值“滤镜后的效果如下面第三幅图所示。
- 中值：该滤镜通过平均图像中像素的颜色值消除杂点和细节。在其参数设置对话框中，调整“半径“选项的滑块可设置在使用这种效果时选择像素的数量。应用“中值”滤镜后的效果如下面第四幅图所示。

- 最小：该滤镜通过使图像像素变暗的方法消除杂点。在参数设置对话框中，调整“百分比”选项的滑块可设置效果的强度，调整“半径”选项的滑块可设置在使用这种效果时选择和评估的像素数量。下面最左侧两幅图所示为应用“最小”滤镜前后的效果。
- 去除龟纹：使用该滤镜，可去除在扫描的半色调图像中经常出现的图案杂点。应用“去除龟纹”滤镜后的效果如下面第三幅图所示。
- 去除杂点：使用该滤镜，可去除扫描或者抓取的视频录像中的杂点，使图像变柔和。这种效果通过比较相邻像素并求一个平均值，使图像变得平滑，如下面第四幅图所示。

知识延伸：将图像导出为HTML格式

为了方便图像文件在网络上发布，用户可将图像发布为HTML网页格式。下面将对其具体操作进行详细介绍。

打开一个具有多个页面图像的文件，执行“文件>导出为>HTML”命令，打开“导出到HTML”对话框，如下左图所示。在其中可单击“浏览”按钮，对要导出的HTML格式文件的存放位置进行设置，完成后单击“确定”按钮即可。导出完毕后，双击文件夹中的HTML格式的文件，即可将图像文件以网页格式打开，如下右图所示。

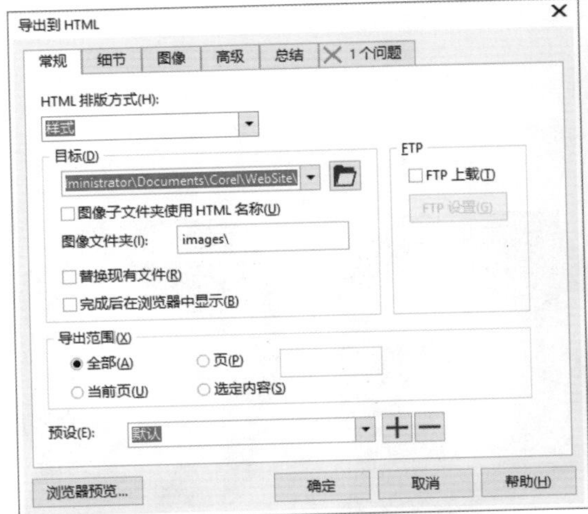

上机实训：光盘与盘套的设计

下面将利用前面所学的知识来练习制作光盘及盘套，具体操作步骤如下。

步骤 01 新建一个文件，然后绘制出光盘的侧面和正面矩形，设置尺寸分别为10mm×125mm与140mm×125mm，如右图所示。

步骤 02 按快捷键Shift+F11，填充颜色（C0、M0、Y100、K0），使用鼠标右键单击调色板中的☒，去除轮廓线，如右图所示。

步骤03 按快捷键Ctrl+I，导入汽车图像素材，放在画面的中央位置，如下图所示。

步骤05 使用文本工具输入文字，并填充红色（C0、M100、Y100、K0）。按F12键，设置轮廓宽度为1.7mm、轮廓颜色为白色，其他设置如下图所示。

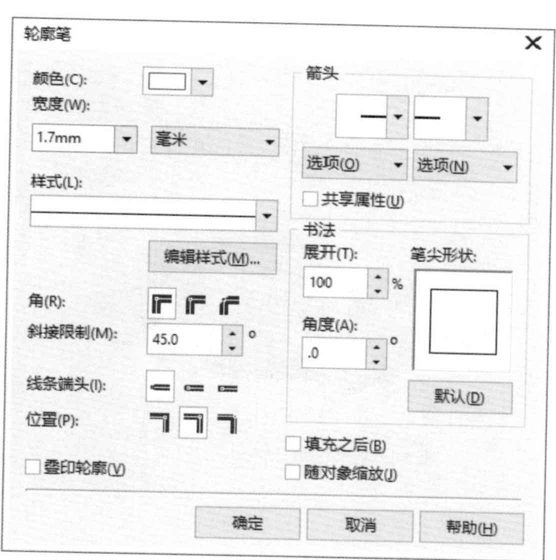

步骤07 选择轮廓工具为文字添加红色的轮廓边，属性栏设置如下图所示。

步骤04 按快捷键Ctrl+I，导入红绸素材。按住Shift键，使用选择工具加选矩形背景，按L键居左对齐，如下图所示。

步骤06 设置完成后，单击“确定”按钮即可看到下图所示的效果。

步骤08 应用后的效果如下图所示。

步骤 09 使用文本工具输入其他文字内容，如下图所示。

步骤 10 按住Ctrl键，使用手绘工具在工作区中单击，然后向右侧拖动，绘制一条直线。在属性栏中选择一种虚线样式，将线条粗细设置为0.2mm，如下图所示。

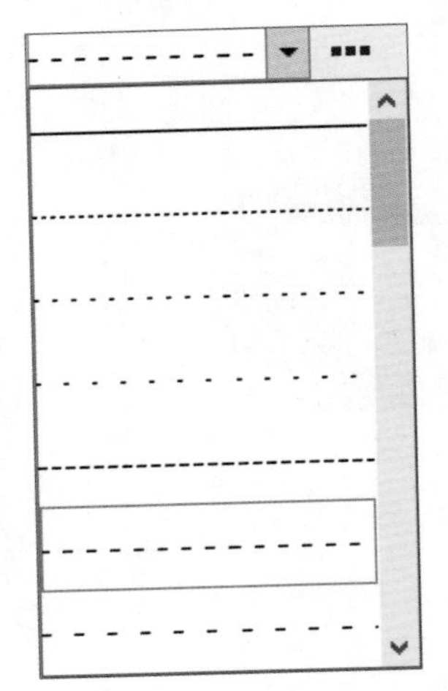

步骤 11 用同样的方法在盘套底部绘制一条直线，在属性栏中设置线条粗细为0.3mm，如右图所示。

步骤 12 使用选择工具选择左侧的矩形条，填充灰色（C0、M0、Y0、K10），然后输入文字，并将其方向改为垂直方向，效果如右图所示。

步骤 13 按快捷键Ctrl+I，导入图像素材。使用透明度工具自上向下拖动，创建透明度效果，如右图所示。

步骤 14 复制黄色背景，执行“对象>PowerClip>置于图文框内部”命令，将图像置入到黄色背景中。在图形上单击鼠标右键，选择弹出菜单中的“编辑PowerClip”命令，对置入的图像进行编辑，效果如下图所示。

步骤 15 使用文本工具在图像下方输入适当的宣传文字，如下图所示。

步骤 16 按住Ctrl键，使用椭圆形工具绘制光盘的外圆，在属性栏中设置尺寸为120mm×120mm，并填充灰色（C0、M0、Y0、K10），如下图所示。

步骤 17 复制圆形，缩小后居中，填充黄色。复制之前的红绸素材，使用“对象>PowerClip>置于图文框内部”命令，将红绸素材置于圆形中，如下图所示。

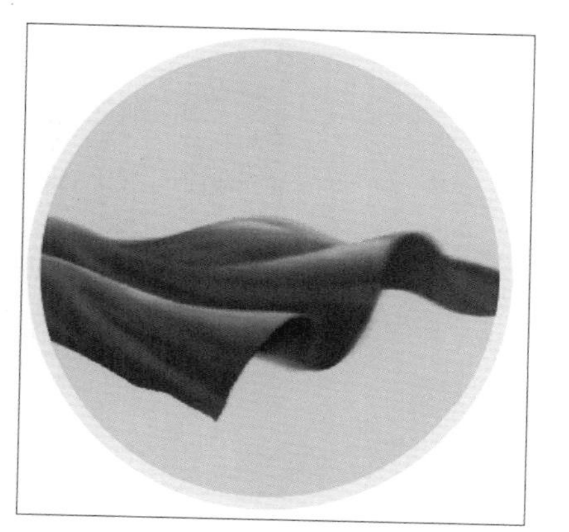

步骤 18 使用椭圆形工具绘制内圆，设置尺寸为36mm×36mm。按住Shift键，使用选择工具加选黄色圆形，在属性栏中单击“合并”按钮，效果如右图所示。

步骤 19 复制之前的文字效果到光盘上面，效果如下图所示。

步骤 20 绘制内侧圆形，设置尺寸为22mm×22mm。按F12键，设置轮廓颜色为灰色（C0、M0、Y0、K30）、轮廓宽度为0.5mm，如下图所示。

步骤 21 至此，已分别完成盘套及盘面的设计，接着可以借助其他平面设计软件，制作出如下图所示的立体组合效果。

课后练习

1. 选择题

（1）三维效果命令可以使选择的位图产生________类型的效果。

A. 浮雕　　B. 透视　　C. 立体　　D. 球面

（2）以下关于挤远/挤近路径说法不正确的是________。

A. 挤远效果是指使图像产生向外凸出的效果

B. 挤近效果是指使图像产生向内凹陷的效果

C. “挤远/挤近” 滤镜可以使图像产生向外凸出或向内凹陷的变形效果

D. 挤远效果是指使图像产生向外凹出的效果

（3）以下关于模糊滤镜的说法不正确的是________。

A. 模糊滤镜的工作原理都是平滑颜色上的尖锐突出

B. 模糊滤镜共有9个　　C. 动态模糊滤镜可用来创建运动效果

D. 放射状模糊滤镜的效果是，距离中心位置越近，模糊效果越强烈

（4）使用浮雕滤镜创建凹陷的效果，光源的位置应在________。

A. 上方　　B. 下方　　C. 右下角　　D. 左上角

（5）以下关于艺术笔触滤镜组中的炭笔画滤镜的说法不正确的是________。

A. 炭笔的大小和边缘的浓度可以在1到10的比例之间调整

B. 最后的图像效果只能包含灰色　　C. 图像的颜色模式不会改变

D. 既改变了图像的颜色模式，也改变了图像的颜色

2. 填空题

（1）“浮雕” 滤镜的原理是通过勾画__________和降低周围色值，进而产生视觉上的凹陷或凸出效果，形成浮雕感。

（2）________是指在图像的4个边角边缘形成的内向曲卷效果。

（3）使用________滤镜可快速赋予图像三维的景深效果，从而调整其在视觉上的空间效果。

（4）“艺术笔触” 滤镜组包含了 “炭笔画”、__________、“蜡笔画”、__________“印象派” 等14种滤镜。

（5）________可将图像转换为类似放大观察水晶的细致块状效果。

3. 操作题

制作印象派画作效果。

选择图像，执行 “位图>艺术笔触>印象派” 命令，在其对话框中设置参数，赋予图像印象派画作效果，参考图如下。

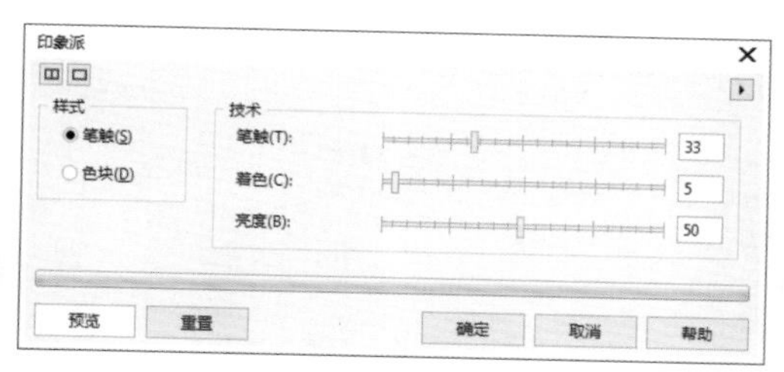

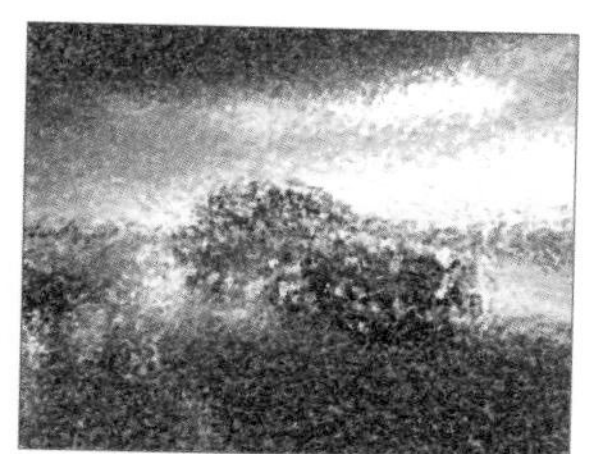

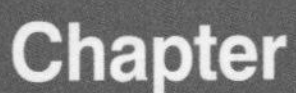 

Chapter 09 打印输出图像

本章概述

本章针对CorelDRAW中文件的打印和输出方面的知识进行介绍，分别将这些知识归入到输出前的选项设置、打印预览和打印设置、网络输出3个小节中，以便做到从真实的应用过程中细致地对这几个方面的操作进行介绍。用户通过本章的学习，能在CorelDRAW中对图形图像进行正常打印。

核心知识点

1. 掌握输出选项中的常规设置
2. 掌握CorelDRAW中优化图像的操作
3. 掌握输出选项中的常规设置
4. 掌握将图像发布到PDF的方法

9.1 打印选项的设置

通过前面的学习，相信用户已经对如何在CorelDRAW中进行图形图像的编辑处理有所掌握，而对这些经过调整处理后的图形图像进行打印输出则是完成整个设计的最后一个步骤，客观地说，这是一个相对重要的步骤，相关的打印设置直接决定着打印后图像最直观的视觉效果。下面就系统地对图形图像输出前应该进行的设置进行介绍。

9.1.1 常规打印选项设置

CorelDRAW X8中的“打印”命令可用于设置打印的常规内容、颜色和布局等选项，涉及内容包括打印范围、打印类型、图像状态和出血宽度等的设置。在保证页面中有图像内容的情况下，执行“文件>打印”命令，即可打开“打印”对话框，在其中可对常规、颜色以及布局等进行设置。

常规设置是对图形文件最普通的设置，执行“文件>打印”命令或按下快捷键Ctrl+P，打开“打印”对话框，此时默认情况下显示“常规”选项卡，如下图所示。

需要注意的是，在弹出的“打印”对话框中，单击“打印预览”按钮旁边的扩展按钮，会显示出打印预览图像。若此时需要打印的图形文件为多页图形，则点选“当前页”单选按钮，表示仅打印当前页；点选“页”单选按钮，并在其后的文本框中输入相应的页面，即可仅打印这些图像，同时还可对打印份数进行设置。另外还可单击“另存为”按钮，在打开的“设置另存为”对话框中将图形文件进行保存。

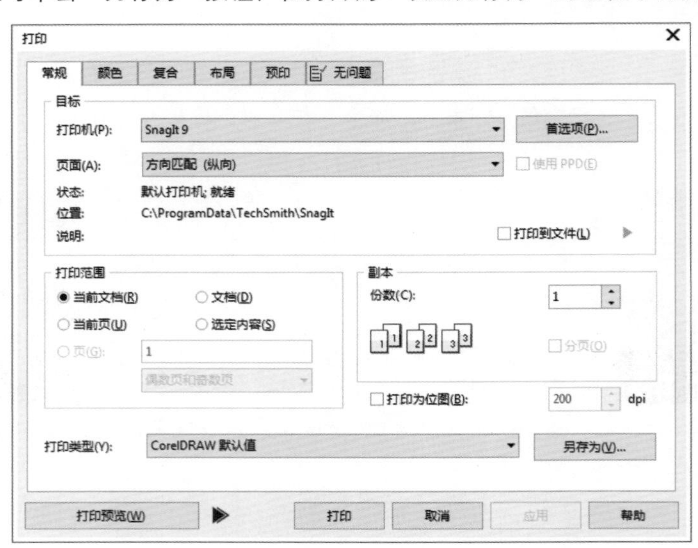

9.1.2 布局设置

在调整完页面的大小后，还可对页面的版面进行调整，这里的版面是指软件中的布局。打开“打印”对话框中的“布局”选项，显示出相应的版面设置参数，如右图所示。可在“将图像重定位到”下拉列表框中选择相应的选项，也可选择“版面布局”下拉列表中的选项对版面进行设置。

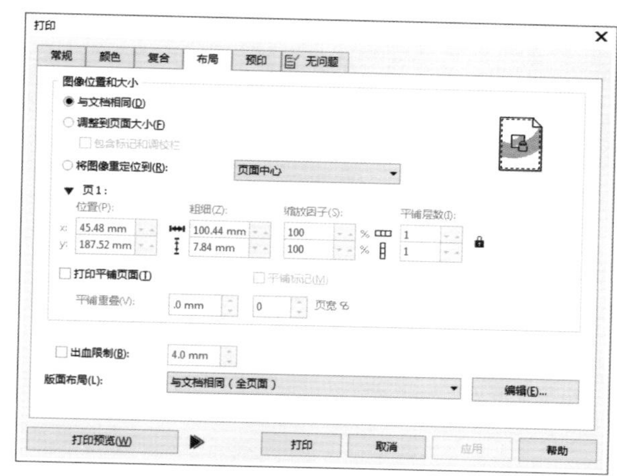

9.1.3 颜色设置

在CorelDRAW X8中，可将图像按照印刷4色创建CMYK颜色分离的页面文档，并可以指定颜色分离的顺序，以便在出片时保证图像颜色的准确性。

需要注意的是，在对分色进行设置时，可根据不同的印刷要求取消勾选相应的颜色复选框。

下面详细讲解颜色设置的操作步骤。

步骤 01 执行“文件>打开”命令或按下快捷键Ctrl+O，打开图形文件，如下图所示。

步骤 02 执行“文件>打印”命令或按下快捷键Ctrl+P，打开“打印”对话框。单击“打印预览”按钮旁边的扩展按钮，在对话框右侧显示出打印预览图像，如下图所示。

步骤 03 在“颜色”选项卡中点选“分色打印”单选按钮，此时可看到，右侧的预览图从彩色变为了黑白灰显示效果。

步骤 04 此时还会发现“复合”选项卡已变为“分色”选项卡。切换到“分色”选项卡中，取消勾选部分颜色复选框，对分色进行设置，如下图所示。完成后单击“应用”按钮，即可应用设置的分色参数。

9.1.4 预印设置

要使用印刷机将需要印刷或出版的图形文件进行印刷，需要将图形文件输出到胶片中。在CorelDRAW中可以直接对其进行设置，这也就是我们常说的预印设置，即输出到胶片过程中一个相关参数的设置环节。

预印设置的原理是通过对印刷图像镜像效果、页码是否添加等进行进一步的调整，从这些方面对图像真实的印刷效果进行控制，印刷出小样，以方便对图像的印刷效果进行预先设定。

9.2 网络输出

在CorelDRAW中完成图像的编辑处理后，还可在输出图像前对图像进行适当的优化，并将图像文件输出为网络的格式，以便上传到互联网上进行应用。同时，通过对图像的优化设置，还可将图像文件发布为网络HTML格式或PDF格式等。在优化图像的同时，扩展图像的应用范围，同时也降低了内存的使用率，从而提高了网络应用的速度。

9.2.1 图像优化

优化图像是将图像文件的大小在不影响画质的基础上进行适当的压缩，从而提高图像在网络上的传输速度，便于访问者快速查看图像或下载文件。可在导出图像为HTML网页格式之前对其进行优化，以减少文件的大小，让文件的网络应用更加流畅。

优化图像的方法是，在CorelDRAW X8中打开图形文件，如下左图所示，执行“文件>导出为>Web”命令，打开“导出到网页”对话框。在该对话框中可在“预设列表”、“格式”、“速度”等下拉列表框中设置相应的选项，从而调整图像的格式、颜色优化和传输速度等，如下右图所示。完成后单击“另存为”按钮，在弹出的对话框中进行设置即可。

提示 预览窗口的调整

在“导出到网页”对话框的左上角有一排窗口预览按钮，其按钮的含义依次为全屏预览、两格垂直预览、两格水平预览和四格预览，用户可根据需要调整预览窗口的显示情况。

9.2.2 发布至PDF

在CorelDRAW X8中还能将图形文件发布为PDF格式，以便使用PDF格式进行演示或在其他图像处理软件中进行使用或编辑。

实例11 将图形文件发布为PDF格式

步骤 01 执行“文件>打开“命令或按下快捷键Ctrl+O，打开一个图形文件，如右图所示。

步骤 02 执行“文件>发布为PDF”命令，打开“发布至PDF”对话框，如右图所示。在其中设置文件存放的位置，完成后单击“保存”按钮，即可将图像文件保存为PDF格式的文件。双击导出的PDF格式文件，可浏览该文件。

知识延伸：使用个性图标

CorelDRAW X8中，用户如果不喜欢默认的图标，则可以在“选项”对话框中对图标样式进行更换。

首先选择“工具>选项”命令，打开“选项”对话框，在“工作区”选项下单击展开“自定义”项，如下左图所示。接着单击“命令”项，在右边切换到“外观”选项卡，如下右图所示，在“图像”栏中即可轻松进行更换。

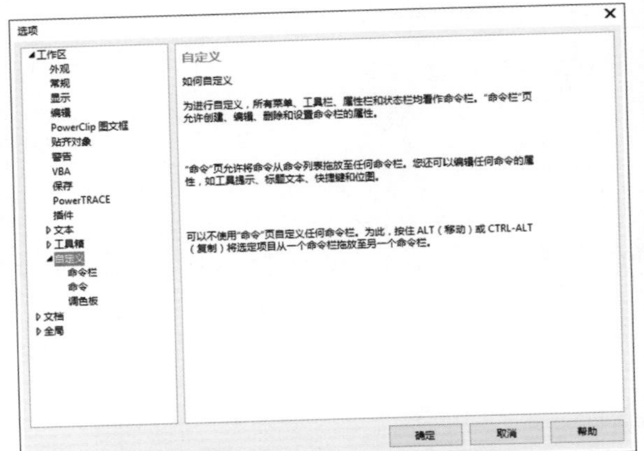

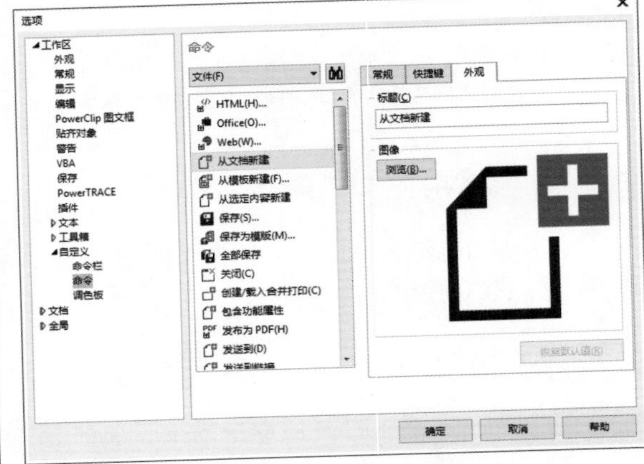

上机实训：打印我的图像

下面将利用前面所学习的知识，练习图像的打印操作。

步骤 01 执行"文件>打开"命令，打开一个图形文件，如下图所示。

步骤 02 随后执行"文件>打印"命令，打开"打印"对话框，如下图所示。

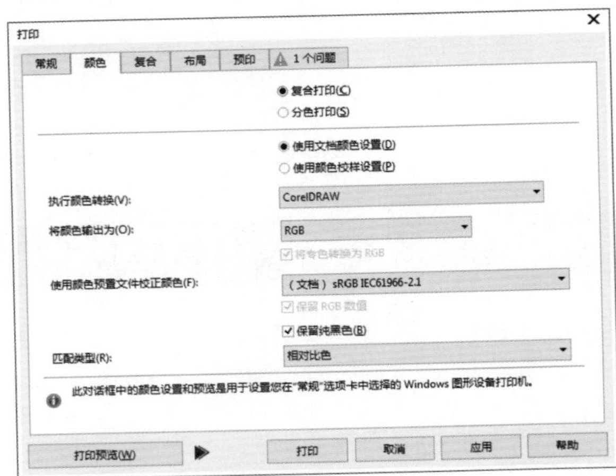

步骤 03 单击"打印预览"按钮旁边的扩展按钮，在对话框右侧显示出打印预览图像，如下图所示，然后单击"预印"标签，显示出相应的选项卡。

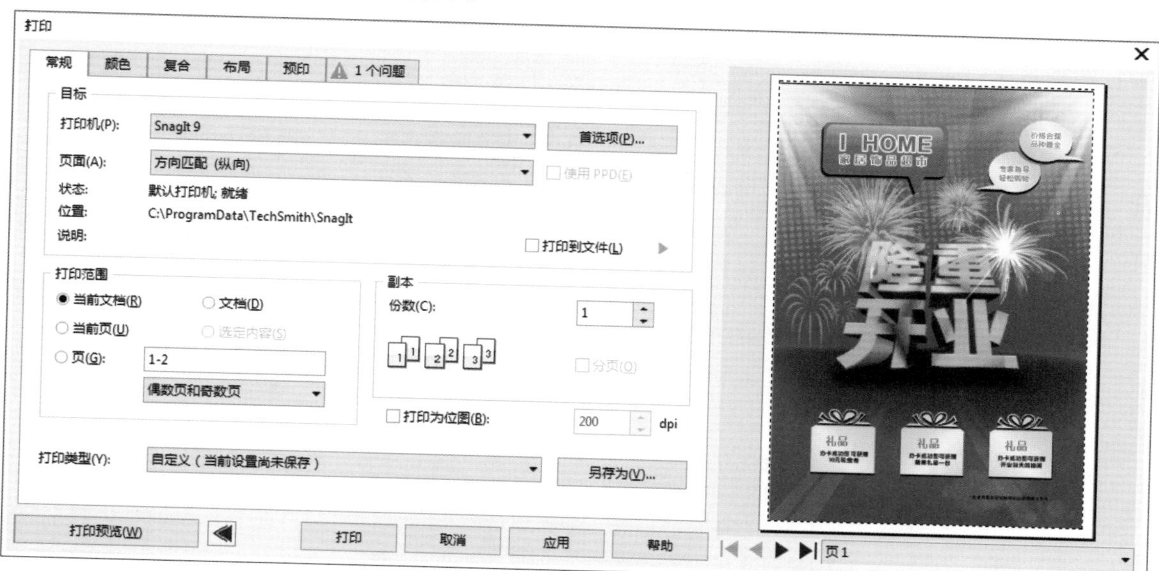

步骤 04 在其中勾选"镜像"复选框，此时可将图像进行镜像调整，在右侧预览图中可以看到调整后的效果。勾选"打印文件信息"复选框，则激活其下的文本框，此时即可将这里显示的信息应用到文件打印设置中，如下图所示。

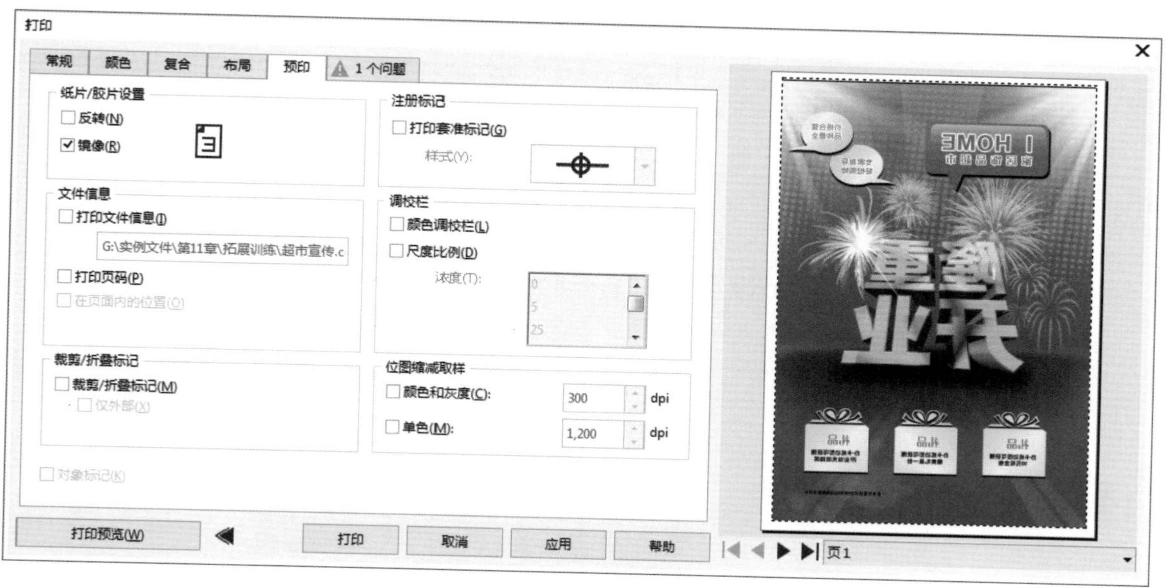

步骤 05 如果文件为多页图像，此时还可勾选"打印页码"复选框，这样在右侧预览图像下方的下拉列表中可选择其他页码，同时在预览窗口中即会显示相应页面上的图像。完成相关设置后，单击"应用"按钮，即可应用设置。此时单击"打印"按钮，即可按照上述设置进行打印。

课后练习

1. 选择题

(1) 关于色彩管理器的说法以下正确的有________。

A. 是用来快速改变颜色模式的　　B. 是用来管理色彩显示方式的

C. 是用来管理绘制所用色彩模式的　　D. 用来管理色彩样式的

(2) 在CorelDRAW中置入的图片，在进行旋转、镜像等操作后，打印输出会出现错误的是________格式。

A. PSD　　B. TIF　　C. JPG　　D. Bitmap

(3) 下列标准属于等同采用国际标准的是________。

A. IS09001；2000　　B. GB/T19001；2000

C. GB3502；1989　　D. IS090002；1994

(4) 用于印刷的色彩模式是________。

A. RGB　　B. CMYK　　C. Lab　　D. 索引模式

(5) 以下________不是“发布到 Web ”对话框中的选项。

A. 常规　　B. 高级　　C. 细节　　D. 大概

2. 填空题

(1) 凡是用于要求精确色彩逼真度的Web或者桌面打印机的图像，一般都采用________模式。

(2) 自动跟踪功能可以将位图转化为________。

(3) Lab的三个分量各自代表________、________以及________的颜色范围。

(4) CorelDRAW X8中提供的全屏视图模式能够方便用户快速地对绘制的图形进行全屏观看，按________键即可进行文件的全屏浏览。

(5) 在制作稿件时，常会遇到“出血”线，那么出血的尺寸为________。

3. 操作题

设置合并打印：打开文件，执行“文件>合并打印>创建/载入合并打印”命令，在对话框中进行设置，完成后在“合并打印”浮动面板中即可进行合并文件的添加，参考图如下。

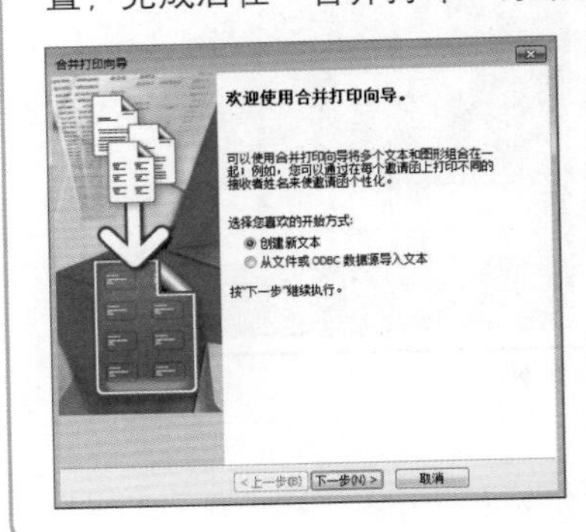

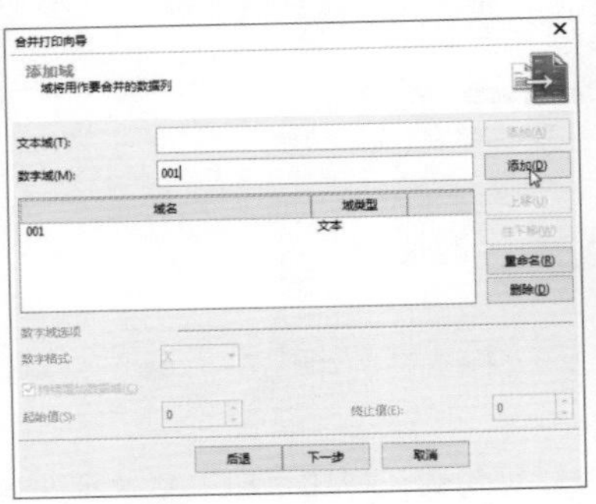

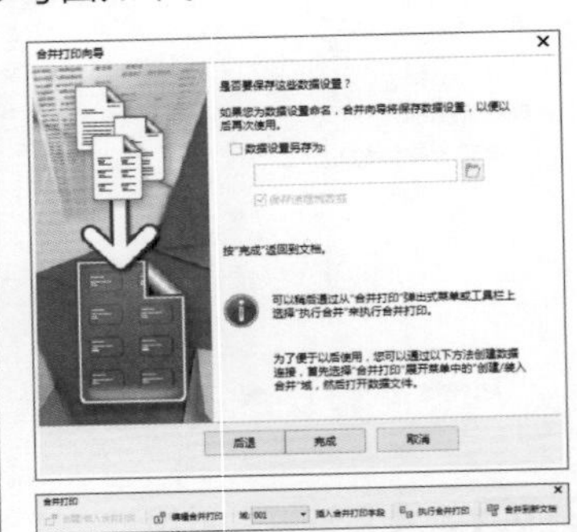

PART

02 综合案例篇

综合案例篇共包含5章内容，对CorelDRAW X8的应用热点逐一进行了理论分析和案例精讲，在巩固前面所学基础知识的同时，使读者将所学知识应用到日常的工作学习中，真正做到学以致用。

10 插画设计

11 户外广告设计

12 报纸版面设计

13 企业VI系统设计

14 产品包装设计

Chapter 10 插画设计

本章概述

插画是一种艺术形式，作为现代设计的一种重要的视觉传达形式，以其直观的形象性、真实的生活感和美的感染力，在现代设计中占有特定的地位，已广泛应用于现代设计的多个领域，涉及到文化活动、社会公共事业、商业活动、影视文化等方面。

核心知识点

1. 了解插画设计出现的历史
2. 掌握插画设计三要素
3. 了解插画的应用范畴
4. 手机壁纸插画设计实践

10.1 行业知识导航

为了使设计人员更好地了解和掌握插画设计，下面将对其进行详细介绍。

10.1.1 插画设计简述与来源

在现代设计领域中，插画设计可以说是最具有表现意味的，它与绘画艺术有着亲近的血缘关系，插画艺术的许多表现技法都是借鉴了绘画艺术的表现技法。插画艺术与绘画艺术的联姻使得前者无论是在表现技法多样性的探求上，或是在设计主题表现的深度和广度方面，都有着长足的进展，展示出更加独特的艺术魅力，从而更具表现力。从某种意义上讲，绘画艺术成了基础学科，插画成了应用学科。纵观插画发展的历史，其应用范围在不断扩大。特别是在信息高速发达的今天，人们的日常生活中充满了各式各样的商业信息，插画设计已成为现实社会不可替代的艺术形式。

中国最早的插画是以版画形式出现的，是随佛教文化的传入，为宣传教义而在经书中用“变相”图解经文。目前史料记载我国最早的版画作品，是唐肃宗时刊行的《陀罗尼经咒图》；刊记确切年代的则是唐懿宗咸通九年（868年）的《金刚般若经》中的扉页画。到了宋、金、元时期，书籍插画有了长足的进步，应用范围扩大到医药书、历史地理书、考古图录书、日用百科书等书籍中，并出现了彩色套印插画。明清时期，可以说是古代插画艺术大发展时期，全国各地都有刻书行业，并且不同的地域形成了不同的风格。此时插画的形式大体有以下几种：卷首附图、文中插图、上图下文或下图上文、内封面或扉页画和牌记等。

插画艺术不仅扩展了我们的视野，丰富了我们的头脑，给我们以无限的想象空间，更开阔了我们的心智。随着艺术的日益商品化和新的绘画材料及工具的出现，插画艺术进入商业化时代。插画在商品经济时代，对经济的发展起到巨大的推动作用。插画的概念已远远超出了传统规定的范畴。纵观当今插画界，画家们已不再局限于某一风格，而是常打破以往单一使用一种材料的方式，为达到预想效果，广泛地运用各种手段，使插画艺术的发展获得了更为广阔的空间和无限的可能。

10.1.2 插画设计三要素

商业插画有一定的规则，它必须具备以下三个要素。

1. 直接传达消费需求

表达商品信息要直接，因为消费者不会花时间去理解你绘画的含义。由于人类的消费习惯有相当的持续性，在琳琅满目的购物环境里，如果消费者在一秒钟之内没有看到或没有被你的插画所吸引，恐怕他将一年或几年都不会买这个商品了。

2. 符合大众审美品位

假设消费者看到了你的插画，但对画面的颜色构图或形象产生了逆反心态，也会导致前面的结果。所以，符合大众审美品位是商业插画师要经过的第二道关，毕竟能以艺术眼光去消费的顾客太稀有了。你的作品太艺术，别人看不懂；太低俗，人家瞧不上。只有做到恰到好处才算是合格的商业插画师。

3. 夸张强化商品特性

在消费者的注目下，作品进入第三关，即和周边的产品比较。如果插画没有强化和夸张商品特性，而被其他的商品压倒了，那么，也会产生前面的结果。在超市里经常见到挑挑拣拣拿起放下的情景，直到结账之后，一幅商业插画才算成功通过测试。

10.1.3 插画的应用范畴

现代插画的形式多种多样，可由传播媒体分类，亦可由功能分类。以媒体分类，基本上分为两大部分，即印刷媒体插画与影视媒体插画。印刷媒体插画包括招贴广告插画、报纸插画、杂志书籍插画、产品包装插画、企业形象宣传品插画等。影视媒体插画包括电影插画、电视插画、计算机显示屏插画等。

1. 招贴广告插画

又称为宣传画、海报。在广告还主要依赖于印刷媒体传递信息的时代，可以说它处于主宰广告的地位。但随着影视媒体的出现，其应用范围有所缩小。

2. 报纸插画

报纸是信息传递最佳媒介之一。因此报纸插画最为大众化，具有成本低廉、发行量大、传播面广、速度快、制作周期短等特点。

3. 杂志书籍插画

包括封面、封底的设计和正文的插画，广泛应用于各类书籍，如文学书籍、少儿书籍、科技书籍等。这种插画形式正在逐渐衰退，今后将以电子书籍、电子报刊的形式大量存在。

4. 产品包装插画

产品包装使插画的应用更广泛。产品包装设计包含标志、图形、文字三个要素。它具有双重使命：一是介绍产品，二是树立品牌形象。其最为突出的特点在于它介于平面与立体设计之间。

5. 影视媒体插画

一般在广告片中出现较多，如下图所示。影视媒体插画也包括计算机显示屏这个媒介。计算机显示屏如今成了商业插画的重要表现终端，众多的图形库动画、游戏节目、图形表格都成了商业插画的一员。

10.1.4 商业插画设计欣赏

下面三幅图是经典的商业插画设计案例，请大家认真学习。

10.2 手机壁纸插画设计

本章将以手机壁纸插画设计为例详细介绍插画设计的步骤，通过本章案例可熟练掌握图形之间的相互配合及应用形式。

10.2.1 创意风格解析

1. 设计思想

本实例将以4.5英寸手机屏幕为例，讲解手机壁纸插画制作过程，主要分为两大部分：第一部分讲解插画背景的绘制，第二部分讲解主题图案的制作。本案例从“插画与手机壁纸”相结合的概念着手，整体色调采用天蓝色系来进行设计展现；技术方面主要使用了图形的合并功能，通过多个图形的拼合形成最后整体图案的效果。

插画的背景绘制主要使用矩形工具、渐变填充工具、椭圆形工具、透明度工具等完成制作；主题图案的绘制只要使用钢笔工具、椭圆形工具、渐变工具、PowerClip工具等功能进行前后图案的叠加即可完成。

2. 实践目标

本实例的主要实践目标在于让用户熟练掌握插画的设计制作流程。同时，还可以作为矩形工具、钢笔工具、PowerClip工具、渐变工具与椭圆形工具的应用实践。

10.2.2　制作背景图案

在制作背景图案时，注意图形的渐变填充效果及透明度的设置，制作出所有背景图案后，执行“对象>PowerClip>置于图文框内部”命令，进行图像的裁剪。

步骤 01 启动CorelDRAW，执行“文件>新建”命令，新建一个空白文档并设置其尺寸为1957px × 3479px，如下左图所示。双击工具箱中的矩形工具，生成一个和页面等大的矩形，如下右图所示。

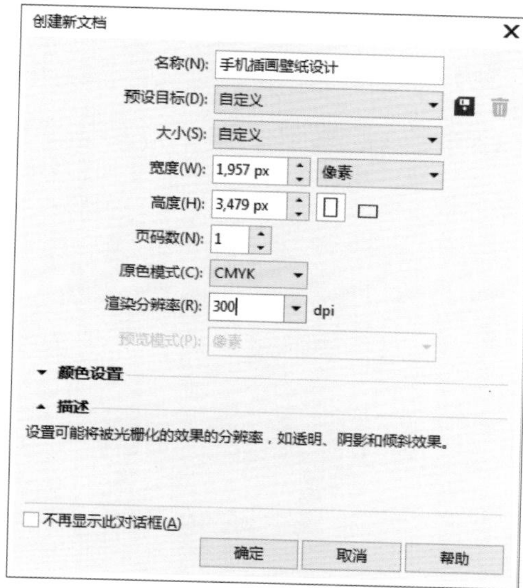

步骤 02 按快捷键Shift+F11，为矩形填充颜色为蓝色（C49、M4、Y2、K0），在调色板中右击☒去除轮廓色，如下图所示。

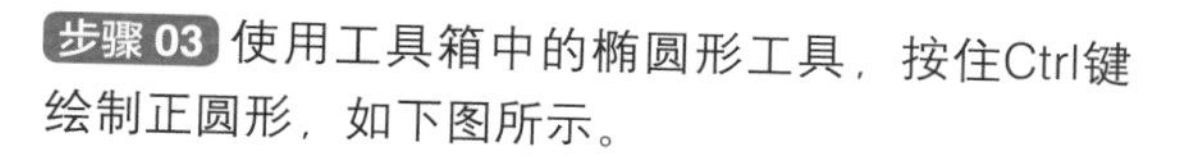

步骤 03 使用工具箱中的椭圆形工具，按住Ctrl键绘制正圆形，如下图所示。

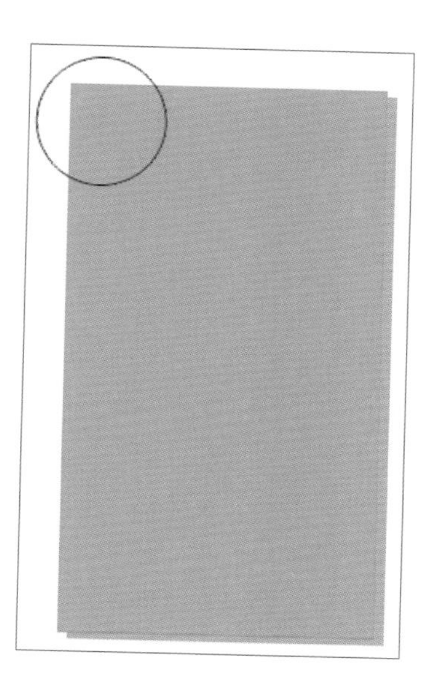

步骤 04 使用工具箱中的交互式填充工具，在属性栏中选择渐变填充，单击左侧渐变块设置节点颜色为白色，如下左图所示。单击右侧渐变块设置节点透明度为79，如下右图所示。

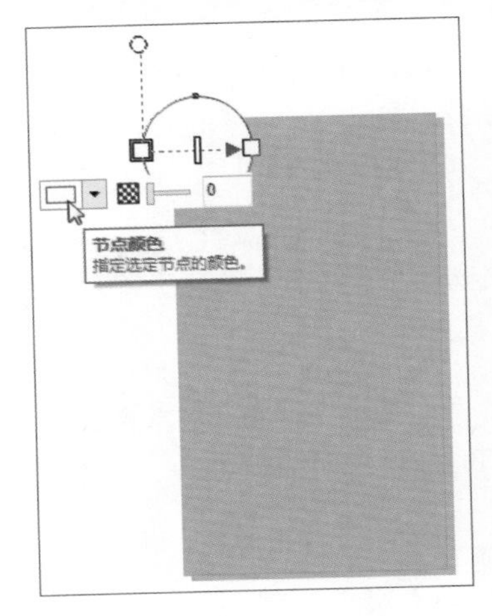

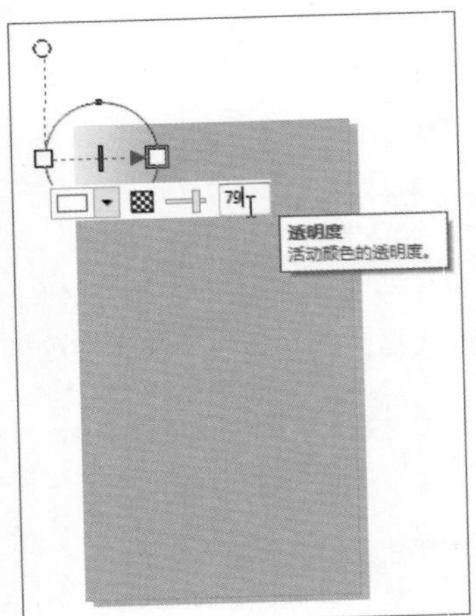

步骤 05 在调色板中右击⊠，去除轮廓线，设置效果如下图所示。

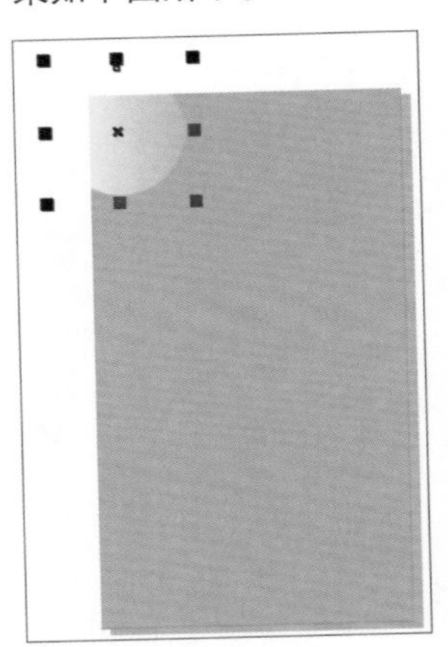

步骤 06 使用椭圆形工具继续绘制正圆水泡，并均匀散布在页面中，如下图所示。

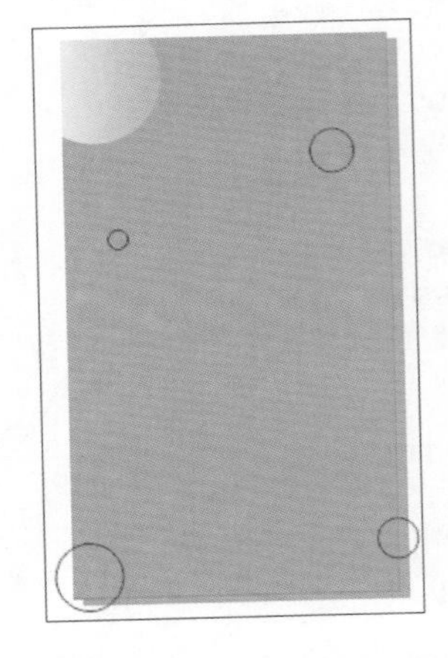

步骤 07 使用工具箱中的属性滴管工具，吸取页面左上角水泡的颜色属性，单击其余4个正圆，填充效果如下图所示。

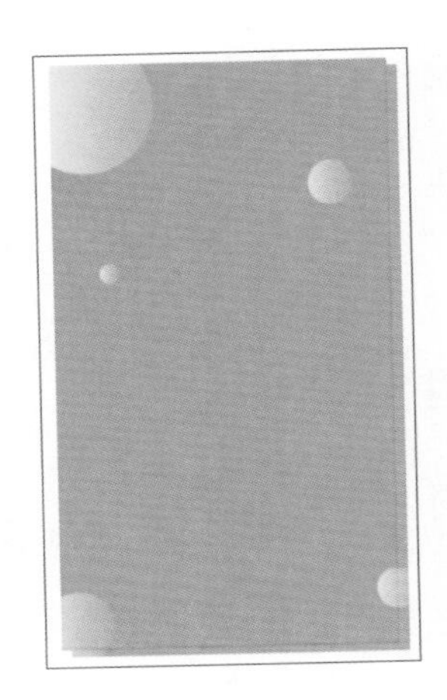

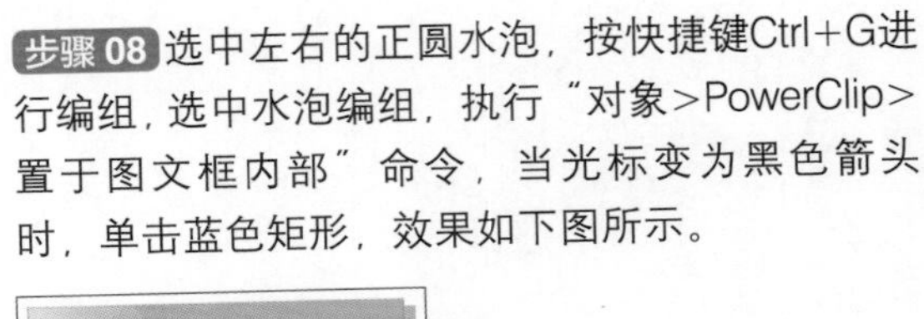
步骤 08 选中左右的正圆水泡，按快捷键Ctrl+G进行编组，选中水泡编组，执行“对象>PowerClip>置于图文框内部”命令，当光标变为黑色箭头时，单击蓝色矩形，效果如下图所示。

10.2.3 制作主题图案

制作主题图案需注意图案之间的先后顺序、渐变效果及相互之间的关系，利用钢笔工具与椭圆形工具之间的相互搭配，制作出生动的插画形象。

步骤 01 使用钢笔工具绘制出鲸鱼的外部轮廓，设置轮廓线的宽度为25px，未填色的效果如下图所示。

步骤 02 按快捷键Shift+F11，打开“编辑填充”对话框，设置填充颜色为蓝色（C100、M0、Y0、K0），如下图所示。

步骤 03 单击“确定”按钮，设置填充颜色后的图案效果如下图所示。

步骤 04 执行“窗口>泊坞窗>对象属性”命令，打开“对象属性”泊坞窗，设置轮廓线颜色为深蓝（C82、M82、Y0、K21），如下图所示。

步骤 05 使用2点线工具继续绘制线段，设置轮廓宽度为25px、轮廓颜色为深蓝（C82、M82、Y0、K21），如下图所示。

步骤 06 使用钢笔工具绘制鲸鱼身上的亮光部分，填充颜色为白色，如下图所示。

步骤 07 使用工具箱中的透明度工具，在属性栏中设置透明度样式为渐变透明度、渐变方式为线性渐变透明度，设置节点透明度为71，设置渐变旋转为-76.0°，效果如下图所示。

步骤 08 按快捷键Ctrl+PageDown移至下方一层，使用钢笔工具绘制鲸鱼下方的两处高光，设置填充色为白色，并设置透明度为30，然后调整其至线条的下方，如下图所示。

步骤 09 使用钢笔工具绘制鲸鱼下方的阴影部分，设置颜色为蓝色（C89、M64、Y0、K0），并设置透明度为50，如下图所示。

步骤 10 按住Shift键选中鲸鱼下方的高光与暗部，按快捷键Ctrl+G将其编组，然后执行“对象>PowerClip>置于图文框内部”命令，当光标变为黑色箭头时，单击下方鲸鱼轮廓，置入效果如下图所示。

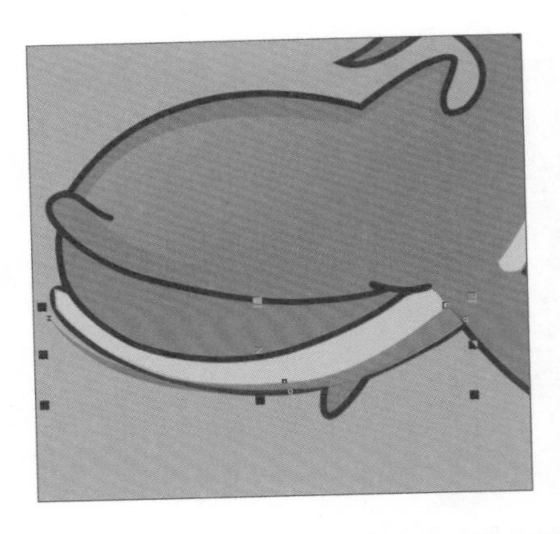

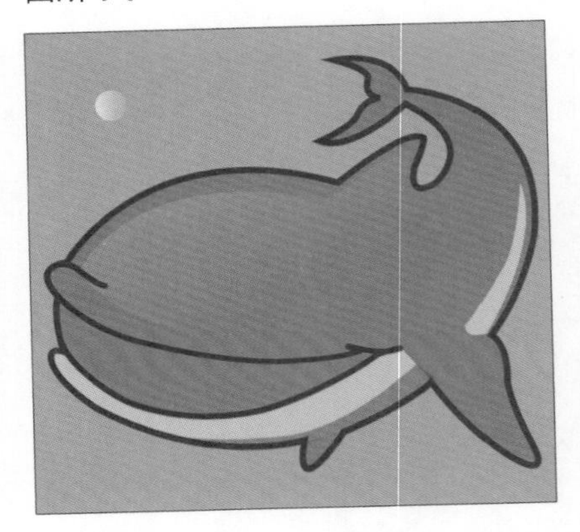

步骤 11 使用钢笔工具绘制鲸鱼的眼部，设置颜色为深蓝（C82、M82、Y0、K21），并使用椭圆形工具绘制其眼皮部分，如下图所示。

步骤 12 继续使用椭圆形工具绘制其眼白，设置填充色为白色，如下图所示。

步骤 13 使用椭圆形工具绘制其眼球，设置填充色为深蓝（C100、M100、Y0、K0）。使用透明度工具，设置透明样式为渐变透明度，并设置其旋转为-78.2°，如下图所示。

步骤 14 使用之前讲述的方法将眼球置入到下面的眼白中，置入效果如下图所示。

步骤15 使用椭圆形工具继续绘制眼瞳部分，并使用钢笔工具绘制眼部高光，如下图所示。

步骤16 使用钢笔工具绘制鲸鱼喷水的部分，设置填充色为蓝色（C100、M20、Y0、K0）、轮廓色为深蓝（C100、M73、Y0、K0），并设置轮廓宽度为24px，如下图所示。

步骤17 使用钢笔工具在喷水部分的上方绘制亮部与高光，亮部颜色设为浅蓝色（C49、M0、Y0、K0），高光颜色设置为白色，如下图所示。

步骤18 使用钢笔工具绘制鲸鱼的牙齿部分，设置填充色为白色、轮廓色为深蓝（C82、M82、Y0、K21），并设置轮廓宽度为24px，如下图所示。

步骤19 使用钢笔工具绘制牙齿的分割线，设置轮廓宽度为33px，设置轮廓颜色为灰色（C0、M0、Y0、K70），如下图所示。

步骤20 选中绘制的分割线并将其编组，使用之前的方法将分割线置于下方的白色区域内，如下图所示。

步骤 21 继续使用同样的方法将牙齿图形置于最下方鲸鱼轮廓中，如下图所示。

步骤 22 使用同样的方法绘制鲸鱼身上其他部位的高光、亮部及暗部，注意图层之间的先后顺序，如下图所示。

步骤 23 此时完成的壁纸插画效果如下左图所示。执行“文件>导入”命令，导入本章素材文件“手机界面.png”，调整其大小及位置，最终效果如下右图所示。

10.3 拓展练习

本章立足手机壁纸插画设计这个课题，分别对插画设计简述与来源、插画设计三要素与插画的应用范畴等相关知识进行了详细的总结性概述，让读者对插画设计有了一个全方位的总体了解和认识。在学习本章内容之后，再来练习设计以下两个插画，以达到熟能生巧的目的。

插画设计（1）

最终效果：Ch10\拓展练习\日本特色风景插画.cdr

设计难度：高

插画设计（2）

最终效果：Ch10\拓展练习\可爱基督诞生插画.cdr.

设计难度：高

Chapter 11 户外广告设计

本章概述

户外广告是企业或单位进行广告推广的重要营销方法之一。现如今，越来越多的广告公司开始注重户外广告的创意以及设计效果的实现，各行各业也热切希望通过户外广告来迅速提升企业形象，传播商业信息，各级政府也希望通过户外广告树立城市形象，美化城市，这些都给户外广告设计与制作提供了巨大的市场机会。

核心知识点

❶ 了解户外广告的特征
❷ 了解户外广告的媒介类型
❸ 户外广告设计实践

11.1 行业知识导航

为了使设计人员更好地了解和掌握户外广告设计，下面将对其进行详细介绍。

11.1.1 户外广告的特征

凡是在露天或公共场合通过广告表现形式，同时向受众与消费者进行广告诉求，进而达到推销商品目的的物质，都可以统称为户外广告媒体。户外广告的表现形式有路牌广告、招贴广告、壁墙广告、海报、霓虹灯广告、广告柱、广告塔、户外液晶广告等。在户外广告中，路牌灯箱广告是最为重要的表现形式。户外广告主要有以下四个特点。

1. 受众群体多

通过有计划性的媒介安排和分布，户外广告能创造出理想的受众率。比如在某个城市结合目标人群，正确地选择发布地点以及使用正确的户外媒体，可以在理想的范围接触到多个层面的人群。

2. 表现形式多

特别是高空气球广告、灯箱广告的发展，使户外广告更具有自己的特色，而且这些户外广告还有美化市容的作用，这些广告与市容浑然一体的效果，往往使消费者非常自然地接受了广告。户外广告可以根据地区的特点选择广告形式，例如在商业街、广场、公园、交通工具上选择不同的广告表现形式，也可以根据某地区消费者的共同心理特点、风俗习惯来设置。

3. 视觉印象深刻

在公共场所树立巨型广告牌，这一古老方式历经千年的实践，表明其在传递信息、扩大影响方面的有效性。一块设立在黄金地段的巨型广告牌是任何想建立持久品牌形象的公司的必争之物，很多知名的户外广告牌，或许因为它的持久和突出，成为这个地区远近闻名的标志，人们或许对街道楼宇都视而不见，而唯独这些林立的巨型广告牌却令人久久难以忘怀。

4. 时效期长

许多户外广告是全天候发布的，它们每天24小时、每周7天地伫立在那儿，这一特点更容易让受众加深印象。

11.1.2 户外广告的媒介类型

为了使更多的从业者了解户外广告，下面将对户外广告的媒介类型进行详细的介绍。

1. 射灯广告牌

在广告牌四周装有射灯或其他照明装备的广告牌，称为射灯广告，晚上开启射灯后，同样可以加深受众印象，如下图所示。

2. 霓虹灯广告牌

由霓虹管弯曲成文字或图案，配上不同颜色的霓虹管制成，以散发多样的色彩。此外，更可配合电子控制的闪动形式，增加其动感。

3. 立柱广告牌

将广告牌置于特设的支撑柱上的形式，支撑柱一般只有一根，特殊情况下有两根或更多。该广告牌多以立柱式T形广告装置设立于高速公路与主要交通干道等地方，面向车流和人流。普通使用的立柱广告牌尺寸为6米高、18米宽，主要以射灯作为照明装备。

4. 大型灯箱

置于建筑物外墙、楼顶或裙楼等广告位置，白天是彩色广告牌，晚上则成为内打灯的灯箱广告。灯箱广告照明效果较佳，但维修比较麻烦，且所用灯管较易损坏。

5. 候车亭广告牌

设置于公共汽车候车亭的户外广告，以灯箱为主要表现形式。在此处安排的广告多以大众消费品为主。可以单独或网络式购买多个站亭广告，以达到较宽覆盖率甚至覆盖多个城市。

6. 公交车身广告

公交车属于移动媒体，表现形式为全车身彩绘及车身两侧横幅挂板等，其特点是接触面广、覆盖率高。可应目标受众对象来选择路线或地区，可单独或网络式购买。

11.1.3 户外广告设计欣赏

下面是一些经典的户外广告设计。

11.2 户外广告设计——一城天地产广告设计

本节将以一城天地产广告为例，对户外广告设计的操作步骤进行详细的介绍。

11.2.1 创意风格解析

1. 设计思想

本实例制作的是一城天地产户外广告，其中包括Logo图形的处理、主体版面的设计以及射灯和立柱的制作。设计上从“宜居”的概念着手，并将“水”的概念与“一”字图形相结合，着重体现了“一城天，宜居住”的人文概念。技术方面主要运用图框精确剪裁功能来制作具有水纹效果的文字图形。

Logo文字图形主要采用手绘书法体来实现，借助图框精确剪裁功能，将水纹与文字图形进行巧妙结合。广告语的处理主要使用文本工具来完成，再借助椭圆形工具和多边形工具制作辅助小图形，使用形状工具来调节文字之间的间距。文字中的水纹效果依旧使用图框精确剪裁功能来完成。射灯效果使用了矩形工具、手绘工具和合并功能，并采用“步长和重复”命令来实现多个射灯的复制。最后使用矩形工具绘制立柱，使用渐变工具添加立体感。

2. 实践目标

本实例的主要实践目标在于让用户熟练掌握户外广告的制作流程。同时，还可以作为矩形工具、图框精确剪裁工具、文本工具、形状工具、手绘工具、渐变工具、多边形工具与椭圆形工具的应用实践。

11.2.2 Logo图形处理

下面主要使用“对象>PowerClip>置于图文框内部”命令，对Logo图形进行处理，使其呈现水纹的效果。

步骤 01 启动CorelDRAW X8，执行“文件>新建”命令，打开“创建新文档”对话框，从中进行参数设置，最后单击“确定”按钮，创建一个新文件，如下图所示。

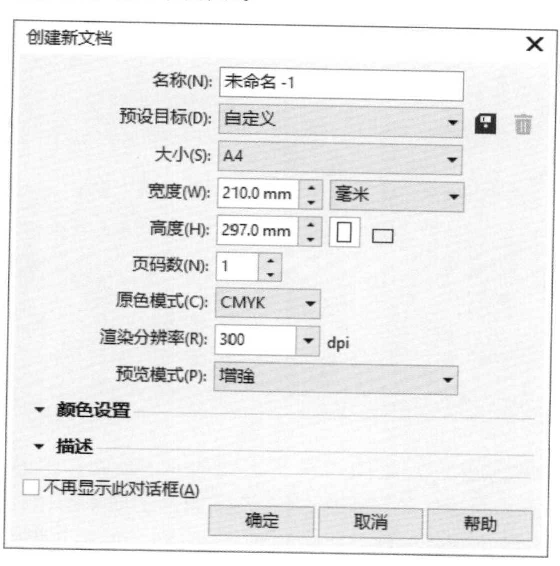

步骤 02 执行“文件>导入”命令或者按快捷键Ctrl+I，导入文字图形，如下图所示。

步骤 03 选择文本工具，按下键盘上的CapsLock键，激活大写输入，然后输入大写字母。再在“对象属性”泊坞窗中设置字体，如下图所示。

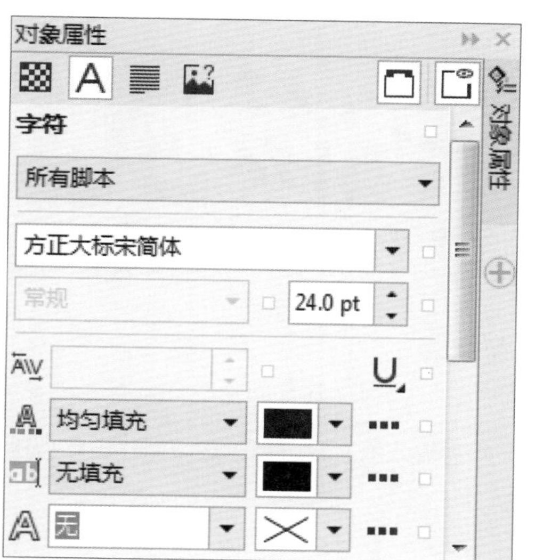

步骤 04 将光标插入到字母中间，按下空格键，使其分开，然后使用形状工具调节各字母之间的间距，效果如下图所示。

步骤05 将调整后的字母与文字图形组合在一起，如下图所示。

步骤06 运用同样的方法调整下方的中文汉字效果，如下图所示。

步骤07 按住Shift键，依次选择“一城天”三个字，然后按快捷键Ctrl+L或者在属性栏上单击“合并”按钮，将其合并为一个整体图形，如下图所示。

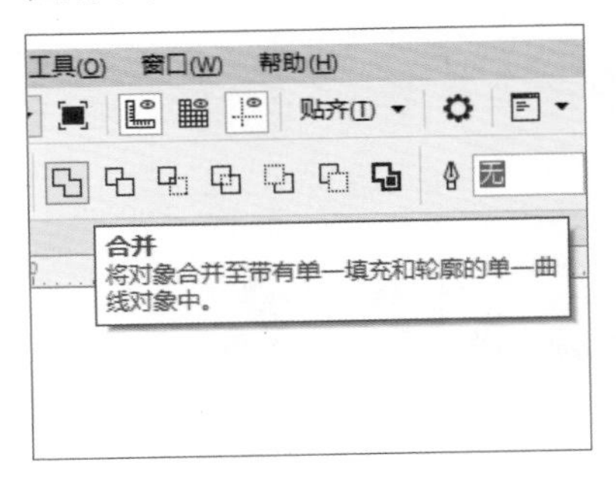

步骤08 执行“文件>导入”命令，导入一张水纹的素材图片，如下图所示。

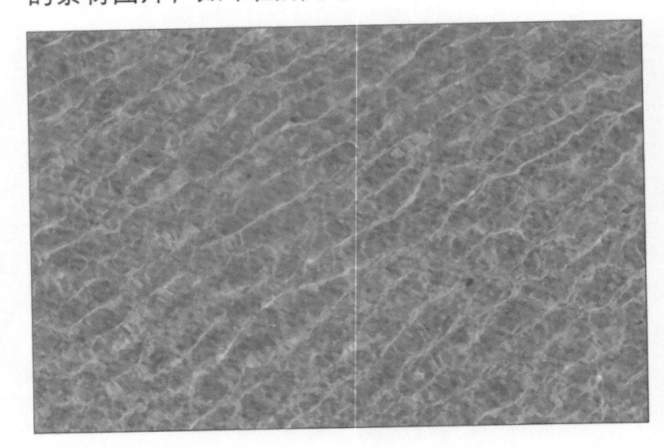

步骤09 执行“对象>PowerClip>置于图文框内部”命令，如下图所示。当鼠标光标成为➡时，在“一城天”文字图形上面单击，将水纹图片置入到文字中。

步骤10 置入后的效果如下图所示，至此，完成Logo图形的处理工作。（在文字图形上面单击鼠标右键，选择“编辑PowerClip”命令，可再次对置入的图片进行编辑操作。）

11.2.3 主体版面制作

使用文本工具输入主要宣传信息，并对前面绘制的图形与刚刚输入的文字进行排版，制作出广告版面的整体效果。

步骤 01 启动CorelDRAW X8，执行“文件>新建”命令，创建一个新文件，如下图所示。

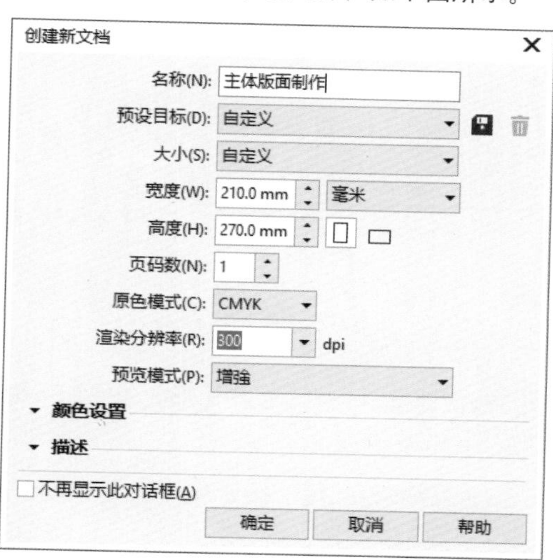

步骤 02 使用矩形工具绘制矩形框，按快捷键Shift+F11，打开“编辑填充”对话框，设置填充颜色，如下图所示。

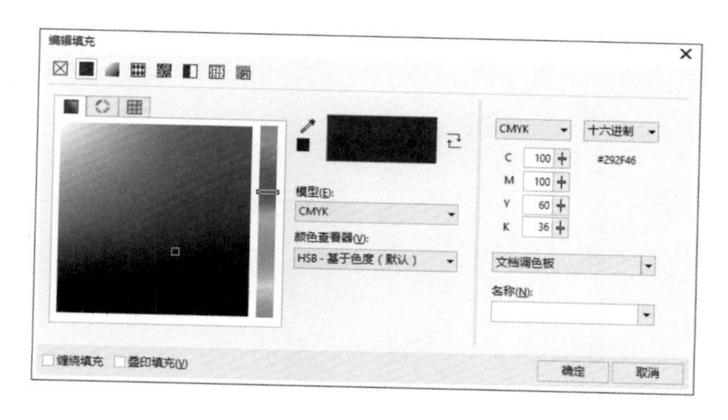

步骤 03 填充颜色后的效果如下图所示。

步骤 04 将之前制作的Logo图形放到版面中，按快捷键Shift+F11，设置小字的填充颜色，具体参数值如下图所示。

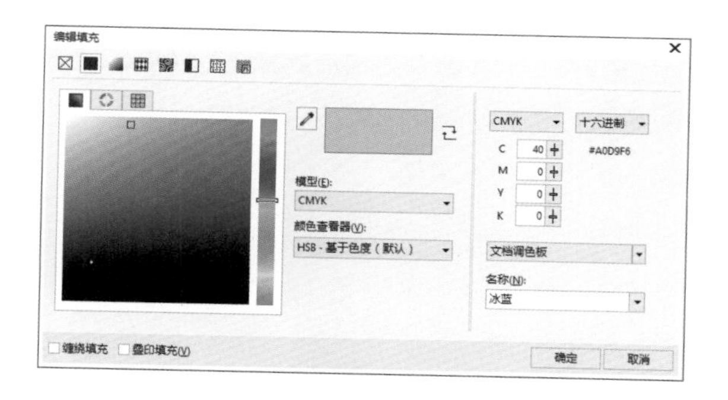

步骤 05 应用颜色填充后的效果如下图所示。

步骤 06 使用文本工具输入文字，并进行排版处理，效果如下图所示。

步骤07 按住Ctrl键，使用椭圆形工具绘制正圆并填充颜色（C40、M0、Y0、K0），如下图所示。

步骤08 选择多边形工具，在属性栏中设置边数为3，如下图所示。

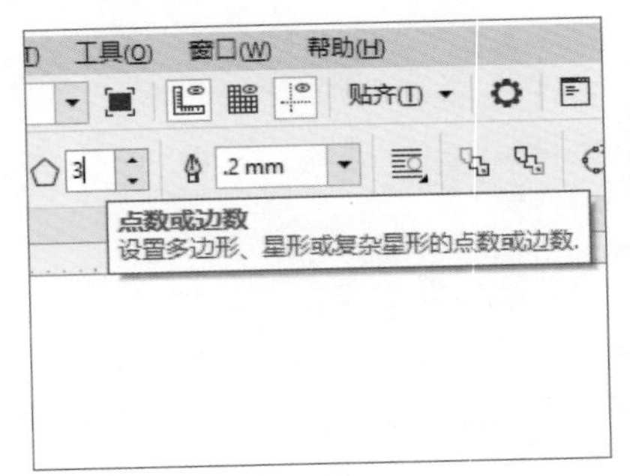

步骤09 拖动绘制出三角形，然后旋转90°，效果如下图所示。

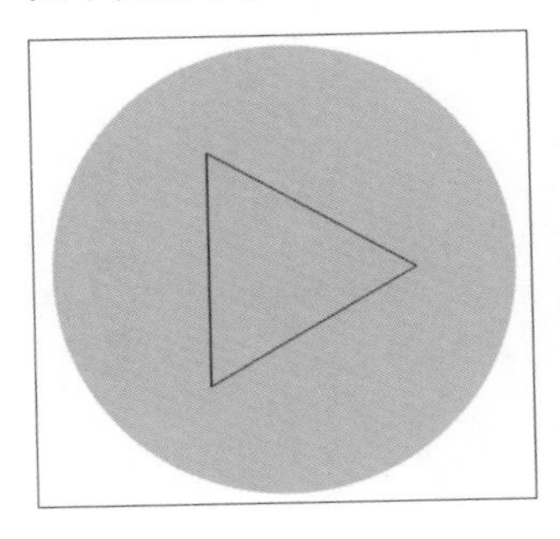

步骤10 按快捷键Ctrl+L，合并图形，效果如下图所示。

步骤11 将上一步绘制的图形放置在标题中，如下图所示。

步骤12 使用文本工具输入文字，继续完善内容，如下图所示。

步骤13 复制“一城天”的“一”字，创建两个副本，填充灰度，然后叠加在一起，如下图所示。

步骤14 使用选择工具框选上一步绘制的图形，在属性栏中单击“合并”按钮，如下图所示。

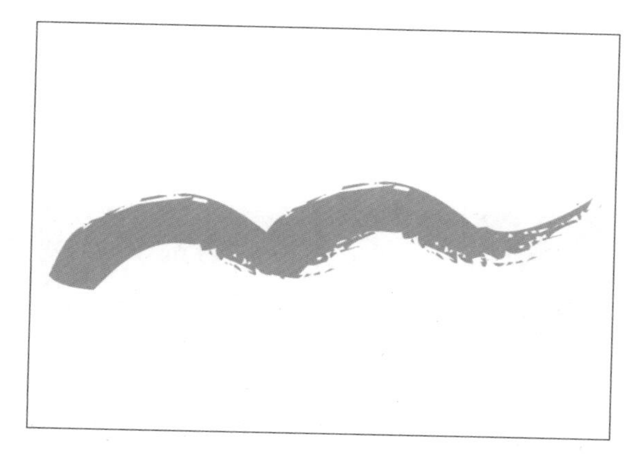

步骤 15 合并前后的轮廓效果对比如下图所示。

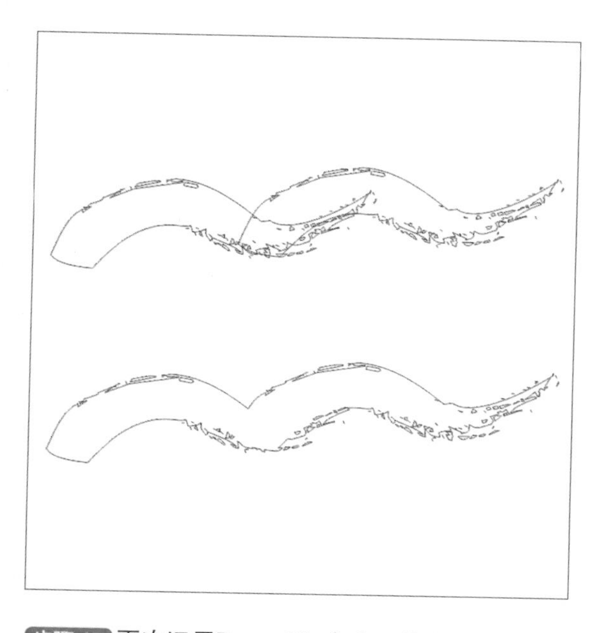

步骤 16 运用之前的方法，将水纹素材置入到路径中，然后去除轮廓线，对比效果如下图所示。

步骤 17 再次运用PowerClip命令，将上一步图形置入到矩形框中，完成主体版面的制作，如下图所示。

11.2.4 射灯和立柱的绘制

使用矩形工具、手绘工具绘制射灯及立柱的形状，再执行“对象>造形>合并”命令进行射灯的制作，最后使用填充工具对立柱进行填充，具体操作步骤介绍如下。

步骤 01 使用矩形工具在版面下方绘制矩形条，然后填充黑色，如右图所示。

步骤 02 使用矩形工具绘制两个矩形框，并交叠放置在一起，如右图所示。

步骤 03 单击“合并”按钮，将交叠放置的矩形合并为一个整体造型，如下图所示。

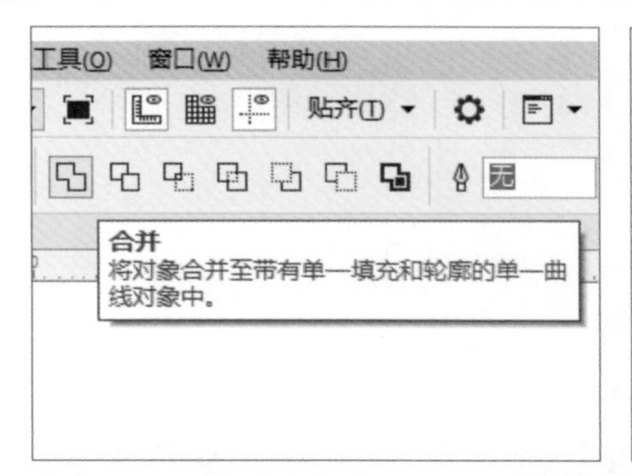

步骤 04 使用手绘工具绘制一条斜线，按F12键，设置线条的粗细，具体参数设置如下图所示。

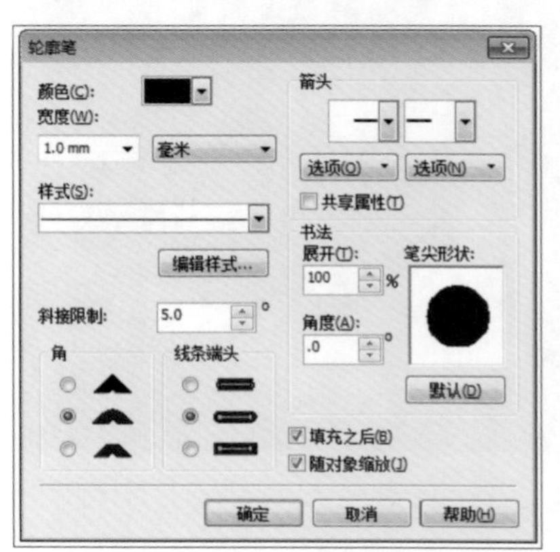

步骤 05 单击“确定”按钮后，按快捷键Ctrl+Shift+Q，将轮廓转换为路径对象，如下图所示。

步骤 06 使用选择工具选择上面的图形，填充黑色，并去除轮廓，效果如下图所示。

步骤 07 执行“编辑>步长和重复”命令，在“步长和重复”泊坞窗中设置参数，如下图所示。

步长和重复

▲ 水平设置

偏移

距离: 20.0 mm

方向: 右

▲ 垂直设置

无偏移

距离: 5.0 mm

方向: 上部

份数: 4

应用

步骤 08 单击“应用”按钮，水平向右侧复制四个相同的图形，效果如下图所示。

步骤 09 使用选择工具框选这组图形，按小键盘上的“+”号键，创建副本，然后单击属性栏中的“水平镜像”按钮，效果如下图所示。

步骤 10 与主体版面结合后的效果如下图所示。

步骤 11 立柱的制作。使用矩形工具绘制矩形框，效果如下图所示。

步骤 12 按F11键，设置线性灰度渐变填充，具体参数设置如下图所示。

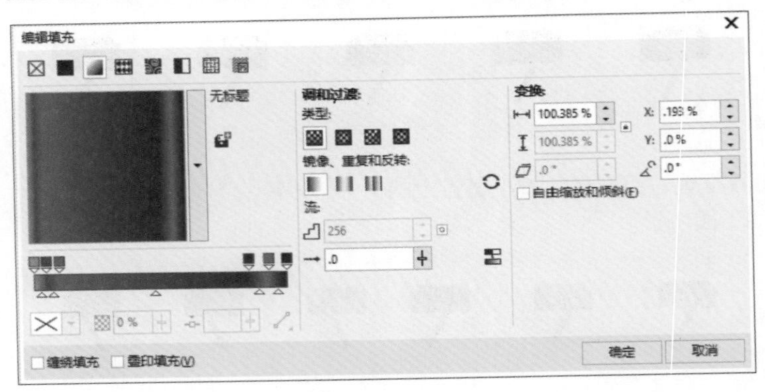

步骤 13 在对立柱填充渐变色后即完成该户外广告的设计，最终效果如下图所示。

11.3 拓展练习

本章立足户外广告设计这个课题，分别对户外广告的特征、媒介类型等相关知识进行了详细的总结性概述，让读者对户外广告设计有了一个全方位的总体了解和认识。在学习本章内容之后，再来练习设计以下两个户外广告，以达到熟能生巧的目的。

别墅广告

最终效果：Ch11\拓展练习\别墅广告.cdr

设计难度：高

楼盘广告

最终效果：Ch11\拓展练习\楼盘广告.cdr

设计难度：高

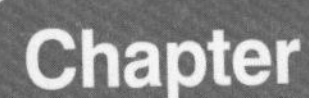

Chapter 12 报纸版面设计

本章概述

报纸版面设计，又称为报纸版式设计，它是平面设计中的重要分支，主要指运用造型要素及形式原理，对版面内的文字字体、图像图形、线条、表格、色块等要素，按照一定的要求进行编排，并以视觉方式艺术地表达出来，从而使阅读者能更加直观地阅览信息内容。

核心知识点

❶ 了解报纸版面设计的定义
❷ 了解报纸版面设计的原则
❸ 掌握报纸版面设计的三大构成要素
❹ 掌握常用的报纸版面设计类型
❺ 报纸版面设计实践

12.1 行业知识导航

为了使设计人员更好地了解和掌握报纸版面设计，下面将对其进行详细介绍。

12.1.1 报纸版面设计的定义

所谓报纸版面设计，就是在报纸版面上有限的平面“面积”内，根据主题内容要求，运用所掌握的美学知识，进行版面的“点、线、面”分割，运用“黑、白、灰”的视觉关系，以及底子或背景的“色彩明度、彩度、纯度”的合理应用，文字的大小、色彩、深浅的调整等，设计出美观实用的版面。

12.1.2 报纸版面设计的原则

1. 思想性与单一性

排版设计本身并不是目的，设计是为了更好地传播客户信息的一种手段。设计师自我陶醉于个人风格以及与主题不相符的字体和图形中，这往往是造成设计平庸失败的主要原因。一个成功的排版设计，首先必须明确客户的目的，并深入了解、观察、研究与设计有关的方方面面。版面离不开内容，更要体现内容的主题思想，用以增强读者的注目力与理解力。只有做到主题鲜明突出、一目了然，才能达到版面构成的最终目标。

2. 艺术性与装饰性

为了使排版设计更好地为内容服务，寻求合乎情理的版面视觉语言则显得非常重要，也是达到最佳诉求的体现。构思立意是设计的第一步，也是设计作品中所进行的思维活动。主题明确后，版面构图布局和表现形式等则成为版面设计的核心，也是一个艰难的创作过程。怎样才能达到意新、形美、变化而又统一，并具有审美情趣，这就要取决于设计师的文化涵养。所以说，排版设计是对设计师的思想境界、艺术修养与技术操作的全面考验。

版面的装饰因素是由文字、图形、色彩等通过点、线、面的组合与排列构成的，并采用夸张、比喻、象征的手法来体现视觉效果，既美化了版面，又提高了传达信息的功能。装饰是运用审美特征构造出来的。不同类型的版面的信息，具有不同方式的装饰形式，它不仅起着排除其他、突出版面信息的作用，而且还能使读者从中获得美的享受。

3. 趣味性与独创性

排版设计中的趣味性，主要是指形式的情趣。这是一种活泼性的版面视觉语言。如果版面本无多少精彩的内容，就要靠制造趣味取胜，这也是在构思中调动了艺术手段所起的作用。版面充满趣味性，使传媒信息如虎添翼，起到了画龙点睛的传神功力，从而更吸引人、打动人。趣味性可采用寓意、幽默和抒情等表现手法来获得。

独创性实质上是突出个性化特征的原则。鲜明的个性，是排版设计的创意灵魂。试想，若一个版面多是单一化与概念化的大同小异，人云亦云，可想而知，它的记忆度有多少，更谈不上出奇制胜。因此，要敢于思考，敢于别出心裁，敢于独树一帜，在排版设计中多一点个性而少一些共性，多一点独创性而少一点一般性，才能赢得消费者的青睐。

Living

SECTION
G
THE REPOSITORY

SPY
GAMES

Dossier

James Bond connection

The Arts

The Columbus Dispatch
SUNDAY
G

50 150 63 60

11 8

Big top with a big heart

Circus spreads joy
through performances,
philanthropy

THEATER

'Boys' should walk like men at tonight's Tony awards

4. 整体性与协调性

排版设计是传播信息的桥梁，所追求的完美形式必须符合主题的思想内容，这是排版设计的根基。只讲表现形式而忽略内容，或只求内容而缺乏艺术表现的版面都是不成功的。只有把形式与内容合理地统一，强化整体布局，才能取得版面构成中独特的社会和艺术价值，才能解决设计应说什么、对谁说和怎样说的问题。

强调版面的协调性原则，也就是强化版面各种编排要素在版面中的结构以及色彩上的关联性。通过版面的文、图间的整体组合与协调性的编排，使版面具有秩序美、条理美，从而获得更好的视觉效果。

12.1.3 版面设计的构成

点、线、面是构成视觉空间的基本元素，也是排版设计上的主要语言。排版设计实际上就是如何经营好点、线、面。不管版面的内容与形式如何复杂，但最终可以简化到点、线、面上来。在平面设计师眼里，世上万物都可归纳为点、线、面，一个字母、一个页码数，可以理解为一个点；一行文字、一行空白，均可理解为一条线；数行文字与一片空白，则可理解为面。它们相互依存，相互作用，组合出各种各样的形态，构建成一个个千变万化的全新版面。

1. 点

点的感觉是相对的，它是由形状、方向、大小、位置等形式构成的。这种聚散的排列与组合，带给人们不同的心理感受。点可以成为画龙点睛之“点”，和其他视觉设计要素相比，形成画面的中心；也可以和其他形态组合，起到平衡画面轻重，填补一定的空间，点缀和活跃画面气氛的作用；还可以组合起来，成为一种肌理或其他要素，衬托画面主体。

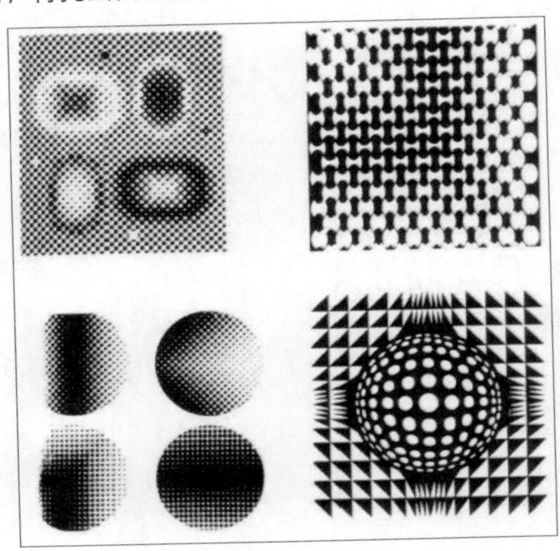

2. 线

线游离于点与形之间，具有位置、长度、宽度、方向、形状和性格。直线和曲线是决定版面形象的基本要素。每一种线都有它自己独特的个性与情感存在着。将各种不同的线运用到版面设计中去，就会获得各种不同的效果。所以说，设计者能善于运用它，就等于拥有一个最得力的工具。

线从理论上讲，是点的发展和延伸。线的性质在编排设计中是多样的。在许多应用性的设计中，文字构成的线，往往占据着画面的主要位置，成为设计者处理的主要对象。线也可以构成各种装饰要素，以及各种形态的外轮廓，它们起着界定、分隔画面各种形象的作用。作为设计要素，线在设计中的影响力大于点。线要求在视觉上占有更大的空间，它们的延伸带来了一种动势。线可以串联各种视觉要素，可以分割画面和图像文字，可以使画面充满动感，也可以在最大程度上稳定画面。

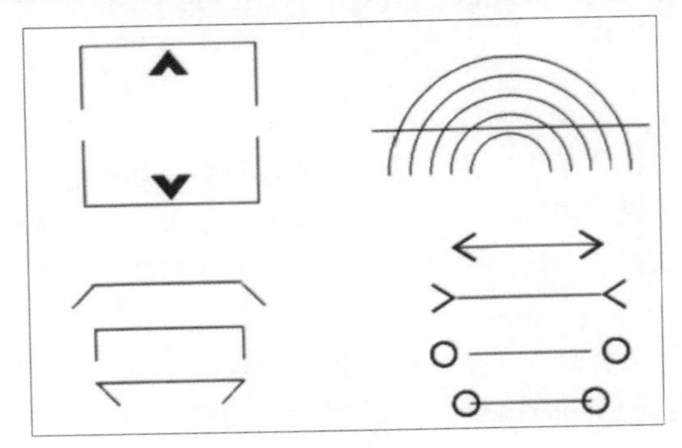

3. 面

面在空间上占有的面积最多，因而在视觉上要比点、线来得强烈、实在，具有鲜明的个性特征。面可分成几何形和自由形两大类。因此，在排版设计时要把握相互间整体的和谐，才能产生具有美感的视觉形式。在现实的排版设计中，面的表现也包容了各种色彩、肌理等方面的变化，同时面的形状和边缘对面的性质也有着很大的影响，在不同的情况下会使面的形象产生极多的变化。在整个基本视觉要素中，面的视觉影响力最大，它们在画面上往往是举足轻重的。

12.1.4 报纸版面的设计类型

版面设计类型主要分为骨骼型、满版型、上下分割型、左右分割型、中轴型、曲线型、倾斜型、对称型、重心型、三角型、并置型、自由型和四角型等。

1. 骨骼型

属于规范的、理性的分割方法。常见的骨骼有竖向通栏、双栏、三栏和四栏等。一般以竖向分栏为多。图片和文字的编排上，严格按照骨骼比例进行编排配置，给人以严谨、和谐、理性的美。骨骼经过相互混合后的版式，既理性有条理，又活泼而具有弹性。下图所示即为骨骼型版面设计。

LE GUIDE DI REPUBBLICA

Editori in fiera. Dalla cronaca alla poesia, dal noir al teatro: nuovi titoli in uscita, anteprime, incontri con gli autori. Da domani a Roma

Piccoli libri a gran passo

Un'amicizia che dura nel tempo

2.458 128.114 24.314 39,1%

2. 满版型

版面以图像充满整版，主要以图像为诉求，视觉传达直观而强烈。文字配置在上下、左右或中部（边部和中心）的图像上。满版型给人大方、舒展的感觉，是商品广告常用的形式。

3. 上下分割型

整个版面分成上下两部分，在上半部或下半部配置图片（可以是单幅或多幅），另一部分则配置文字。

4. 左右分割型

整个版面分割为左右两部分，分别配置文字和图片。左右两部分形成强弱对比时，会造成视觉心理的不平衡。这仅是视觉习惯（左右对称）上的问题，不如上下分割型的视觉流程自然。

如果将分割线虚化处理，或用文字左右重复穿插，左右图与文会变得自然和谐。

5. 中轴型

将图形作水平方向或垂直方向排列，文字配置在上下或左右，如下图所示。

水平排列的版面，给人稳定、安静、平和与含蓄之感。

垂直排列的版面，给人强烈的动感。

6. 曲线型

图片和文字排列成曲线，产生韵律与节奏的感觉。

7. 倾斜型

版面主体形象或多幅图像作倾斜编排，造成版面强烈的动感和不稳定因素，引人注目。

8. 对称型

对称的版式，给人稳定、理性、有秩序的感受。对称分为绝对对称和相对对称。一般多采用相对对称手法，以避免过于严谨。对称一般以左右对称居多。

9. 重心型

重心型版式可以产生视觉焦点，使其更加突出，有“中心”、“向心”、“离心”三种类型。

10. 三角型

在圆形、矩形、三角形等基本图形中，正三角形（金字塔形）最具有安全稳定因素。

11. 并置型

将相同或不同的图片作大小相同而位置不同的重复排列。

并置构成的版面有比较、解说的意味，给予原本复杂喧闹的版面以秩序、安静、调和与节奏感。

12. 自由型

无规律的、随意的编排构成。有活泼、轻快的感觉。

13. 四角型

在版面四角以及连接四角的对角线结构上编排图形，给人严谨、规范的感觉。

12.1.5 国外报纸版面设计欣赏

下面是一些优秀的国外报纸版面设计。

Food

SPICE IS NICE

Cooking Indian food at home needn't be intimidating

Government officials are making it increasingly harder to gain access to public documents

Records run-around

Business Feature

1.57b

800,000

$2.1tr

Marketing for Muslims

Home & Garden

Faith in bloom

Flowers have long been powerful symbols for Christian believers

Good bones offer support throughout the year

12.2 报纸版面设计——Food World版面设计

本节将以某报纸的美食版面设计为例，对报纸版面设计的操作步骤进行详细的介绍。

12.2.1 创意风格解析

1. 设计思想

本实例制作的是一份美食相关的报纸版面设计，主要分为五大部分讲解，第一部分讲解报纸版面框架的制作，第二部分讲解版头设计，第三部分讲解版心内容设计，第四部分讲解素材的再处理，最后讲解边栏的处理。本实例从“美食”的概念着手，整体色调采用橙色系来进行表现。技术方面主要使用了文本工具、段落文本工具以及文本属性泊坞窗来完成版面的设计制作。

报纸版面框架主要使用矩形工具和布局工具栏来制作。版头设计运用文本工具、矩形工具和颜色填充来完成。版心内容设计，主要使用段落文本框和文本属性泊坞窗的功能来制作完成。素材的处理主要讲解了如何使用路径抠图，然后与段落文本结合，制作文本绕图的效果。边栏的处理运用了段落文本框和文本属性泊坞窗功能。

2. 实践目标

本实例的主要实践目标在于让用户熟练掌握报纸版面的设计制作流程。同时，还可以作为文本工具、段落文本框、文本工具泊坞窗、矩形工具、轮廓笔工具、图框精确剪裁功能与手绘工具的应用实践。

12.2.2 报纸版面框架构成

制作报纸内容之前需要对其版心、中缝及报纸的版面布局进行设置与规划。

步骤01 启动CorelDRAW X8，执行“文件>新建”命令，打开“创建新文档”对话框，从中进行参数设置，最后单击“确定”按钮，创建一个新文件，如下图所示。

步骤02 在选择工具的属性栏中设置报纸的规格尺寸为540mm×380mm，如下图所示。

步骤03 参考报纸的实际尺寸以及上下左右的边距，制定出报纸的版心大小为225mm × 345mm、中缝距离为45mm。然后使用矩形工具绘制版心矩形框，如下图所示。

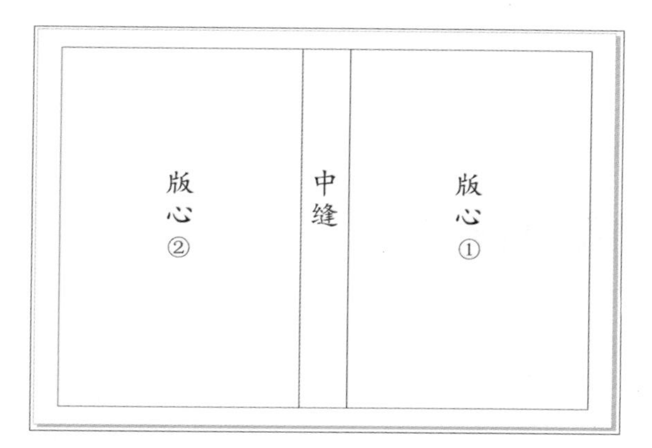

步骤04 本实例主要讲解“版心①”的版面设计。用辅助线与版心线条对齐，然后删除版心框。单击辅助线，使用鼠标右键单击调色板中的目标颜色，可改变辅助线的颜色属性。具体效果如下图所示。

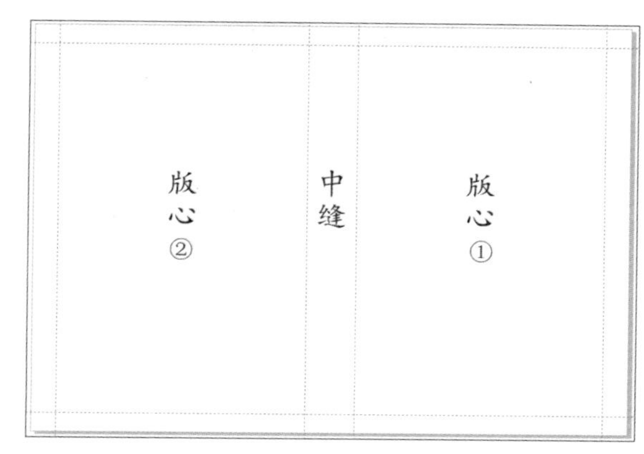

步骤05 执行“窗口>工具栏>布局”命令，打开“布局”工具栏，如下图所示。

步骤06 使用矩形工具配合“布局”工具栏中的“PowerClip图文框”功能，绘制构建版面框架结构。版面参考如下图所示。

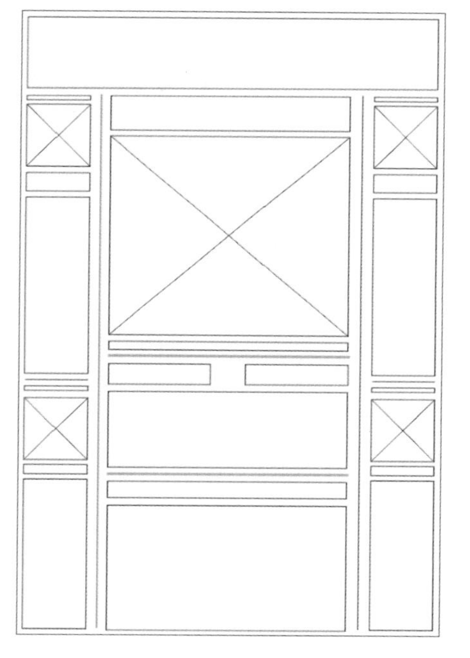

12.2.3　版头设计

使用文本工具输入刊头顶部文字内容，再结合矩形工具绘制的图形，制作出美观大方的报纸版头。

步骤01 使用文本工具输入字母，在字体列表中选择一种字体。字体效果如下图所示。

步骤02 使用矩形工具绘制两个矩形条，分别填充红色和橘色，然后高低错开放置形成层次感。步骤分解如下图所示。

FOOD WORLD

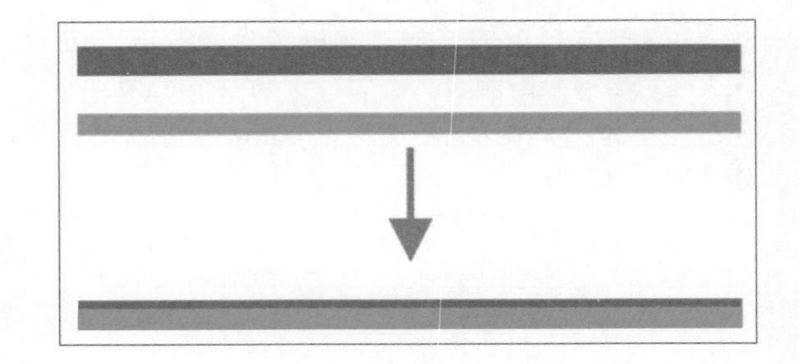

步骤 03 将上述文字、图形应用到刊头上的效果如下图所示。

FOOD WORLD

步骤 04 使用文本工具输入文字并填充红色，再在文字之间输入“|”，然后按F12键，给文字添加红色轮廓边，效果如下图所示。

FOOD WORLD

美|食|天|下

步骤 05 使用文本工具输入刊头顶侧文字内容，填充灰度，效果如下图所示。

FOOD WORLD

美|食|天|下

12.2.4 版心内容设计

版心内容除了简单地输入文字，放置图片内容，还需配合“布局”工具栏中的分栏功能和“文本属性”泊坞窗对段落文本进行美化操作。

步骤 01 使用文本工具输入文字，按快捷键Ctrl+I导入图像素材，按照框架位置进行排版，效果如右图所示。

步骤02 使用矩形工具绘制矩形条，使用手绘工具绘制斜线条，全选后单击调色板中的灰度颜色，改变线条轮廓颜色。执行“对象>PowerClip>置于图文框内部”命令，将线条置入到矩形条内，再去除矩形的轮廓线。此时的局部效果如右图所示。

步骤03 使用文本工具输入文字，设置标题的字体类型和大小。然后在工作区中拖动，绘制段落文本框，并输入内容，效果如下图所示。

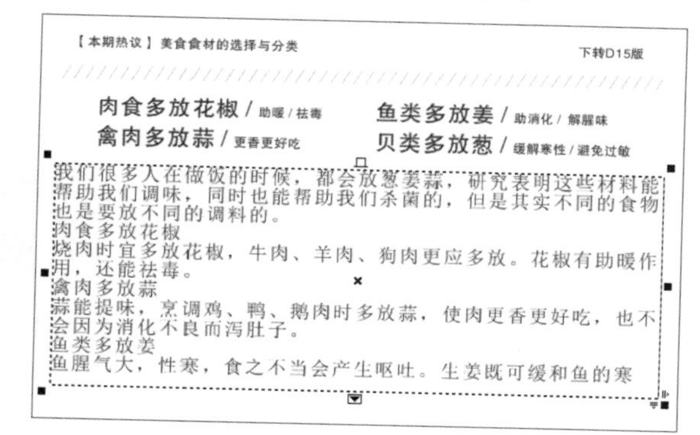

步骤04 在之前打开的“布局”工具栏中单击“栏”按钮，打开“栏设置”对话框，在其中进行参数设置，如下图所示。

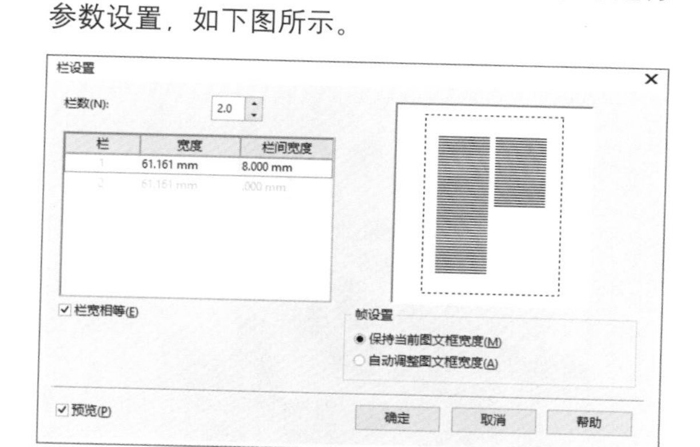

步骤05 段落文本应用分栏后的效果如下图所示。

步骤06 按快捷键Ctrl+T，打开“文本属性”泊坞窗，设置段落行间距、首行缩进值以及对齐方式等，具体参数设置如下图所示。

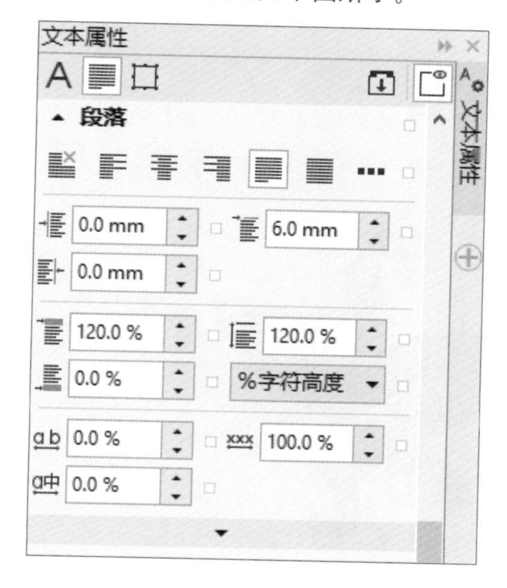

步骤 07 应用文本属性后的效果如下图所示。

【本期热议】 美食食材的选择与分类

下转D15版

肉食多放花椒 / 助暖 / 祛毒

禽肉多放蒜 / 更香更好吃

我们很多人在做饭的时候，都会放葱姜蒜，研究表明这些材料能帮助我们调味，同时也能帮助我们杀菌的，但是其实不同的食物也是要放不同的调料的。

肉食多放花椒

烧肉时宜多放花椒，牛肉、羊肉、狗肉更应多放。花椒有助暖作用，还能祛毒。

禽肉多放蒜

蒜能提味，烹调鸡、鸭、鹅肉时多放蒜，使肉更香更好吃，也不会因为消化不良而闹肚子。

鱼类多放姜

鱼类多放姜 / 助消化 / 解腥味

贝类多放葱 / 缓解寒性 / 避免过敏

鱼腥气大，性寒，食之不当会产生呕吐。生姜既可缓和鱼的寒性，又可解腥味。做时放姜，可以帮助消化。

贝类多放葱

大葱不仅能缓解如螺、蚌、蟹的寒性，而且还能抗过敏。不少人食用贝类后会产生过敏性咳嗽、腹痛等症，烹调时就应多放大葱，避免过敏反应。

上面我们给大家比较详细的介绍介绍了各种食物该用哪些材料，这样我们才能有效的保证我们的食材的味道，同时也能保证我们吃的健康。

步骤 08 使用“栏设置”对话框和“文本属性”泊坞窗处理下方的文本，将其分为三栏，如下图所示。

[选择与识别]辛辣调味料

辛辣料包括五香粉、胡椒粉、花椒粉、咖喱粉、芥末粉等。辛香料的原料有八角、花椒、桂皮、小茴香、大茴香、辣椒、孜然等。

优质辛辣料：具有该种香料所特有的色、香、味；呈干燥的粉末状。

次质辛辣料：色泽稍深或变浅，香气特异滋味不浓；有轻微的潮解、结块现象。

劣质辛辣料：具有不纯正的气味和味道，有发霉味或其他异味；潮解、结块、发霉、生虫或有杂质。

真假八角的区别

八角茴香的同科同属的不同种植物的果实统称假八角。假八角茴香含有毒物质，食用后会引起中毒。常见的假八角茴香有红茴香、地枫皮和大八角。真八角由八枚春突果组成聚合果，呈浅棕色或红棕色。整体果皮肥厚，单瓣果实前端平直圆钝或钝尖。红茴香由膏突果7～8 枚组成聚合果。果实整体瘦小，呈红棕色红褐色，单瓣果实前端尖而向上弯曲；气味弱而特殊，味消酸而甜。

掺假花椒面的识别

正品花椒面呈棕褐色粉末状；有刺激性特异香气，闻之刺鼻、打喷嚏；用舌尖品尝很快就会有麻的感觉。掺假花椒面因掺入了多量麦麸皮、玉米面等，外观上往往呈土黄色粉末状；花椒香味很淡；口尝时舌尖微麻或不麻，并有苦味。

胡椒粉质量识别

胡椒粉感官质量识别的方法比较简单，只要把瓶装胡椒粉用力摇几下，即可识别。优质胡椒粉摇动后，其粉末松软如尘土。次质胡椒粉摇动后，粉末若变成了小块状，则质量不好。造成这种情况的原因可能是干燥不足，也可能是掺入了较多淀粉或辣椒粉。

12.2.5 素材的再处理

合理使用PowerClip功能可以帮助用户方便、快捷地完成作品，下面将讲解如何利用PowerClip功能对素材进行再处理。

步骤 01 按快捷键Ctrl+I导入素材图片，使用钢笔工具沿素材图像的轮廓绘制路径，如下图所示。

步骤 02 绘制好的路径效果如下图所示。

步骤 03 选择素材图像，执行“对象>PowerClip>置于图文框内部”命令，将图形置入到绘制的路径中。置入后的初始效果如下图所示。

步骤 04 在置入的图形上面单击鼠标右键，选择“编辑PowerClip”命令，对置入的图像进行编辑，改变它在路径中的位置，使图像与路径相吻合。调整好的效果如下图所示。

步骤 05 复制路径，填充黑色并去除轮廓线，将路径置于底层，然后向左侧微移，给图像添加立体感，效果如右图所示。

12.2.6 文本绕排

合理地将图片设置为文本绕排，可使报纸版面更加灵活、生动。

步骤 01 在属性栏中单击“文本换行”按钮，如右图所示。

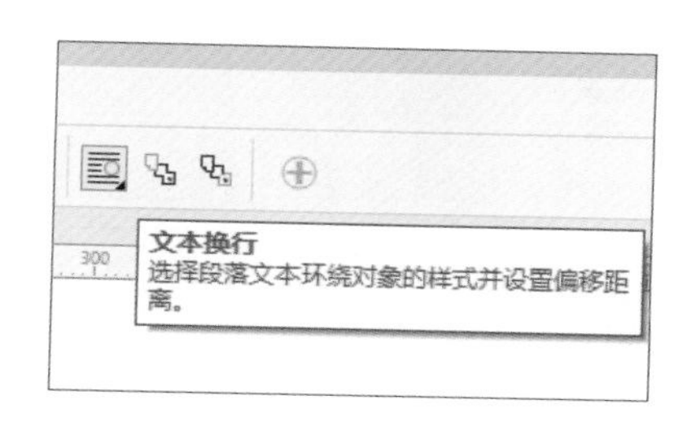

步骤 02 在弹出的下拉菜单中选择一种绕排类型，如下图所示。

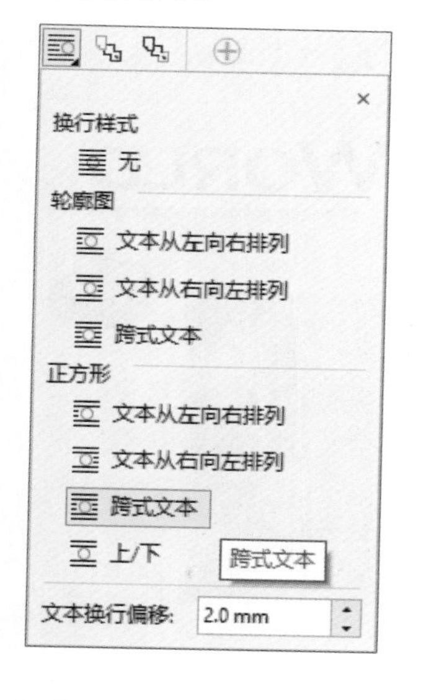

步骤 03 在版面中应用文本绕排后的效果如下图所示。

[选择与识别]辛辣调味料

辛辣料包括五香粉、胡椒粉、花椒粉、咖喱粉、芥末粉等。辛香料的原料有八角、花椒、桂皮、小茴香、大茴香、辣椒、孜然等。

优质辛辣料：具有该种香料所特有的色、香、味；呈干燥的粉末状。

次质辛辣料：色泽稍深或变浅，香气特异滋味不浓；有轻微的潮解、结块现象。

劣质辛辣料：具有不纯正的气味和味道，有发霉味或其他异味；潮解、结块、发霉、生虫或有杂质。

真假八角的区别

八角茴香的同科同属的不同种植物的果实统称假八角。假八角茴香含有毒物质，食用后会引起中毒。常见的假八角茴香有红茴香、地枫皮和大八角。真八角由八枚青突果组成聚合果，呈浅棕色或红棕色。整体果皮肥厚，单瓣果实前端平直圆钝或钝尖。红茴香由青突果7~8枚组成聚合果。果实整体瘦小，呈红棕色红褐色；单瓣果实前端尖而向上弯曲；气味弱而特殊，味道酸而甜。

掺假花椒面的识别

正品花椒面呈棕褐色粉末状；有刺激性特异香气，闻之刺鼻、打喷嚏；用舌尖品尝很快就会有麻的感觉。掺假花椒面因掺入了多量麦麸皮、玉米面等，外观上往往呈土黄色粉末状；花椒香味很淡；口尝时舌尖微麻或不麻，并有苦味。

胡椒粉质量识别

胡椒粉感官质量识别的方法比较简单，只要把瓶装胡椒粉用力摇几下，即可识别。优质胡椒粉摇动后，其粉末松软如尘土。次质胡椒粉摇动后，粉末若变成了小块状，则质量不好。造成这种情况的原因可能是干燥不足，也可能是掺入了较多淀粉或辣椒粉。

12.2.7 边栏的处理

使用相同的方法对报纸的边栏进行排版，最后使用2点线工具和“轮廓笔”对话框设置分割线的样式，最终完成整个报纸版面的设计。

步骤 01 按快捷键Ctrl+I导入图像素材，使用文本工具输入标题文字。使用“栏设置”对话框和“文本属性”泊坞窗，设置文本属性。最终左侧边栏效果如下图所示。

步骤 02 运用同样的方法，处理右侧的边栏，最终效果如下图所示。

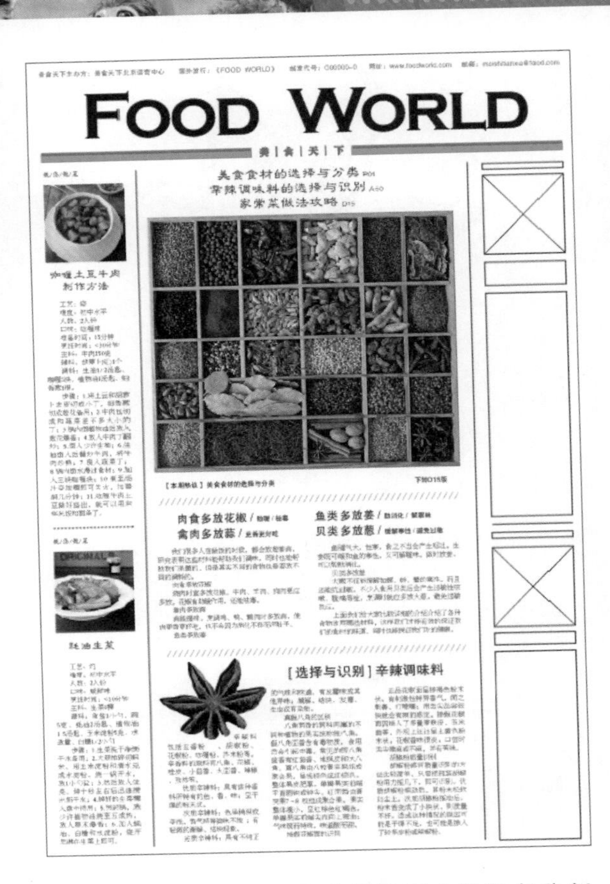

FOOD WORLD

美 | 食 | 天 | 下

美食食材的选择与分类 P01
辛辣调味料的选择与识别 A50
家常菜做法攻略 D15

咖喱土豆牛肉制作方法

蚝油生菜

[本期热议] 美食食材的选择与分类

下期D15版

肉食多放花椒
禽肉多放蒜

鱼类多放姜
贝类多放葱

[选择与识别] 辛辣调味料

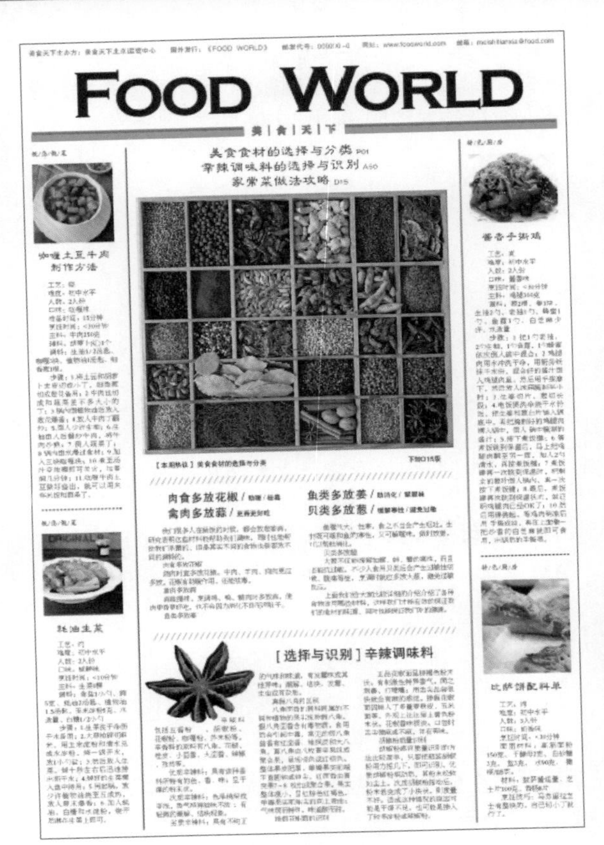

FOOD WORLD

美 | 食 | 天 | 下

美食食材的选择与分类 P01
辛辣调味料的选择与识别 A50
家常菜做法攻略 D15

咖喱土豆牛肉制作方法

酱香子鸡

蚝油生菜

比萨饼配料单

[本期热议] 美食食材的选择与分类

下期D15版

肉食多放花椒
禽肉多放蒜

鱼类多放姜
贝类多放葱

[选择与识别] 辛辣调味料

步骤 03 使用2点线工具选择版面中的两条分割线，按F12键打开“轮廓笔”对话框，在其中选择一种虚线样式，具体设置如下图所示。

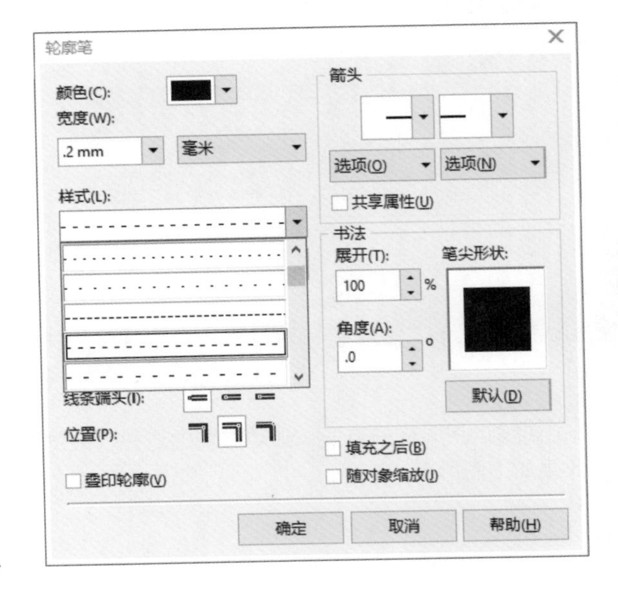

步骤 04 最终报纸版面效果如下图所示。

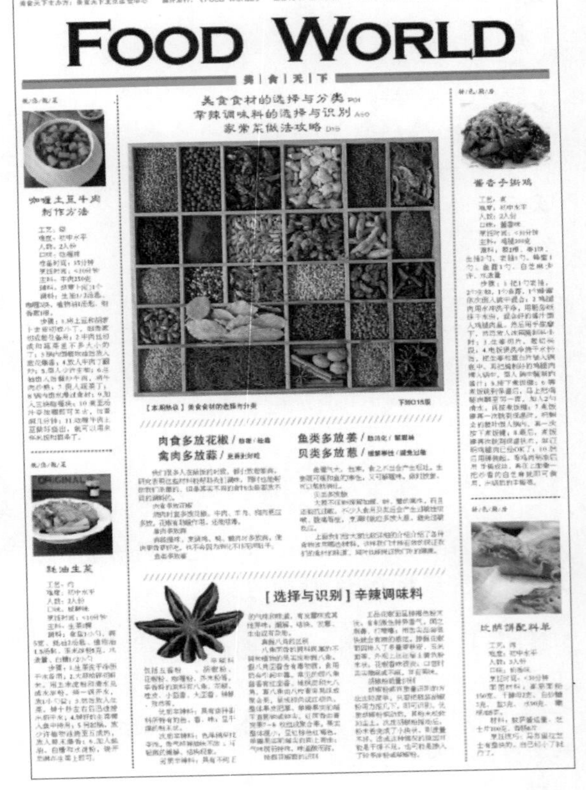

FOOD WORLD

美 | 食 | 天 | 下

美食食材的选择与分类 P01
辛辣调味料的选择与识别 A50
家常菜做法攻略 D15

咖喱土豆牛肉制作方法

酱香子鸡

蚝油生菜

比萨饼配料单

[本期热议] 美食食材的选择与分类

下期D15版

肉食多放花椒
禽肉多放蒜

鱼类多放姜
贝类多放葱

[选择与识别] 辛辣调味料

12.3 拓展练习

本章立足报纸版面设计这个课题，分别对版面设计的定义、设计原则、版面构成以及版面设计类型等相关知识进行了详细的总结性概述，让读者对版面设计有了一个全方位的总体了解和认识。在学习本章内容之后，再来练习设计以下两个报纸版面，以达到熟能生巧的目的。

报纸（1）

最终效果：Ch12\拓展练习\报纸1.cdr

设计难度：中

10

一点广告

断箭

感悟人生

昂起头来真美

为生命画一片树叶

生命的价值

追求忘我

飞翔的蜘蛛

阴影是条纸龙

报纸（2）

最终效果：Ch12\拓展练习\报纸2.cdr

设计难度：中

12

一点广告

揭开天路的面纱

游在西藏

西藏景区推荐

西藏经典路线推荐

Chapter 13 企业VI系统设计

本章概述

VI系统是企业对外进行品牌形象宣传的重要组成部分，它在CIS系统中最具感染力和传播力。一套优秀的VI设计方案可以帮助企业传播经营理念，并帮助企业建立更广范围的知名度，会让消费者提高对这个企业所生产的产品和服务的忠诚度，也能够让企业提高士气，并且可以更好地传达该企业的经营文化理念。

核心知识点

❶ 认识什么是VI系统
❷ 了解VI系统的设计流程
❸ 了解VI系统的设计原则
❹ 企业VI系统设计实践

13.1 行业知识导航

为了使设计人员更好地了解和掌握VI系统，下面将对其进行详细介绍。

13.1.1 认识VI系统

VI即企业视觉识别系统，属于CIS里面的组成部分。CIS即企业形象识别系统，简称CI，其中包括MI（理念识别）、BI（行为识别）、VI（视觉识别）。CIS意指将企业文化与经营理念进行统一设计，运用视觉表达系统，将其传达给企业内部与公众，使其对企业产生一致的认同感，以形成良好的企业印象，最终促进企业产品和服务的销售。

一套完整的VI系统主要包含基本要素系统和应用系统两大部分。其中，基本要素系统包括企业名称、企业标志、企业造型、标准字、标准色、象征图案、宣传口号等。应用系统包括产品造型、办公用品、企业环境、交通工具、服装服饰、广告媒体、招牌、包装系统、 公务礼品、陈列展示以及印刷出版物等。

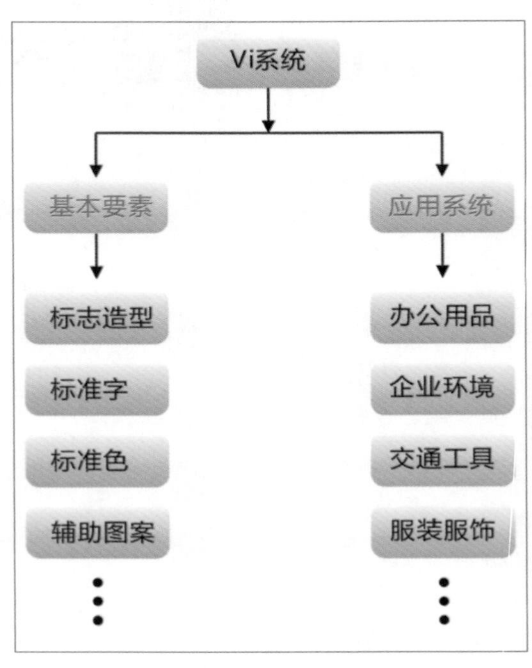

13.1.2 VI系统的设计流程

为了使更多的从业者了解VI设计，下面将对VI设计流程进行介绍。

（1）签订合约

由甲乙双方就当前VI项目签订合作协议，一般预付30%的定金后，设计公司开始执行该项目相关工作。

（2）成立项目组

由设计总监成立客户专项服务小组，专门负责该客户的VI设计项目，可根据相关设计师的擅长技能进行任务的调配。小组人员主要由设计总监、设计师、市场调研员、后期制作及施工人员组成。

（3）市场调研与分析

VI设计不仅仅是一个图形或文字的组合，它是依据企业的构成结构、行业类别、经营理念，并充分考虑企业接触的对象和应用环境，为企业制定的标准视觉符号。在设计之前，首先要对企业做全面深入的了解，包括经营战略、市场分析，以及企业最高领导人员的基本意愿等，这些都是VI设计开发的重要依据。

（4）客户问卷

通过问卷调查，可以进一步了解客户的基本情况和需求，比如应用系统的后期制作方面，同行业的竞争对手等。

（5）设计执行与开发

有了对企业的全面了解和对设计要素的充分掌握，可以从不同的角度和方向进行设计开发工作。通过设计师对标志的理解，充分发挥想象，用不同的表现方式，将设计要素融入设计中；标志必须达到含义深刻、特征明显、造型大气、结构稳重，且色彩搭配能适合企业，避免流于俗套或大众化。不同的标志所反映的侧重或表象会有区别，经过讨论分析修改，找出适合企业的标志。

（6）设计细节修正

经过客户对提案的意见反馈，设计公司进行二次修正，客户满意后，再进一步对标志的标准制图、大小、黑白应用、线条应用等不同表现形式予以修正，使标志使用更加规范，使标志结构在不同环境下使用，都能达到统一、有序、规范的传播目的。

（7）继续完善

标志定型后，继续完善基本要素系统和应用系统的设计方案。

（8）制作VI手册

基本要素系统和应用系统设计完毕后，由客户签字确认，设计公司将最终的设计成果编制成VI手册。

13.1.3 VI系统的设计原则

企业的视觉识别（VI）是企业信息传达的符号，它有着具体而直接的传播力和感染力，能将企业识别（CI）的基本精神和物质充分地表达出来，使公众直观地接受所传达的信息，以便达成识别与认同的目的。

原则一：有效传达企业理念

MI，即Mind Identity，是理念识别的意思，它属于思想、意识的范畴。在发达国家中，现在越来越多的企业日益重视企业的理念，并把它放在与技术革新同样重要的地位上，通过企业理念引发、调动全体员工的责任心，并以此来约束规范全体员工的行为。从CIS战略来理解识别包括两层含义，一是统一性，二是独立性。

原则二：强化视觉冲击力

视觉冲击力，即通过视觉语言来吸引你的用户，使它在众多作品中脱颖而出，也可以使你的作品在同一界面内得到更多的关注。视觉冲击力是一种创造反差与夸张的艺术，目的是吸引眼球，通过强烈的冲突，将观览者的情绪带到一定的高度或引起悬念，或好奇，或产生知识缺口，终极目的只有一个，那就是将用户带到你的世界中来。

原则三：强调人性化

VI设计应重视与消费者之间的沟通与互动，并尊重受众的自身价值与情感需求，这也正是人性化设计的体现，在商品同质化的今天，消费者希望缩短与该品牌的距离，快速了解认知该品牌，希望通过VI及标志的视觉印象体会到一种轻松愉快的感觉。所以注重人性化的设计，不仅可以在与消费者建立深层交流关系的同时，加强品牌的认知度，而且还给消费者留下了很好的印象，增强了品牌的可发展性。

原则四：简洁明快

在信息爆炸的年代，人们在接受各种信息的过程中，思维已经麻木，因此毫无新意、啰嗦复杂的标志丝毫不能激发人们的任何审美情趣。现代标志与VI设计的形式也趋于丰富和个性，并形成“符号化”的表现特质，因此VI设计所要传达信息的单纯性与设计形式的简洁性就成为设计的两个重要任务。现代标志作为视觉语言，最大的特点就是用图形说话，以图形来传情达意，它必须简练、准确、易懂，具有代表性，只有这样才能提高VI传达信息的速度与质量。

原则五：增强民族个性

VI设计作为一种具有象征性的大众传播符号，而且在一定条件下甚至超过语言文字，因此它被广泛应用于社会的各个方面，在现代文化趋同的全球化背景下，对于VI的设计我们应该既要跨越民族、超越国界，又要具有民族个性，以鲜明的文化特色参与国际文化交流和文化竞争。

原则六：遵守法律法规

VI设计不是单纯的工艺美术问题，它不仅要追求图形的美观与实用，还要严密地考虑设计的合法性，使其在投入使用后不会造成法律纠纷和对企业的形象和声誉产生负面影响。因此，作为一名合格的设计师，在进入具体的设计之前，了解和掌握相关的法律知识是十分有必要的。

13.1.4 VI系统设计欣赏

下面是一些精典的VI系统设计。

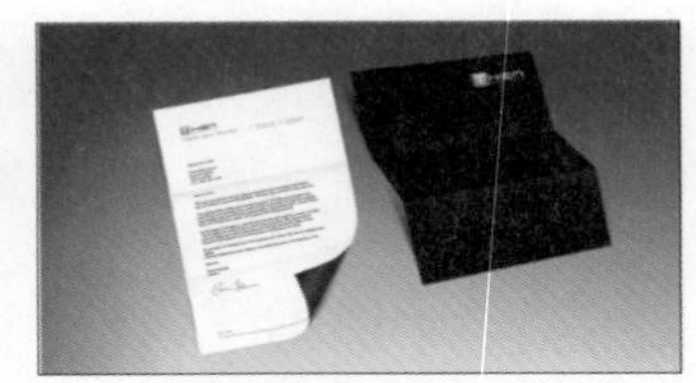

13.2 企业VI系统设计——飞鸟书苑VI设计

本节将以飞鸟书苑的VI设计为例，对企业VI系统设计的操作步骤进行详细的介绍。

13.2.1 创意风格解析

1. 设计思想

本实例制作的是飞鸟书苑的VI设计，其中包括标志设计、名片设计、手提袋设计与广告牌设计。设计时从“书”的概念着手，将古代的竹简与书架进行创意结合，衍生出一个图形符号。技术方面主要运用矩形工具来创建飞鸟书苑的Logo造型，通过倾斜和镜像复制创建出图形造型。

标志设计主要运用矩形工具来绘制，然后复制出多个矩形条，并填充颜色，镜像复制后填充另一种颜色；使用手绘工具绘制底侧的线条图形，然后将线条转换为路径对象，并调整对齐节点；最后使用文本工具输入中英文内容。名片的设计主要使用矩形工具和文本工具来完成，提取Logo的一部分造型作为名片设计的辅助图形。手提袋的制作和名片风格一致，在制作之前主要了解手提袋的侧面和正面的大小，以及最终印刷使用的纸张材质和有无工艺要求等。广告牌的制作主要使用渐变工具和阴影工具来体现广告牌的立体感。

2. 实践目标

本实例的主要实践目标在于让用户熟练掌握标志以及部分VI的设计制作流程，如名片、手提袋、广告牌等。同时，还可以作为矩形工具、形状工具、手绘工具、渐变工具与文本工具的应用实践。

13.2.2 标志设计

使用矩形工具、手绘工具绘制标志图形，其中会用到水平镜像功能，注意标志的颜色变换，使用文本工具输入标志信息。

步骤 01 启动CorelDRAW X8，执行“文件>新建”命令，打开“创建新文档”对话框，从中进行参数设置，最后单击“确定”按钮，创建一个新文件，如下图所示。

步骤 02 使用矩形工具绘制矩形条，按快捷键Shift+F11，打开“编辑填充”对话框，设置填充颜色（C0、M20、Y60、K20），最后右击调色板最上方的☒，去除轮廓线，如下图所示。

步骤03 使用选择工具框选矩形条，此时图形四周会出现控制点，按住鼠标左键向下拖动左侧图形中间的控制点，改变图形的形状，效果如下图所示。

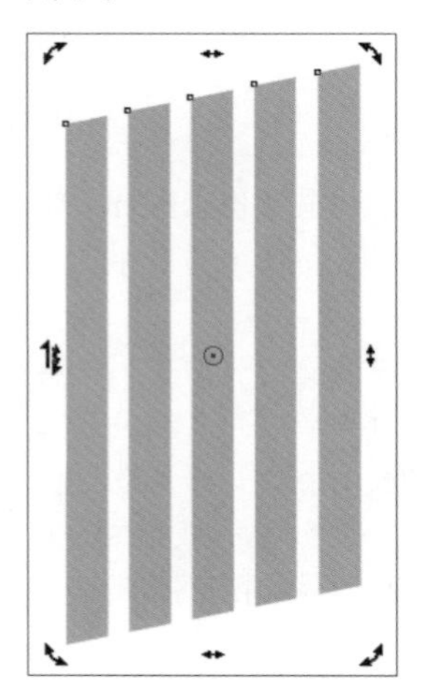

步骤04 镜像图形，调节中间的间距，使各矩形条之间的间距平均，然后为它们填充颜色（C0、M20、Y40、K40），效果如下图所示。

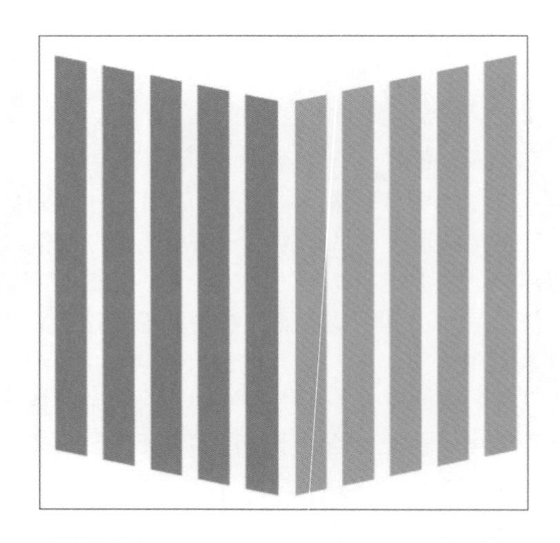

步骤05 使用手绘工具绘制下方图形，调节线条粗细，执行“对象>将轮廓转换为对象”命令，将线条转换为路径对象，然后对齐线条两侧的节点，为其填充颜色，效果如下图所示。

步骤06 使用文本工具输入中文和英文，并进行组合搭配。至此，完成标志的制作。

步骤07 标志的黑白墨稿效果如下图所示。

13.2.3 名片设计

名片设计时需注意名片需传达的主要信息不可缺失，且名片的尺寸较小，注意设置合适的文字大小。

步骤01 启动CorelDRAW X8，执行"文件>新建"命令，打开"创建新文档"对话框，从中进行参数设置，最后单击"确定"按钮，创建一个新文件，如下图所示。

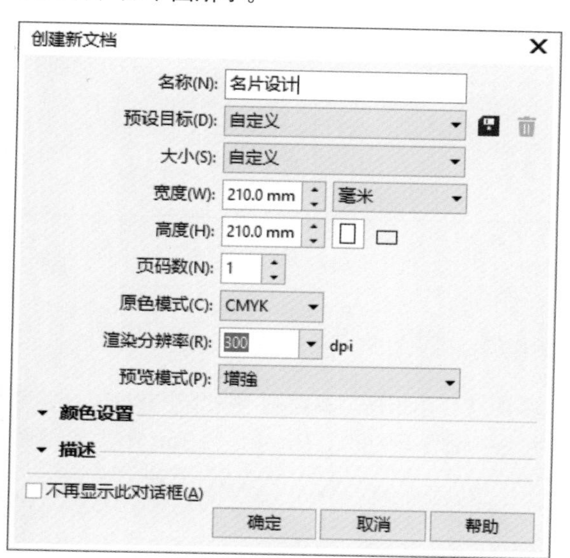

步骤02 使用矩形工具绘制矩形框，在属性栏中设置名片尺寸为90mm×54mm，如下图所示。

步骤03 将之前的标志复制到当前文件中，进行版式调整，如下图所示。

步骤04 复制标志左侧图形并放大，置于版面左下角，填充灰度（C0、M0、Y0、K10），如下图所示。

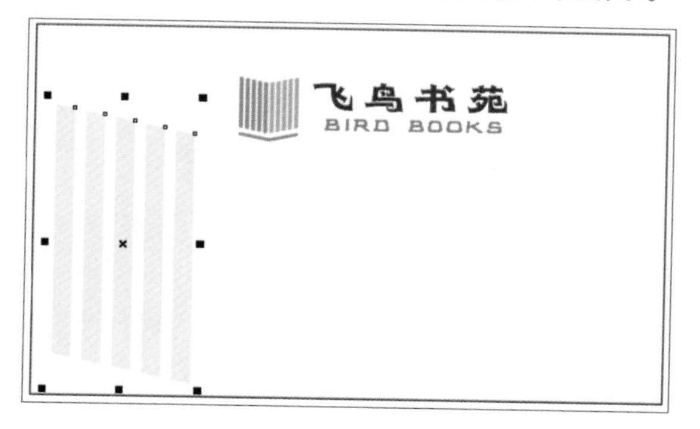

步骤05 使用文本工具输入名片上的文字信息，如右图所示。

步骤 06 使用矩形工具绘制矩形条，选择形状工具，拖动任意一个角，将矩形的直角改为圆角。用鼠标右键单击调色板中的灰度色块，更改矩形框的轮廓颜色，效果如下图所示。

步骤 07 复制矩形框和正面的标志，将标志居中，完成名片背面的制作，如下图所示。

13.2.4 手提袋设计

使用矩形工具绘制手提袋一侧的展示图，复制之前制作的标志设计进行手提袋的排版。

步骤 01 启动CorelDRAW X8，执行“文件>新建”命令，创建一个新文件，如下图所示。

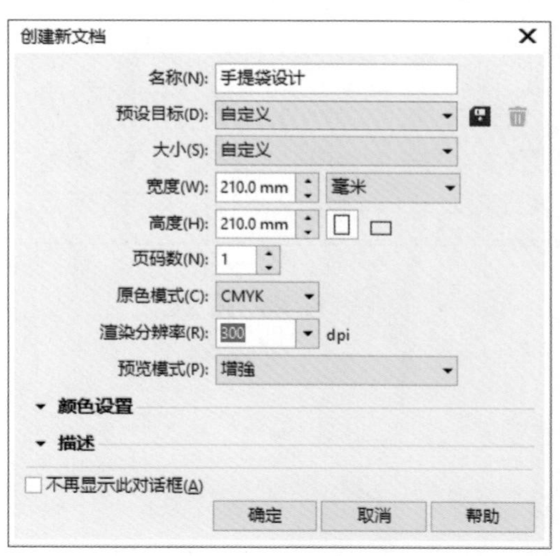

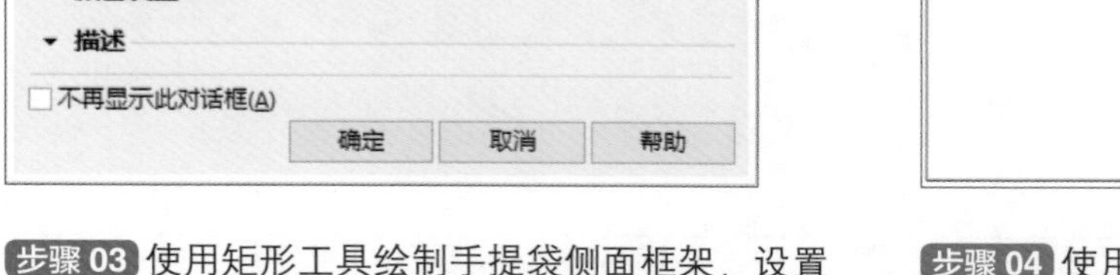

步骤 02 使用矩形工具绘制手提袋正面框架，在属性栏中设置尺寸为275mm×295mm，如下图所示。

步骤 03 使用矩形工具绘制手提袋侧面框架，设置尺寸为55mm×295mm，效果如下图所示。

步骤 04 使用选择工具框选侧面和正面框架，如下图所示。

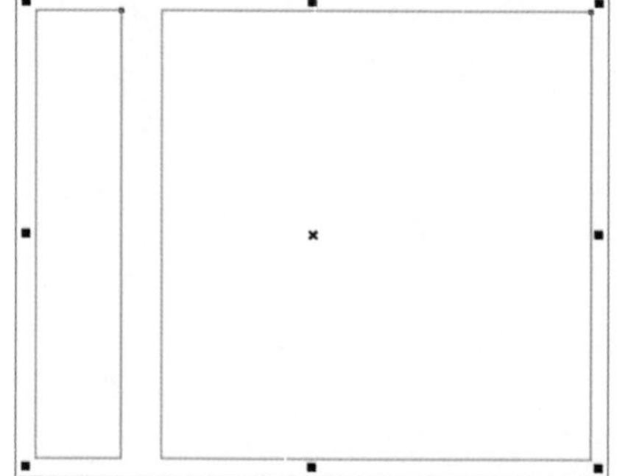

步骤05 执行“窗口>泊坞窗>对齐与分布”命令，打开“对齐与分布”泊坞窗，如下图所示。

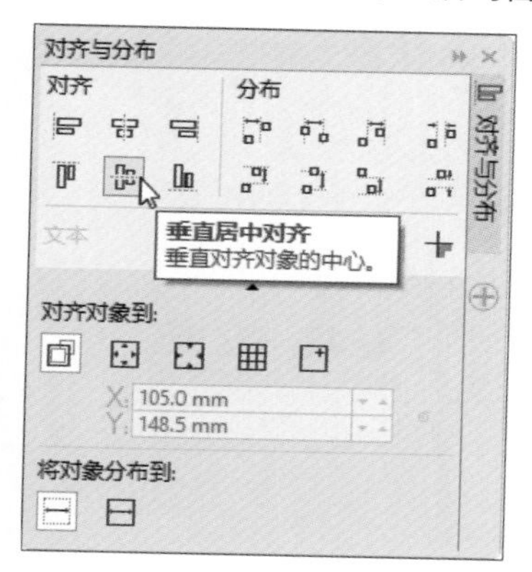

步骤06 设置左对齐和垂直居中对齐，对齐后的效果如下图所示。

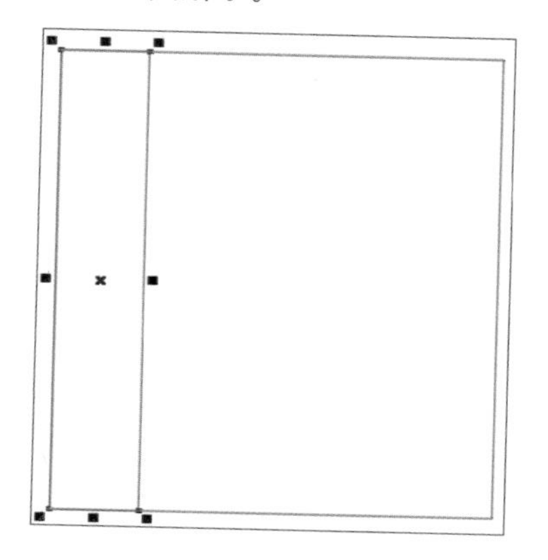

步骤07 在属性栏中设置“微调距离”为55mm，如下图所示。

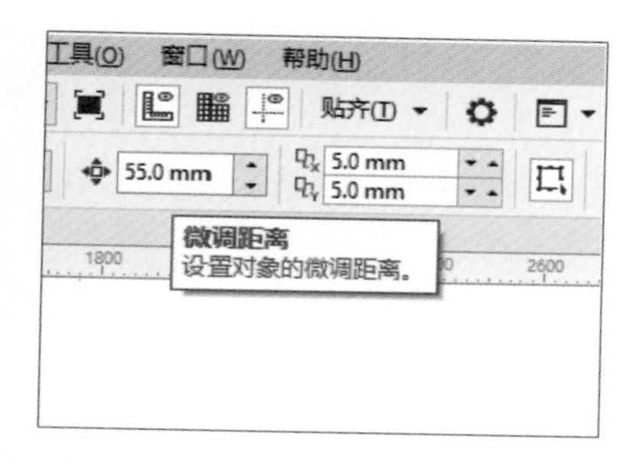

步骤08 按方向键“←”，将侧面矩形框往左侧移动55mm，如下图所示。

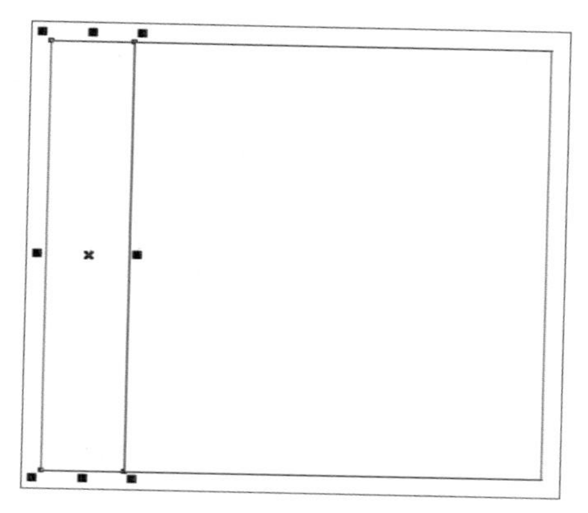

步骤09 将标志图形单独放大，将中英文排列在下方，效果如下图所示。

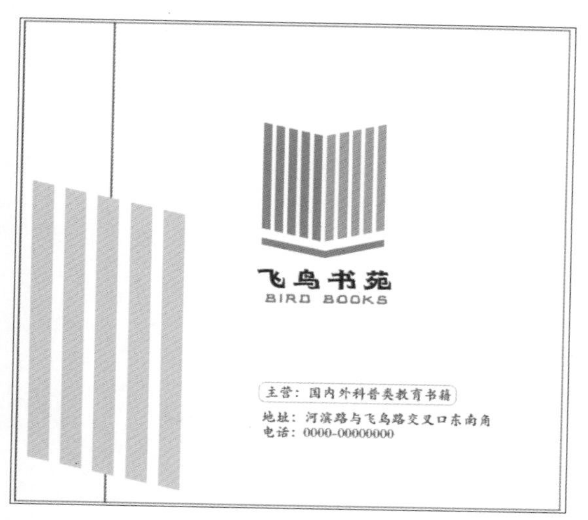

步骤10 做好手提袋的背面，如下图所示。

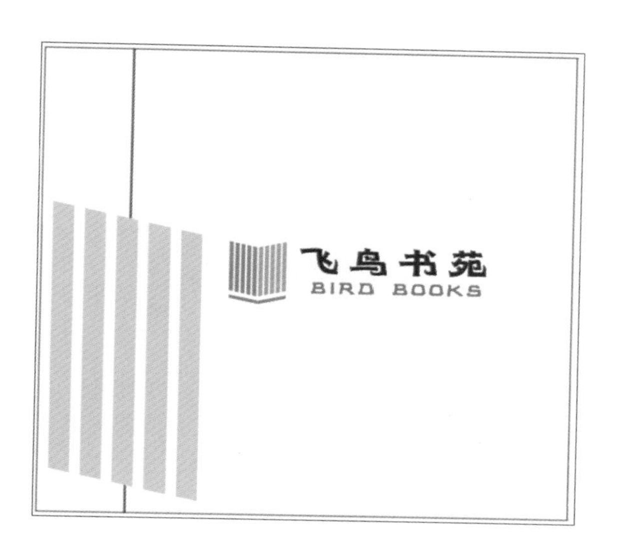

步骤11 使用贝塞尔工具绘制出绳带的效果，完成手提袋的制作，如下图所示。

13.2.5 广告牌设计

使用矩形工具绘制广告牌的形状，结合交互式渐变工具的渐变填充样式，制作出立体效果，内容排版时注意图形与广告牌的比例问题。

步骤 01 启动CorelDRAW X8，执行“文件>新建”命令，创建一个新文件，具体参数设置如下图所示。

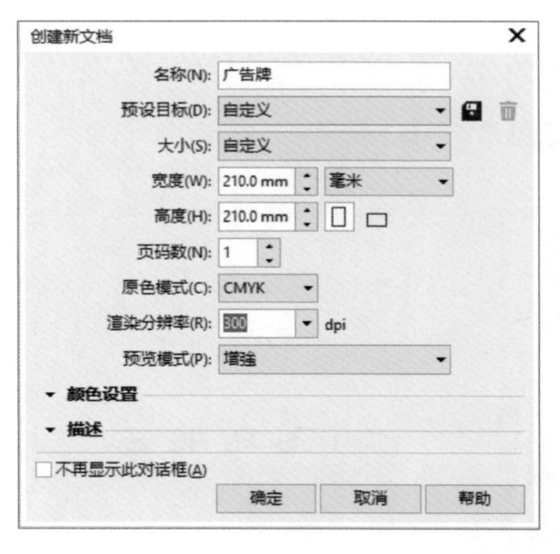

步骤 02 使用矩形工具绘制矩形，选择形状工具拖动任意一个角，将矩形的直角改为圆角，如下图所示。

步骤 03 按F11键，打开“编辑填充”对话框，设置灰度线性渐变填充，具体的参数设置如右图所示。

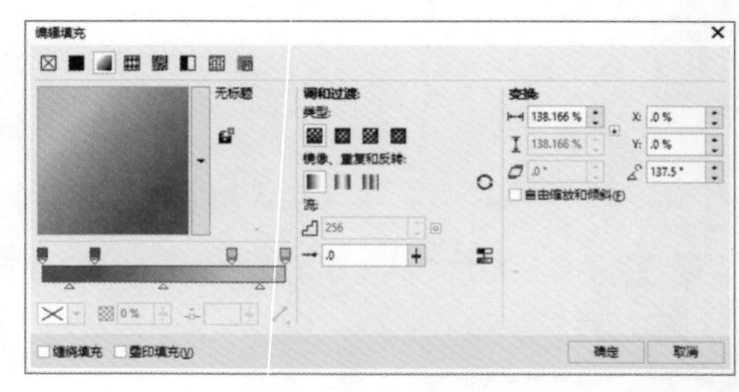

步骤 04 应用渐变填充效果之后，去除轮廓线，效果如下图所示。

步骤 05 使用矩形工具在上面继续绘制一个矩形，按F11键，设置渐变填充。具体设置如下图所示。

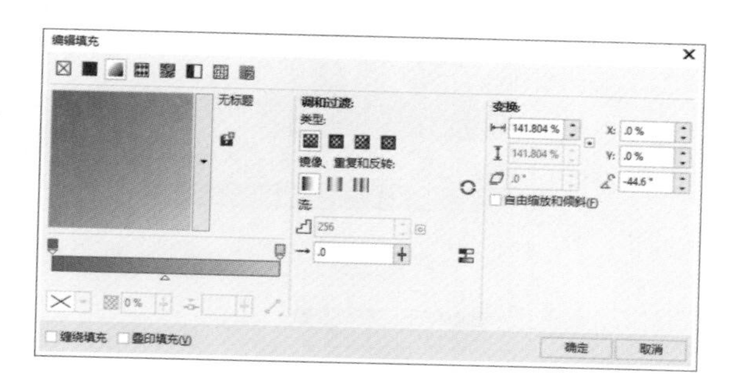

步骤 06 填充渐变之后，去除轮廓线，效果如下图所示。

步骤 07 使用矩形工具在上面再次绘制一个矩形，并填充白色，如下图所示。

步骤 08 导入标志，将标志放在居中位置，如下图所示。

步骤 09 按快捷键Ctrl+I导入矢量素材图形，放置在版面右下角位置，并填充颜色，效果如下图所示。

步骤10 广告牌底柱的制作。使用矩形工具在下方绘制一个矩形，然后设置渐变填充，具体参数设置如下图所示。

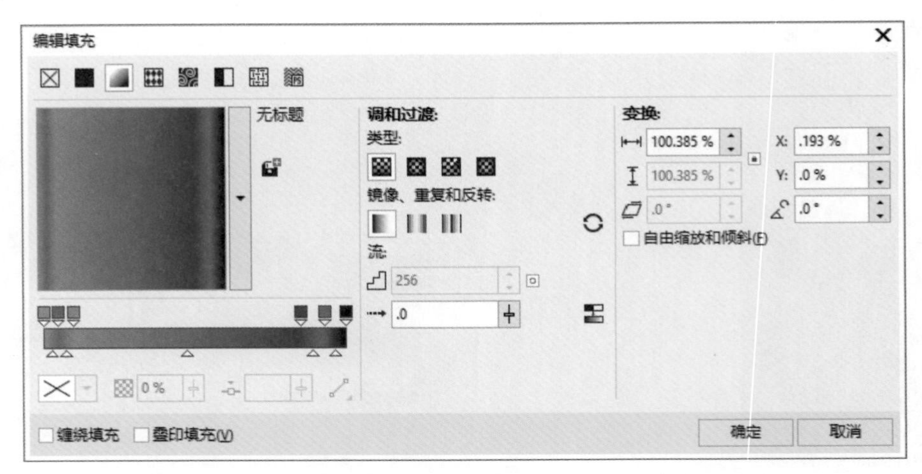

步骤11 应用渐变填充后的最终效果如下图所示。

步骤12 使用阴影工具添加一个投影效果，完成广告牌的制作，效果如下图所示。

13.3 拓展练习

本章立足VI设计这个课题，分别对VI系统的设计流程、设计原则等相关知识进行了详细的总结性概述，让读者对VI设计有了一个全方位的总体了解和认识。在学习本章内容之后，再来练习制作以下设计，以达到熟能生巧的目的。

工作证设计

最终效果：Ch13\拓展练习\工作证.cdr

设计难度：高

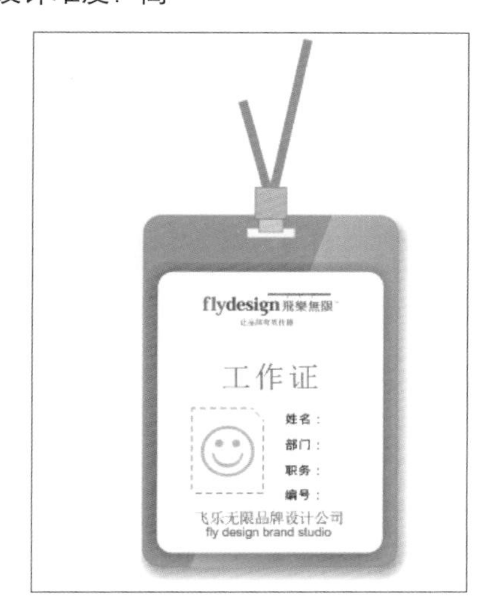

记事本设计

最终效果：Ch13\拓展练习\记事本.cdr

设计难度：高

文件夹设计

最终效果：Ch13\拓展练习\文件夹.cdr

设计难度：中

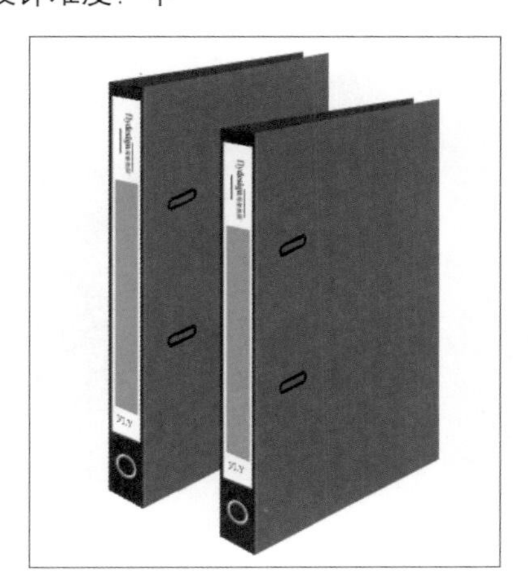

档案袋设计

最终效果：Ch13\拓展练习\档案袋.cdr

设计难度：中

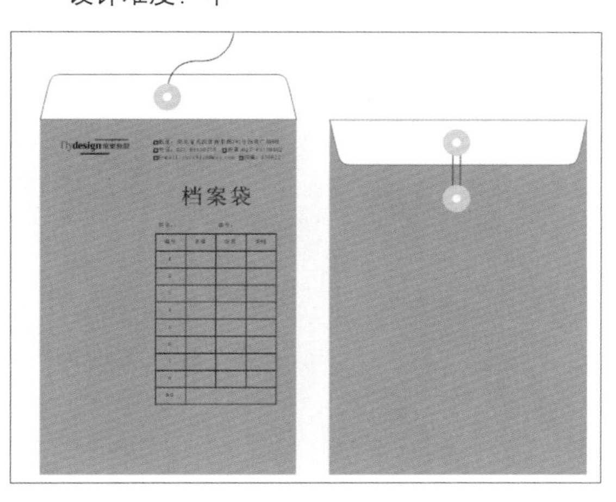

Chapter 14 产品包装设计

本章概述

产品包装设计在生产、流通、销售和消费领域中，发挥着极其重要的作用。作为实现商品价值和使用价值的重要营销手段，消费者的喜好和理念的变化对包装设计产生着重要的影响。如何让产品在商品同质化严重的今天脱颖而出，包装无疑是最直接、最有效的方式，是品牌与消费者面对面交流的桥梁。

核心知识点

❶ 了解包装的概念
❷ 了解包装的分类
❸ 了解包装的选材和工艺
❹ 产品包装设计实践

14.1 行业知识导航

为了使设计人员更好地了解和掌握产品包装设计，下面将对其进行详细介绍。

14.1.1 包装的概念

产品包装是消费者对产品的视觉体验，是产品个性的直接传递者，是企业形象定位的直接表现。好的包装设计是企业创造利润的重要手段之一。策略定位准确、符合消费者心理的产品包装设计，能帮助企业在众多竞争品牌中脱颖而出，并且可以使公司赢得美誉度。

在商品异常丰富的今天，消费者对每个产品的关注时间非常短暂，必须抓住消费者的眼光从货架扫过的一瞬间。只有包装能够综合利用颜色、造型、材料等元素，同时表现出产品的内涵和信息，对消费者形成较直观的冲击，进而影响到消费者对产品和企业的印象。产品的包装首先是表现出销售力，承担着吸引消费者的主要功能。

包装作为一个品牌的外在表现，它所产生的差异以及由此而表现出的“品牌特征”，使其成为吸引消费者的主导因素。包装所承载的物质利益与精神利益就是消费者购买的东西，对包装所代表的品牌要在心智中形成一个烙印，充分表现出品牌的内涵。假如内涵缺失或者不突出，消费者听到、看到包装没有产生联想，就会使品牌成为无源之水。

一般来说，商品包装应包括商标或品牌、形状、颜色、图案和材料等要素。

（1）商标

商标是包装中最主要的构成要素，应在包装整体上占据突出的位置。

（2）形状

适宜的包装形状有利于储运和陈列，也有利于产品销售，因此，形状是包装中不可缺少的组成要素。

（3）颜色

颜色是包装中最具刺激销售作用的构成元素。突出商品特性的色调组合，不仅能够加强品牌特征，而且对顾客有强烈的感召力。

（4）图案

图案在包装中如同广告中的画面，其重要性、不可或缺性不言而喻。

（5）材料

包装材料的选择不仅影响包装成本，而且也影响着商品的市场竞争力。

（6）标签

在标签上一般都印有包装内容和产品所包含的主要成分、品牌标志、产品质量等级、产品厂家、生产日期和有效期、使用方法。

14.1.2 包装的分类

为了使更多的从业者了解包装设计，下面将对包装的分类进行详细的介绍。包装的分类方法很多，通常人们习惯把包装分为运输包装和销售包装两大类，但专业分类则有以下几种分法。

按产品销售分：分为内销产品包装与出口产品包装两大类。

按流通过程分：分为单件包装、中包装和外包装等。

按包装材料分：分为纸制品包装、塑料制品包装、金属包装、木制品包装、玻璃容器包装和复合材料包装等。

按使用次数分：分为一次用包装、多次用包装和周转包装等。

按包装的软硬度分：分为硬包装、半硬包装和软包装等。

按产品种类分：分为食品包装、药品包装、机电产品设备包装、危险品包装、轻工产品包装、针棉织品包装、家用电器包装和果菜类包装等。

按功能分：分为运输包装、贮藏包装和销售包装。

按包装技术分：分为防震包装、防湿包装、防锈包装、防霉包装等。

按包装结构分：分为贴体包装、泡罩包装、热收缩包装、可携带包装、托盘包装、组合包装等。

按包装容器形状分：分为箱、桶、袋、包、筐、捆、坛、罐、缸、瓶等。

14.1.3 包装的选材

不同的商品，考虑到它的运输过程与展示效果等，使用的材料也不尽相同，下面将以最流行的绿色包装设计为例，介绍其选材时应遵循的原则。

- 轻量化、薄型化、易分离、高性能的包装材料；
- 可回收和可再生的包装材料；
- 可食用性包装材料；
- 可降解包装材料；

- 尽量选用纸包装；
- 尽量选用同一种材料进行包装；
- 尽量做到包装件可以重复使用，而不只是包装材料可以回收再利用，例如，标准化的托盘可以数十次甚至数千次再利用。

14.1.4　包装中的工艺

为了使更多的从业者了解包装印刷工艺，下面将介绍几种常用的印刷工艺。

（1）烫印工艺

烫印工艺的表现方式是将所需烫金或烫银的图案制成凸型版，然后在被印刷物上放置所需颜色的铝箔纸，通过高温加压，使铝箔附着于被印刷物上。烫印纸材料分很多种，其中有金色、银色、镭射金、镭射银、黑色、红色、绿色等多种。烫印工艺是产品包装工艺中最普遍的工艺之一。

（2）覆膜工艺

覆膜工艺是印刷之后的一种表面加工工艺，是指用覆膜机在印品的表面覆盖一层透明塑料薄膜而形成的一种产品加工技术。经过覆膜的印刷品，表面会更加平滑、光亮、耐污、耐水、耐磨。

（3）凹凸压印工艺

该工艺是利用凸版印刷机较大的压力，把已经印刷好的半成品上的局部图案或文字轧压成凹凸明显的、具有立体感的图文。

凹凸压印工艺多用于印刷品和纸容器的后加工上，除了用于包装纸盒外，还应用于瓶签、商标以及书刊装帧、日历、贺卡等产品的印刷中。

（4）UV工艺

UV工艺是一种通过紫外光干燥、固化油墨的印刷工艺，需要含有光敏剂的油墨与UV固化灯相配合，在目标印刷品上面过上一层光油（有亮光、亚光、镶嵌晶体、金葱粉等）。其主要目的是增加产品亮度与艺术效果，保护产品表面，有硬度高、耐腐蚀摩擦、不易出现划痕等优点。

14.1.5　产品包装设计欣赏

下面是一些经典的产品包装设计。

14.2 牛奶包装设计

本节将以牛奶包装设计讲解产品包装设计过程。

14.2.1 创意风格解析

1. 设计思想

本实例制作的是一款牛奶包装设计，主要分为两大部分讲解，第一部分讲解框架及刀版图的制作，第二部分讲解包装版面设计。设计时从“口味和新鲜”的概念着手，整体色调采用黄色和绿色搭配来进行表现，着重突出蜂蜜牛奶的新鲜与健康。技术方面主要使用了手绘工具、矩形工具、文本工具以及PowerClip功能来完成版面的设计制作。

框架及刀版图的制作主要使用矩形工具来完成，通过编辑矩形的角进行包装的封口设计，使用钢笔工具绘制其折痕，并设置其线段样式；包装版面主要利用手绘工具与文本工具完成，使用手绘工具绘制包装上的主体图案，利用PowerClip功能进行图案裁剪，而包装的宣传文案及产品信息则需要通过文本工具进行输入。

2. 实践目标

本实例的主要实践目标在于让用户熟练掌握包装设计的制作流程。同时，还可以作为矩形工具、文本工具、“文本属性”泊坞窗、表格工具、PowerClip功能与手绘工具的应用实践。

14.2.2 框架及刀版图的制作

下面将介绍如何利用基本形状工具绘制牛奶包装盒的刀版图，在制作前刀版图的尺寸需制定好。

步骤 01 启动CorelDRAW X8，执行“文件>新建”命令，新建一个空白文档并设置其尺寸为29.7cm×21cm，如下图所示。

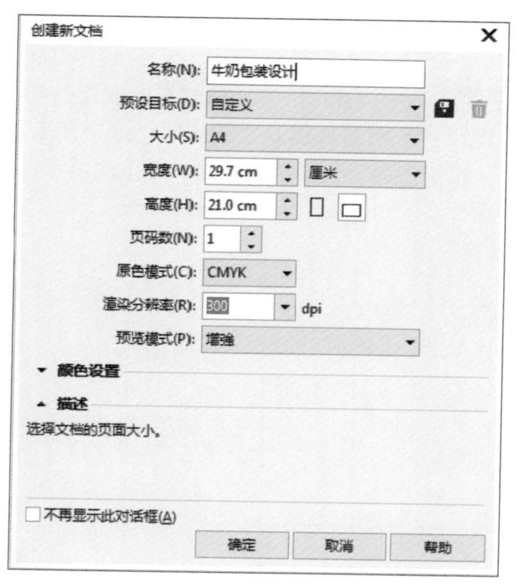

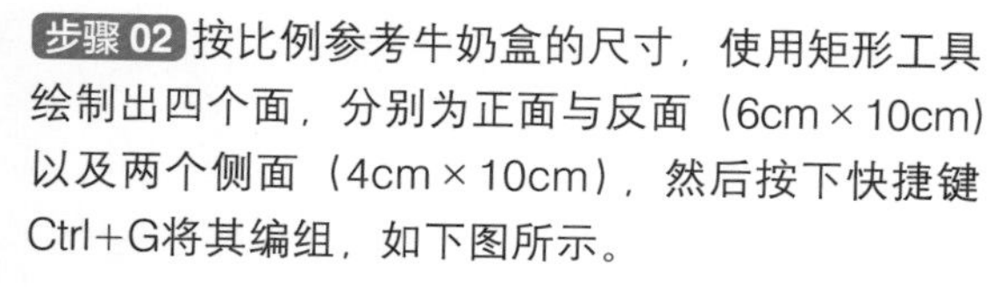

步骤 02 按比例参考牛奶盒的尺寸，使用矩形工具绘制出四个面，分别为正面与反面（6cm×10cm）以及两个侧面（4cm×10cm），然后按下快捷键Ctrl+G将其编组，如下图所示。

步骤 03 继续使用同样的方法绘制出牛奶包装盒的粘贴处和封口部分，如下图所示。

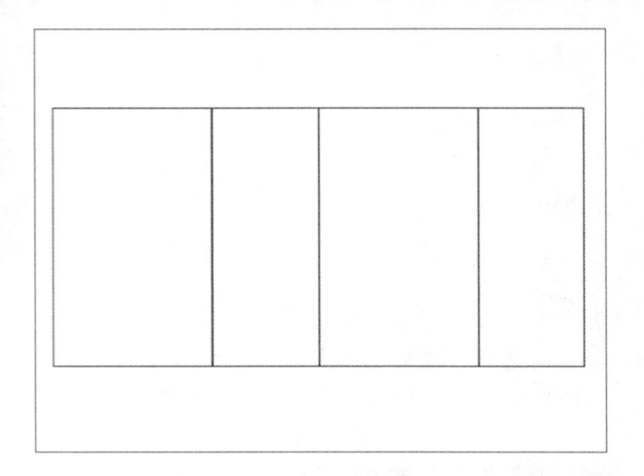

步骤 04 选中粘贴处左上角的矩形条，在属性栏中单击“同时编辑所有角”按钮🔒，设置左侧上方与下方的倒棱角各为1cm，效果如下图所示。

步骤 05 继续使用同样的方法绘制粘贴处，如下图所示。

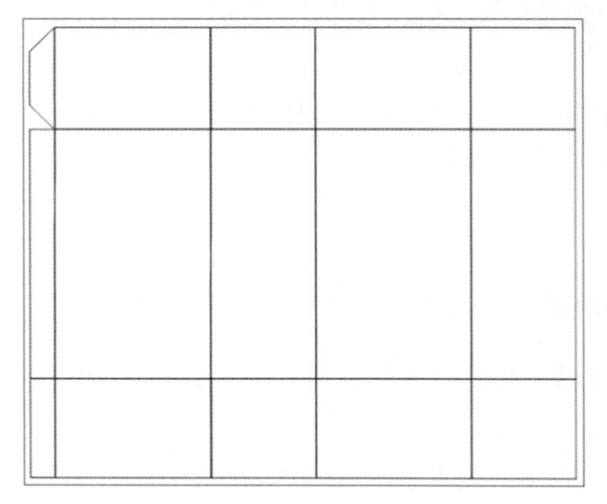

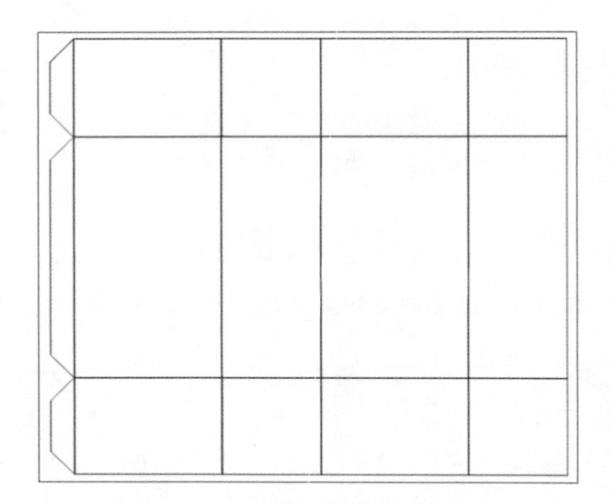

步骤 06 使用钢笔工具绘制折痕部分，不需要闭合路径时，按空格键转换为选择工具，即可断开路径，如下图所示。

步骤 07 选中折痕路径并在属性栏中设置线条样式为虚线，将粘贴处也设置成虚线，选中所有的图形，按快捷键Ctrl+G锁定图层，如下图所示。

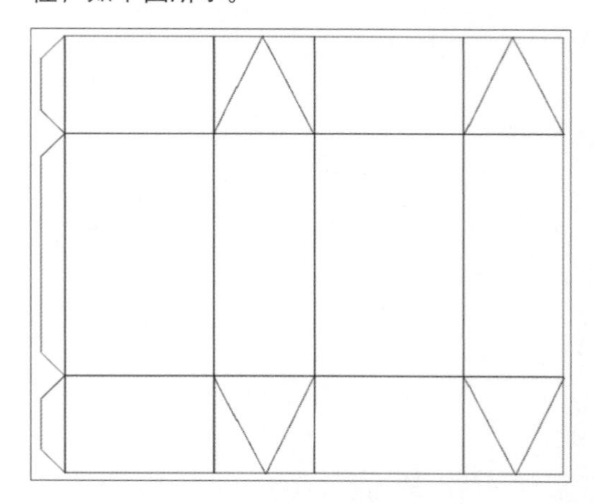

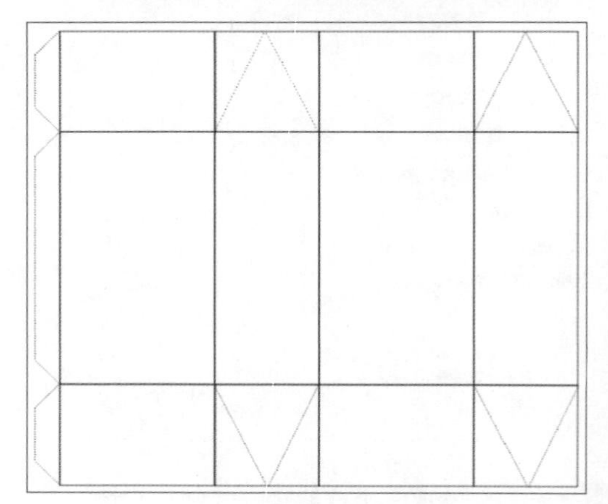

14.2.3 包装版面设计

下面将介绍如何使用简单的绘图工具、PowerClip功能以及文本工具制作牛奶盒的包装版面。

步骤01 使用矩形工具，绘制黄色矩形（C0、M0、Y100、K0），并按快捷键Ctrl+PageUp，将其移动至刀版图的下方，如下图所示。

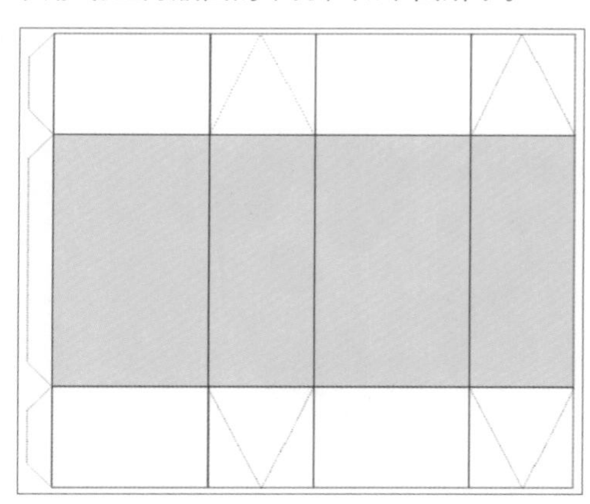

步骤02 使用矩形工具，绘制牛奶盒两侧的矩形，设置其颜色为黑色、轮廓线为无，如下图所示。

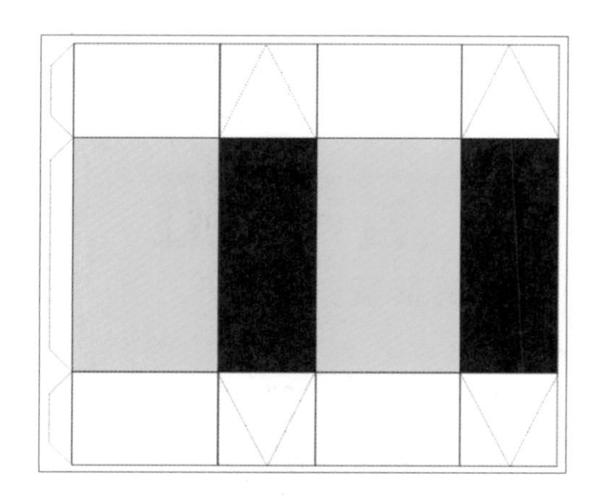

步骤03 使用手绘工具绘制类似奶牛身上的斑点，设置轮廓宽度在10~20mm之间，然后选中所有绘制的图案并进行编组，如下图所示。

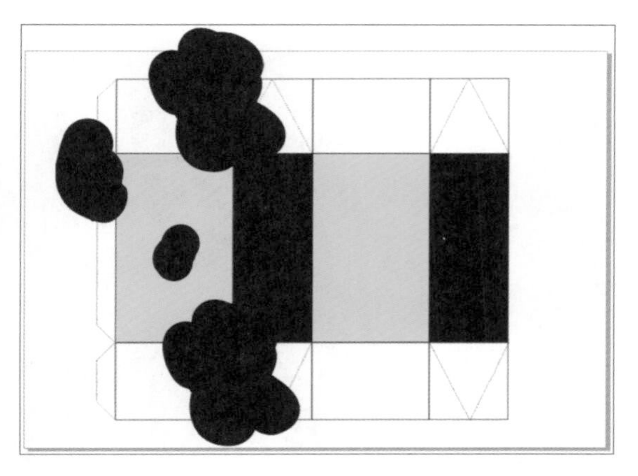

步骤04 使用矩形工具，绘制和牛奶盒正面相同尺寸的矩形框架，如下图所示。

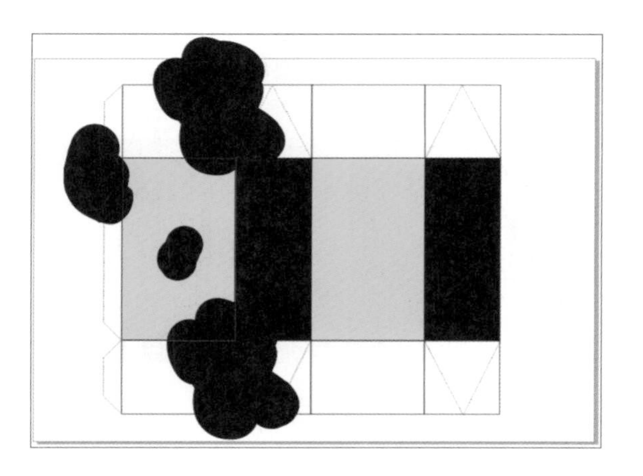

步骤05 选中绘制的奶牛斑点，执行“对象>PowerClip>置于图文框内部”命令，当光标变为黑色箭头时单击绘制的矩形框架，置入图形，去除轮廓线，效果如下图所示。

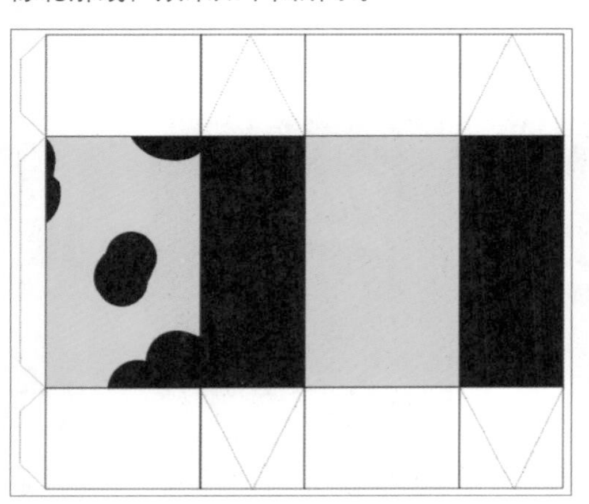

步骤06 使用文本工具，输入牛奶名称，设置字体为“腾祥凌黑简”、字号为25pt，移动至合适位置，如下图所示。

步骤07 使用文本工具，在产品名称下方输入广告宣传语，设置字体为"汉仪中黑简"、字号为10pt，如下图所示。

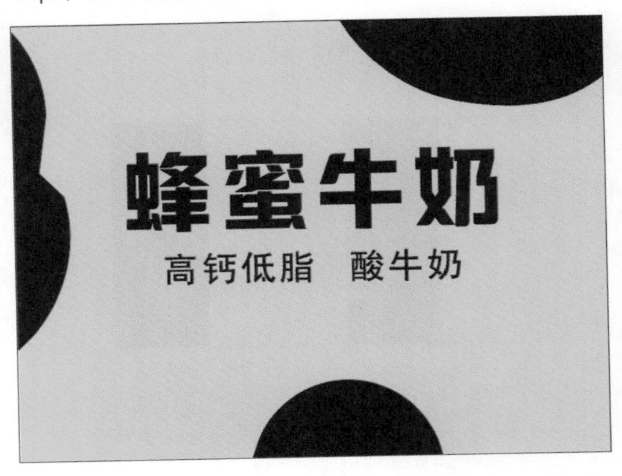

步骤08 执行"文件>导入"命令，导入本章素材文件"奶牛.png"，将其调整至合适大小及位置，如下图所示。

步骤09 执行"文件>导入"命令，导入本章素材文件"草场插画.png"，将其调整至合适大小及位置，如下图所示。

步骤10 使用文本工具，在包装左下角输入净含量内容，设置字体为"汉仪中黑简"、字号为7pt，如下图所示。

步骤11 将所有正面图案、背景文字选中，复制并粘贴至包装盒反面，如下图所示。

步骤12 执行"文件>导入"命令，导入本章素材文件"新品上市.png"，将其调整至合适大小及位置，如下图所示。

需要注意的是，奶牛斑点图形复制至包装盒反面后，需重新调整，右击并选择“编辑PowerClip”命令，重新编辑奶牛斑点图案，如下图所示。调整完成之后，右击并选择“结束编辑”命令，退出编辑状态即可。

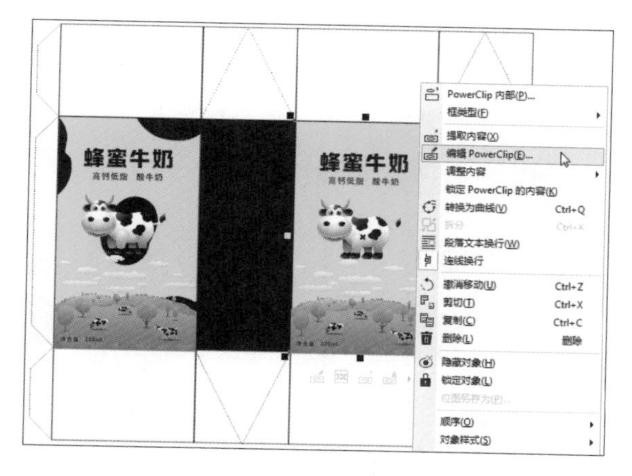

步骤13 执行“表格>创建新表格”命令，在打开的“创建新表格”对话框中设置参数，如下左图所示。设置好后单击“确定”按钮，在属性栏中设置所有表格框线均为白色，如下右图所示。

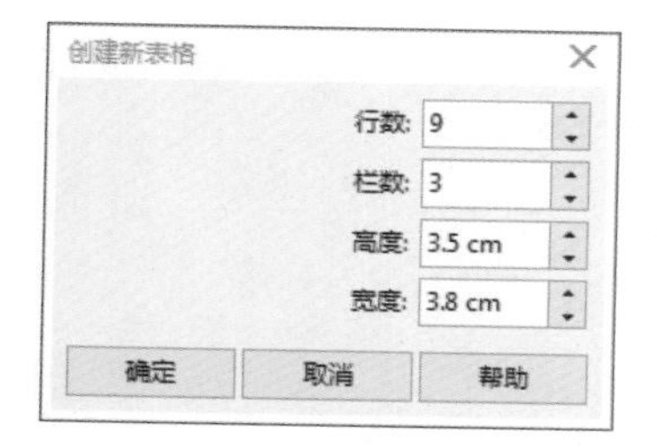

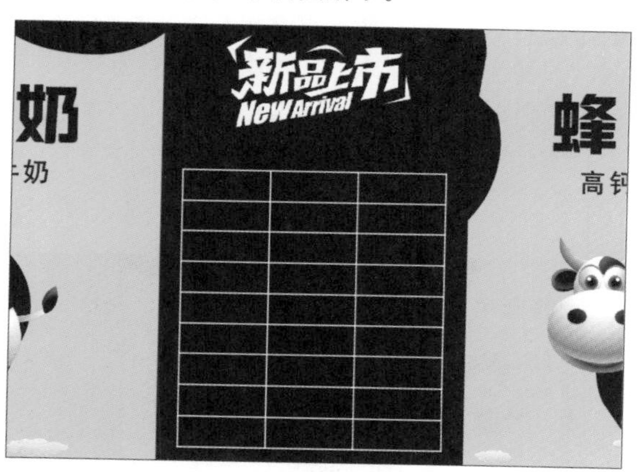

步骤14 选择表格最上方的3个单元格并右击，选择“合并单元格”命令，效果如下图所示。

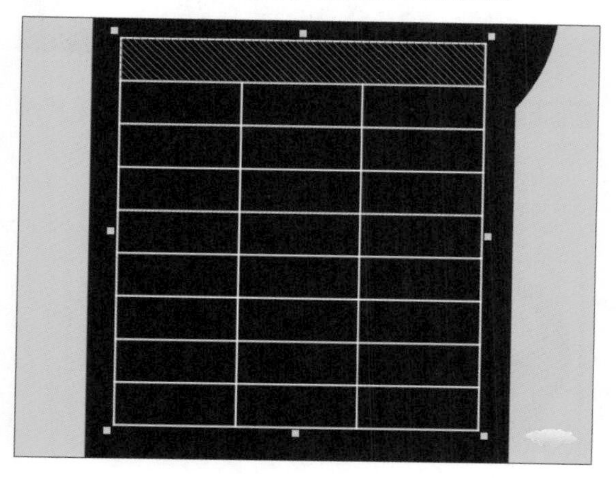

步骤15 选中表格下方的所有单元格，在属性栏中设置内部框线为无颜色，效果如下图所示。

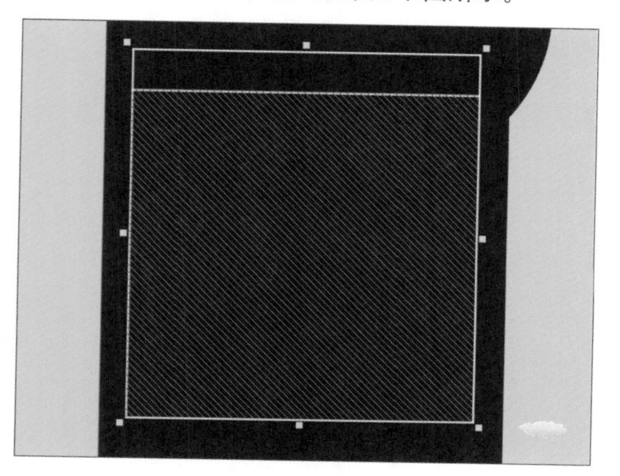

步骤 16 使用文本工具输入“营养成分表”内容信息，设置字体为“汉仪中黑简”、字号为6pt、字体颜色为白色，再使用2点线工具绘制两条垂直直线，如下图所示。

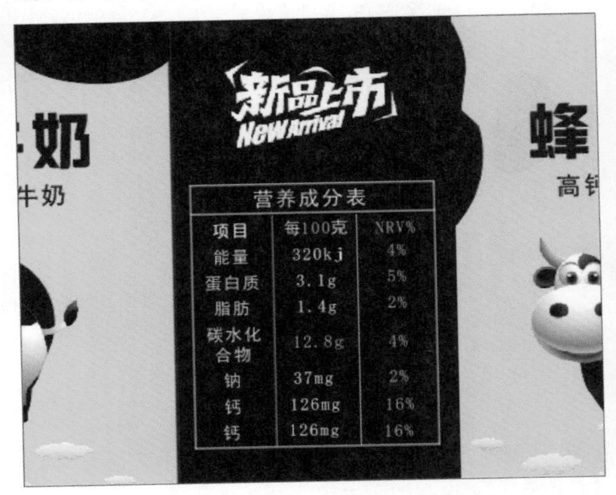

步骤 17 继续使用文本工具在“营养成分表”下方输入产品信息，设置字体为“汉仪中黑简”、字号为6pt、字体颜色为白色，如下图所示。

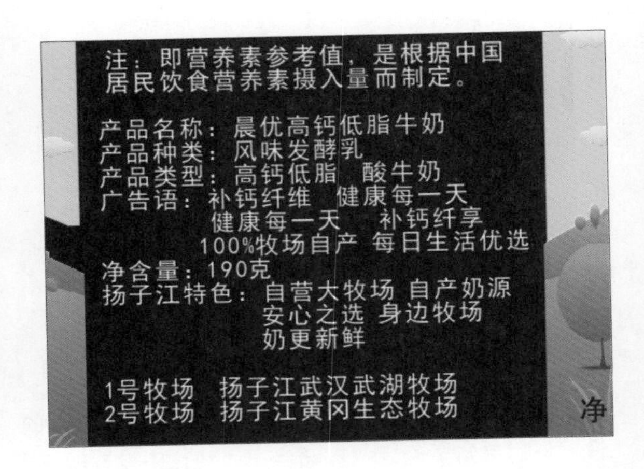

步骤 18 继续使用文本工具在包装右侧输入产品信息，设置字体为“汉仪中黑简”、字号为6pt、字体颜色为白色，如下图所示。

步骤 19 使用矩形工具在右侧页面处绘制一个白色矩形，设置轮廓线为无，作为安全商标的底，如下图所示。

步骤 20 执行“文件>导入”命令，导入本章素材文件“食品安全.png”，如下图所示。

步骤 21 右击导入的素材，执行“轮廓描摹>剪贴画”命令，在对话框中设置参数，如下图所示。

步骤 22 单击“确定”按钮，再在属性栏中设置旋转角度为90°，并调整其大小和位置，删除原来置入的素材，效果如下图所示。

步骤 23 执行“文件>导入”命令，导入本章素材文件“条形码.png”，如下图所示。

步骤 24 右击导入素材，执行“轮廓描摹>剪贴画”命令，在对话框中设置参数，如下图所示。

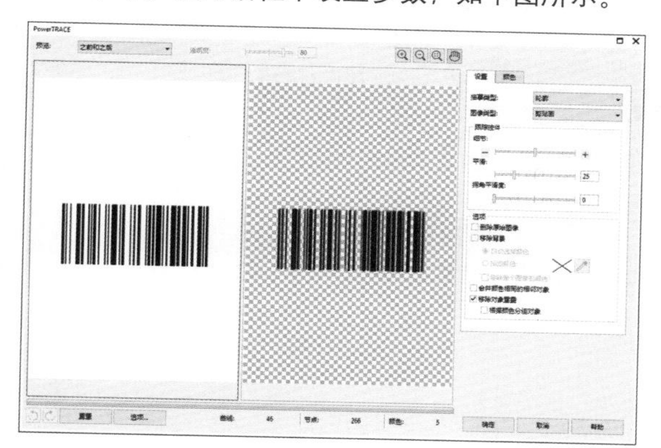

步骤 25 单击“确定”按钮后，设置其颜色为白色，在属性栏中设置旋转角度为 90°，并调整其大小和位置，删除原来置入的素材，如下图所示。

步骤 26 至此，完成牛奶包装设计，最终效果如下图所示。

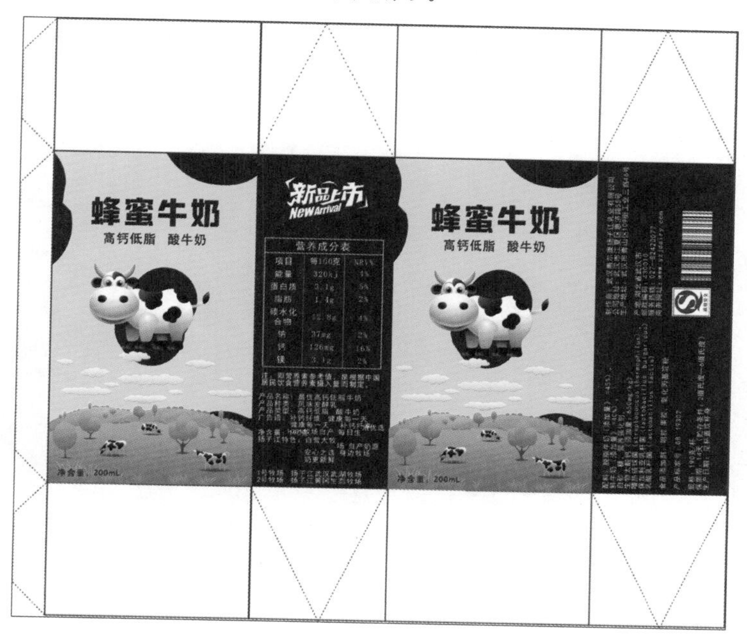

14.3 拓展练习

本章立足产品包装设计这个课题，分别对包装的概念、包装的分类、包装的选材以及包装的工艺等相关知识进行了详细的总结性概述，让读者对产品包装设计有了一个全方位的总体了解和认识。在学习本章内容之后，再来练习设计以下两个产品包装，以达到熟能生巧的目的。

牙膏包装设计

最终效果：Ch14\拓展练习\牙膏包装设计.cdr

设计难度：高

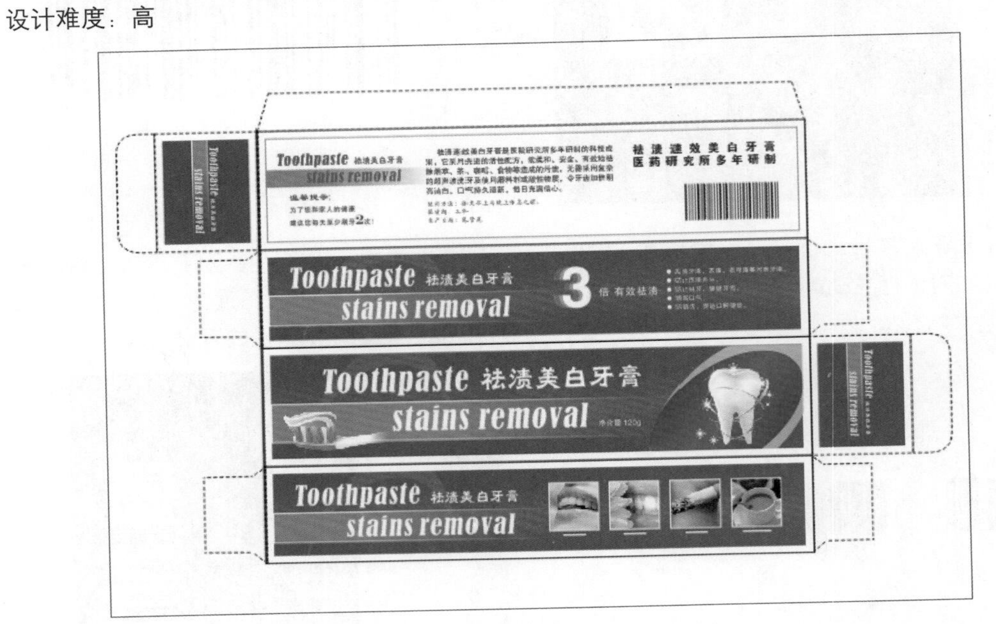

保健品包装设计

最终效果：Ch14\拓展练习\螺旋藻片.cdr

设计难度：高